Anforderungsdeterminiertes und aufwandsorientiertes Qualitätsmanagement für die additive Fertigung

Von der Fakultät für Ingenieurwissenschaften
der Universität Bayreuth
zur Erlangung der Würde eines
Doktor-Ingenieur (Dr.-Ing.)
genehmigte Dissertation

von

Christian J. Bay M.Sc.

aus

Kempten (Allgäu)

Erstgutachter: Prof. Dr.-Ing. Frank Döpper
Zweitgutachter: Prof. Dr. Matthias Baum
Tag der mündlichen Prüfung: 08.06.2022

Lehrstuhl Umweltgerechte Produktionstechnik
Universität Bayreuth
2022

PRODUKTION.BESSER.MACHEN.

Christian Bay

Anforderungsdeterminiertes und aufwandsorientiertes Qualitätsmanagement für die additive Fertigung

Herausgeber:
Prof. Dr.-Ing. Frank Döpper

Band 5

UNIVERSITÄT BAYREUTH

Bibliografische Information der Deutschen Nationalbibliothek
Die Deutsche Nationalbibliothek verzeichnet diese Publikation in der Deutschen Nationalbibliografie; detaillierte bibliografische Daten sind im Internet über https://portal.dnb.de abrufbar.

Christian Bay:

Anforderungsdeterminiertes und aufwandsorientiertes Qualitätsmanagement für die additive Fertigung

1. Auflage, 2022

Gedruckt auf holz- und säurefreiem Papier, 100% chlorfrei gebleicht.

Apprimus Verlag, Aachen, 2022
Wissenschaftsverlag des Instituts für Industriekommunikation und Fachmedien an der RWTH Aachen
Steinbachstr. 25, 52074 Aachen
Internet: www.apprimus-verlag.de, E-Mail: info@apprimus-verlag.de

Druck: CPI Druckdienstleistungen GmbH, Ferdinand-Jühlke-Straße 7 I 99095 Erfurt

ISBN 978-3-98555-100-2

Vorwort

Die vorliegende Dissertation entstand während meiner Tätigkeit als wissenschaftlicher Mitarbeiter und akademischer Rat auf Zeit am Lehrstuhl Umweltgerechte Produktionstechnik (LUP) der Universität Bayreuth in Zusammenarbeit mit der Projektgruppe Prozessinnovation des Fraunhofer-Institut für Produktionstechnik und Automatisierung (IPA). Die Aufgaben als Arbeitsgruppenleiter „Additive Fertigung" am Lehrstuhl sowie des Geschäftsführers der Forschungsstelle „Campus Additive.Innovationen" an der Universität Bayreuth ermöglichten mir eine intensive Zusammenarbeit und fachlichen Austausch mit Kolleginnen und Kollegen sowie mit einer Vielzahl von Unternehmen aus dem Bereich der additiven Fertigung. Die mit den Partnern diskutierten Anforderungen und Herausforderungen in einer sehr innovativen Community inspirierten mich zur vorliegenden Arbeit. Dabei lag die intensive Zeit der Dissertation inmitten der die Welt jahrelang beherrschenden und nachhaltig verändernden COVID-19-Pandemie.

Mein besonderer Dank gilt Herrn Professor Dr.-Ing. Frank Döpper für die Gewährung einer umfassenden wissenschaftlichen und strategischen Freiheit sowie die Erarbeitung und Förderung meiner Ideen und Visionen für Projekte, Kooperationen und Forschungsarbeiten. Herrn Professor Dr. Matthias Baum gilt mein Dank für die Übernahme des Koreferates und das an der Arbeit entgegengebrachte Interesse.

Weiterhin gilt mein herzlicher Dank Dr.-Ing. Michael Frisch und Daniel Pezold für die freundschaftliche und uneingeschränkte Unterstützung sowie stete Motivation. Herzlichen Dank an Andreas Jugenheimer für das kritische Lektorat der Arbeit und die inspirierenden Diskussionen. Ich danke dem #TeamAdditive am LUP/PPI und insbesondere den Kollegen und Freunden Christoph Hoffmann, Jan Kemnitzer, Alexander Mahr, Andreas Hofmann, Benjamin Thorenz und Gabriele Mauthe.

Abschließend möchte ich meine Eltern und meine Familie danken, die einen erheblichen Teil dazu beigetragen haben, dass ich zu dem wurde, der ich heute bin.

Bayreuth, im Juli 2022 *Christian J. Bay*

Inhaltsverzeichnis

1 Einleitung

1.1 Ausgangssituation und Motivation

„Nicht weil es schwer ist, wagen wir es nicht, sondern weil wir es nicht wagen, ist es schwer."
(Lucius Annaeus Seneca, um 4 v.Chr. - 65 n.Chr.)

In einer dynamischen Welt, welche von immer kürzeren Produktlebenszyklen, Strukturbrüchen und komplexen Wettbewerbskonstellationen geprägt ist, müssen Unternehmen innovieren, um wettbewerbsfähig zu bleiben [WEB18, S. 394, TRA11, S. 1, HIG96]. Technologische Entwicklungen sind hierfür zentrale Komponenten – sowohl als Ergebnis, aber auch als Treiber von Innovationen [BAY22]. Zusätzlich sind produzierende Unternehmen immer höherer Produkt- und Prozesskomplexität auf Basis der technologischen Potentiale sowie der komplexeren Anforderungen von Kunden gegenübergestellt [KÜH20]. Störungen von globalisierten Wertschöpfungsnetzen, bspw. durch Naturkatastrophen und Pandemien[1] erfordern die Steigerung der Widerstandsfähigkeit und Agilität sowie die Risikominimierung von Unternehmen bei Lieferantenengpässen, Produktionsunterbrechungen und einbrechenden Absatzmärkten [SPR20, ROM20, S. 125].

Mit der voranschreitenden Digitalisierung erlangt auch die additive Fertigung einen immer größeren Stellenwert als Basis für Produkt-, Service-, und Prozessinnovationen, aber auch für die Veränderung und Neugestaltung resilienter Geschäftsmodelle [RIN17, S. 684]. Hierbei spielen verschiedene technologische Handlungspotentiale (engl. *affordances*) der additiven Fertigung eine zentrale Rolle. Hier ist unter anderem die potenzielle Entkopplung von Form und Funktion, das Generative Design[2] sowie die Disintermediation[3] zu nennen [BOU21, S. 98, AUT18, S. 90]. So wird die additive Fertigung in Bezug auf technologische Patent-, Publikations- und Markenindikatoren als die Zukunftstechnologie mit der höchsten Relevanz für die deutschen Unternehmen und die deutsche Volkswirtschaft eingestuft [SCH20b, S. 35]. Dem Gedanken von Seneca folgend, ist – trotz der vielfach bewiesenen Handlungspotentiale und der damit verbundene Innovativität – die Anwendung der additiven Fertigung insbesondere bei kleinen und mittleren Unternehmen (KMU) mit Innovationshemmnissen sowie Wissens- und Wollensbarrieren verbunden [BOU21, WIT20, S. 72]. KMU zeichnen sich in diesem Kontext durch tendenziell konservative Wertemodelle aus, um die eigene Handlungsautonomie nicht einzuschränken [AST16].

Einer der Innovationshemmnisse kann im Kontext des Qualitätsmanagements (QM) für die additive Fertigung identifiziert werden. Nur mit qualitativ hochwertigen Bauteile können Unternehmen im internationalen Wettbewerb konkurrenzfähig agieren

[1] Bei Fertigstellung dieser Arbeit dauern die Auswirkungen des pandemischen Ausbruchs der Virusinfektionskrankheit COVID-19 auf Privatpersonen und Unternehmen seit 2020 weltweit an [RKI21].
[2] Generative Design beschreibt die Erzeugung von Konstruktionsvarianten mittels computergestützter Simulation [STR21, S. 9].
[3] Disintermediation beschreibt den Wegfall einzelner Glieder in einer Wertschöpfungskette [AUT18, S. 76]

[LIN18, S. 24]. Diese zentrale Herausforderung, für welche industrielle Lösungen gesucht werden, zeigt sich an der über die letzten zehn Jahre weltweit steigenden Häufigkeit des Suchbegriffs *3d printing quality* der Internetsuchmaschine *Google* (gleitende Mittelwerte über zehn Datenpunkte als Trendlinien; vgl. Abbildung 1).

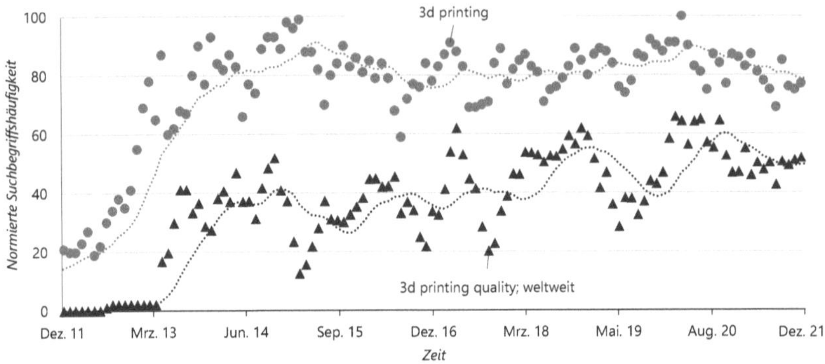

Abbildung 1: Normierte Suchbegriffshäufigkeit in Google für „3d printing" und „3d printing quality" weltweit innerhalb zehn Jahren bis Dezember 2021, Daten nach [GOO22]

Branchenunabhängige Standards, wie die internationale Norm ISO 9001:2015 [DIN15b], definieren allgemeine Mindestanforderungen an ein QM und bieten damit allgemeine Leitlinien für die Umsetzung des QM. Über konkrete Anwendung dieser im Umfeld der additiven Fertigung besteht jedoch noch kein abschließender Konsens der Umsetzung [REI20a]. Konkrete Konzepte und Methodiken für die additive Fertigung zwischen der strategisch-organisatorisch ausgerichteten ISO 9001:2015 und prozessnahen Methoden des QM sind hierbei nicht verfügbar [MUN18, S. 23]. Dieser Mangel wird dadurch potenziert, dass bei der additiven Fertigung von Unikaten oder Kleinstserien bestehende Konzepte zum QM nur eingeschränkt angewendet werden können [CAV17, S. 26, MAR16, S. 30, WIT20, S. 23].

Aufgrund dieses Umstandes, finden in der additiven Fertigung hauptsächlich dem Fertigungsprozess nachgelagerte Erkundungsmessungen der Qualitätskontrolle statt [WOH20, S. 192, BÄH20, S. 24, KLA18, AMI18]. Fehlerhafte Produkte können in dieser Stufe nur noch aussortiert werden, woraus eine geringe Effizienz der Produktion folgt (Stichwort „Schrottveredelung"). Dies bedeutet im Umkehrschluss, dass je früher die Qualität der Bauteile bewertet und reagiert werden kann, desto höher ist die Effizienz der Produktion [FUL17, S. 12]. Dies basiert auf der sogenannten *empirischen Zehnerregel* der Qualitätskosten, nach welcher die Kosten pro Bauteilfehler steigen, je später sie im Wertschöpfungsfortschritt entdeckt werden [SCH10].

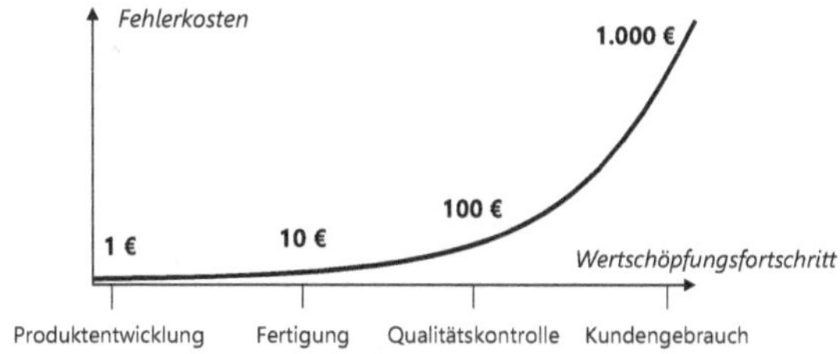

Abbildung 2: Schematische Darstellung der empirischen Zehnerregel der Qualitätskosten , nach [SCH10]

Beim additiven Fertigungsverfahrens des pulverbettbasierten Schmelzens von Metall (PBF-LB/M) ist die Qualität des gefertigten Bauteils stark von den Werkstoff- und Prozessbedingungen sowie den gewählten Prozessparametern abhängig [WIT20, S. 23, WES21, S. 78]. Die dadurch resultierende Komplexität der Prozesse und der Prozesskette des PBF-LB/M bewirkt, dass die Reproduzierbarkeit der Bauteilqualität und die Prozessstabilität in der Industrie bisher nicht im industriell ausreichenden Maße gewährleistet werden kann [JAH15, S. 127, GRA17, S. 20, BAY20a, S. 16, MUN18, S. 32]. Diese Prozessstabilität ist Grundvoraussetzung für die Sicherstellung der Qualität im Rahmen des QM [LIN18, S. 23].

1.2 Problemstellung und Handlungsbedarf

Aufgrund der beschriebenen Ausgangssituation in Bezug auf das QM in der additiven Fertigung und dem PBF-LB/M wird in der Industrie ein hoher Aufwand in die Prozessüberwachung investiert, mit dem Ziel, die Prozesstransparenz zu erhöhen [LUT20, S. 2, WOH20, S. 192]. Die bestehenden Lösungen zur Prozessüberwachung zeichnen sich dabei durch eine komplexe Systemtechnologie aus [AMI18, WIN15, S. 13, BER10, WOH21, S. 187]. Weiterhin sind die Prozessüberwachungssysteme (PüS) miteinander weitestgehend inkompatibel, sodass insbesondere bei Nutzung von Fertigungsmaschinen verschiedener Hersteller proprietäre PüS eingesetzt werden können. Diese generieren großen Datenmengen von bis zum mehreren Terrabyte pro Fertigungsprozess oder mehrere hundert Megabyte pro Sekunde [KLA18, S. 53, MEB19], die in der Praxis aufgenommen und gespeichert, jedoch nicht auswertet und interpretiert werden [JOH21, S. 9, AMI18, WOH21, S. 181]. Daher werden die PüS als Baustein des ganzheitlichen QM beim PBF-LB/M in der Industrie bisher wirtschaftlich kaum eingesetzt [FEL17, SCH20a, S. 432].

Eine der obersten Prämissen für Unternehmen stellt die betriebswirtschaftliche Zielsetzung dar, durch rational bestimmtes Handeln den gewünschten Ertrag mit möglichst geringem Aufwand zu erreichen [WES06, S. 72]. Gleichzeitig ist die Sicherstellung der Qualität von Bauteilen einer der zentralen Herausforderungen für produzierende Unternehmen [PFE07]. Nur mit qualitativ hochwertigen Bauteilen können Unternehmen im internationalen Wettbewerb bestehen. Um diesen Zielkonflikt des sogenannten *Wirkungsdreiecks der Produktion* (Zeit–Kosten–Qualität) [WES06, S. 69] begegnen zu können, müssen ganzheitliche Ansätze des QM für die additive Fertigung und das PBF-LB/M entwickelt und umgesetzt werden. Dabei müssen die Konzepte und Methoden des QM sowie deren Umsetzung der Innovativität der additiven Fertigung Schritt halten. [SLO13, REI20b]

Insbesondere für die kundenindividuelle Produktion ist es aufgrund der dargelegten Herausforderungen erforderlich, die Prozesstransparenz und Prozessstabilität zu erhöhen, um Wissenslücken und Unsicherheiten entlang der Prozesskette zu schließen [CAV17, S. 13, LAN17, S. 7, GRA17, S. 20]. Der Entwicklung und Umsetzung zielorientierter Konzepte und Maßnahmen für das QM der additive Fertigung kommt dabei eine Schlüsselrolle zur Marktdurchdringung der additiven Fertigung zu [GAU11, S. 44, WIN15, S. 6, UNI15, S. 49, PER19, S. 16, MAR16, S. 30]. Dies schließt die systematische Weiterentwicklung von Methoden und Vorgehen als auch Sensorik und Steuerung additiver Fertigungsprozesse ein. Damit kann das Prozessverständnisses zur Ermöglichung des QM verbessert werden, was in einer Steigerung der Bauteilqualität resultiert [FEL17, S. 38, SRI16, S. 22, WIT20, S. 24, KLA18, S. 184]. Gleichzeitig muss diese Weiterentwicklung stärker produktadaptiv und bedarfsorientiert gestaltet werden, sodass der Aufwand für die Umsetzung des QM in Bezug zum resultierenden Nutzen verhältnismäßig ist [WIT20, S. 27]. Dies kann dadurch erreicht werden, dass das QM auf das anwendende Unternehmen angepasst ist und deren spezifische Anforderungen widerspiegelt [SCH19a, S. 14]. Dabei müssen der Aufwand und die damit verbundenen notwendigen Ressourcen für das QM an die Anforderungen und technologischen Rahmenbedingungen der Bauteile, Prozesse und Prozesskette ausgerichtet werden [WIN15, S. 16].

Zusammenfassend ergibt sich damit ein starker Handlungsbedarf zur Entwicklung und Anwendung einer anforderungsdeterminierten und anwendungsorientierten Methodik für das QM in der additiven Fertigung, die der Steigerung der Wirtschaftlichkeit und Innovativität insbesondere für KMU dienlich ist.

1.3 Zielsetzung und Eingrenzung des Betrachtungsraums

Aus der vorangehenden Ausgangsituation und der resultierenden Problemstellung lässt sich folgende Hypothese ableiten:

Durch die Betrachtung und Ausrichtung an den Anforderungen und Aufwänden des QM können wirksame und verhältnismäßige Maßnahmen zum QM für die additive Fertigung abgeleitet werden.

Hieraus lässt sich die Zielsetzung der vorliegenden Arbeit formulieren: Das Hauptziel der Arbeit ist die Entwicklung einer Methodik zum anforderungsdeterminierten und anwendungsorientierten QM für die additive Fertigung. Dabei liegt der Fokus auf dem additiven Fertigungsverfahren des PBF-LB/M. Die Methodik soll produzierende Unternehmen, im Speziellen KMU, dazu befähigen, anforderungsdeterminierte Maßnahmen für das unternehmensspezifische QM individuell abzuleiten. Dabei sollen die monetären und nichtmonetären Aufwände für das QM reduziert werden, damit die Planungs-, Ausführungs-, Kontroll- und Dokumentationsressourcen mit einem Höchstmaß an Effizienz und Effektivität eingesetzt werden können [PFE07, S. 93]. Gleichzeitig wird durch die methodische

Vorgehensweise sowie die dadurch abgeleiteten Informationen ein Beitrag zur Erhöhung des Prozessverständnisses beim PBF-LB/M geleistet. Hierbei wird das Ziel verfolgt, dass dies zu einer nachhaltigen Steigerung der Wettbewerbsfähigkeit der Unternehmen führt.

Zur Erreichung des Hauptziels müssen verschiedene Unterziele realisiert werden: So wird zunächst ein Anforderungsmodell zum QM in der additiven Fertigung als Teil der Qualitätsplanung entwickelt. Die hierbei analysierten und dokumentierten Anforderungen bilden die Grundlage für die anschließende Spezifizierung der Bauteile und des Produktionsumfelds. Hierauf aufbauend wird ein Modell zur Determinierung der Aufwände qualitätssichernder Maßnahmen entwickelt. Im Kontext der Qualitätssicherung werden diesem Grundgedanken folgend Systeme zur Prozessüberwachung beim PBF-LB/M hinsichtlich deren Aufwand und Nutzen analysiert und bewertet. Aus den generierten Daten und Informationen werden konkrete QM-Maßnahmen abgeleitet. Die erarbeiteten Profile und Maßnahmen werden abschließend zur Verfügbar- und Nutzbarmachung in der Qualitätsdokumentation miteinander verknüpft (vgl. Abbildung 3).

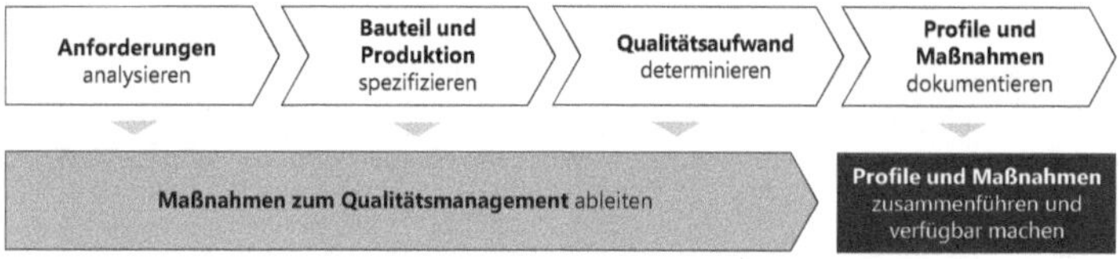

Abbildung 3: Überblick über den Aufbau der Methodik

Dabei soll die entwickelte Methodik in die Dokumentationspyramide (vgl. Abbildung 4) mittig eingruppiert werden und damit die Strategien und Systeme (bspw. nach *ISO 9001, Total Quality Management* und *Kaizen*) konkretisieren. Weiterhin sollen die Methoden und Verfahren des QM (wie bspw. *Quality Function Deployment QFD, Fehler-Möglichkeits-Einfluss-Analyse FMEA* und *Statistische Prozesskontrolle SPC*) in einen ganzheitlichen Kontext gestellt werden (vgl. Abbildung 4).

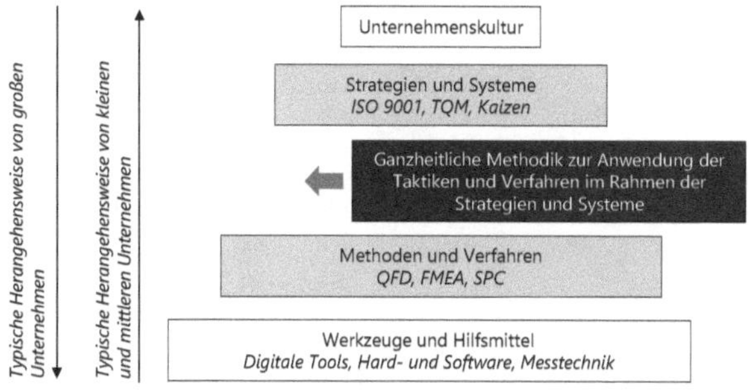

Abbildung 4: Eingruppierung der Zielsetzung der Arbeit in den Aufbau der qualitätsbezogenen Strategien eines Qualitätsmanagementhandbuchs, in Anlehnung und erweitert nach [GEI08, LIN18, S. 131]

Die Anwendbarkeit der Methodik insbesondere bei KMU wird durch eine statische Konzeptionierungs- und Umsetzungsweise nach dem Credo von *Dorian Shainin* (1914–2000) erreicht: „Keep it statistically simple"[4] [SHA93, S. 434]. Daher erfolgt die Konzeptionierung und erstmalige Anwendung der Methodik anhand der Prozesskette des PBF-LB/M. Dies liegt darin begründet, dass additiv gefertigte Metallbauteile einen hohen industriellen Nutzen haben und gleichsam fertigungstechnisch und qualitätsbezogen anspruchsvoll sind. Gleichzeitig muss bei der Entwicklung der Methodik der Abstraktionsgrad so gewählt werden, dass die Anschlussfähigkeit der Methodik im Anschluss an die vorliegende Arbeit für weitere additive Fertigungsverfahren neben dem PBF-LB/M gegeben ist. Durch eine abschließende praktische Erprobung sollen die Anwendungseignung und Wirksamkeit der Methodik im industriellen Umfeld nachgewiesen werden.

Entsprechend der Zielsetzung der Arbeit, werden die Anforderungen an KMU fokussiert. Dabei beschränkt sich die Arbeit auf die Einzel- und Kleinserienproduktion mit dem additiven Fertigungsverfahren des pulverbettbasierten Schmelzens von Metallen. In Bezug auf das methodische QM erstreckt sich der Betrachtungsraum nach ISO 9001:2015 [DIN15b] von der Qualitätsplanung über die Qualitätssteuerung bis zur Qualitätssicherung in der Dimension des operativen QM nach *Masing* [PFE07]. In Tabelle 1 wird die Eingrenzung des Betrachtungsraums in die Taxonomie nach *Cooper* eingeordnet [COO88].

Tabelle 1: Eingrenzung des Betrachtungsraums der vorliegenden Arbeit

Merkmal	**Ausprägung**				
Zielausrichtung	**Anforderungen von KMU**		Anforderungen von Großunternehmen		
Additives Fertigungsverfahren (Werkstoff)	**Pulverbettbasiertes Schmelzen mittels Laserstrahl (Metall)**	Pulverbettbasiertes Schmelzen mittels Laserstrahl (Kunststoff)	Materialextrusion (Kunststoff)	Stereolithographie (Kunststoff)	
Unternehmensperspektive	**Fertigungsprozess**	**Prozesskette**	**Produktion**	Wertschöpfungskette	
Produktionstyp	**Einzelproduktion**	**Kleinserienproduktion**	Serienproduktion	Sortenproduktion	Massenproduktion
Qualitätsmanagementphase	Qualitätspolitik	**Qualitätsplanung**	**Qualitätssteuerung**	**Qualitätssicherung**	Qualitätsverbesserung
Qualitätsmanagementebene	Normatives QM	Strategisches QM	**Operatives QM**		
Nutzen	Ergebnisse	**Methoden**	Theorien	**Anwendung**	

[4] Diese Aussage ähnelt dem sogenannten *KISS-Prinzip* (Keep it simple and stupid), nach welchem für eine Problemlösung die möglichst einfache, minimalistische und leicht verständliche Lösung zu bevorzugen ist.

1.4 Vorgehensweise

Der Aufbau der vorliegenden Arbeit zur Erreichung der formulierten Zielsetzung ist in Abbildung 5 schematisch dargestellt.

In **Kapitel 1** wird die Ausgangssituation des QM beim PBF-LB/M beschrieben und die daraus resultierende Problemstellung abgeleitet. Auf dieser Basis erfolgt die Definition der Zielsetzung der Arbeit sowie die Vorstellung der Vorgehensweise und deren Einschränkung des Betrachtungsraumes.

In **Kapitel 2** erfolgt die Darstellung des Standes der Wissenschaft und Technik der additiven Fertigung, des PBF-LB/M sowie des QM. Diese Grundlagen werden mit einer Bewertung des Forschungsbedarfs im Sinne der Zielsetzung der Arbeit abgeschlossen.

In **Kapitel 3** wird ein Ansatz zur Erfassung und Analyse von Anforderungen an das QM mittels eines Anforderungsmodells verschiedener Anforderungssteller entwickelt.

Darauf aufbauend wird in **Kapitel 4** ein Produktionsmodell vorgestellt, mit welchem die Bauteile spezifiziert und das Produktionsumfeld abgeleitet werden kann. Dies bildet die Grundlage eines mathematischen Modells zur Bewertung des Qualitätsaufwandes qualitätssichernder Maßnahmen. In dieses mathematische Modell ordnet sich die nachfolgende Bewertung des Aufwands und Nutzens von Prozessüberwachungssystemen ein.

In **Kapitel 5** werden die vorgestellten Ansätze und Modelle zu einer Methodik des anforderungsdeterminierten und aufwandsorientierten QM zusammengeführt.

In **Kapitel 6** wird die Methodik anhand zweier Fallstudien im industriellen Umfeld erprobt. Die daraus hervorgehenden Ergebnisse werden hinsichtlich der Wirksamkeit sowie der Anforderungserfüllung der Methodik überprüft.

Abschließend werden in **Kapitel 7** die Ergebnisse der Arbeit zusammengefasst sowie ein Ausblick über weitere wissenschaftliche Handlungsbedarfe gegeben.

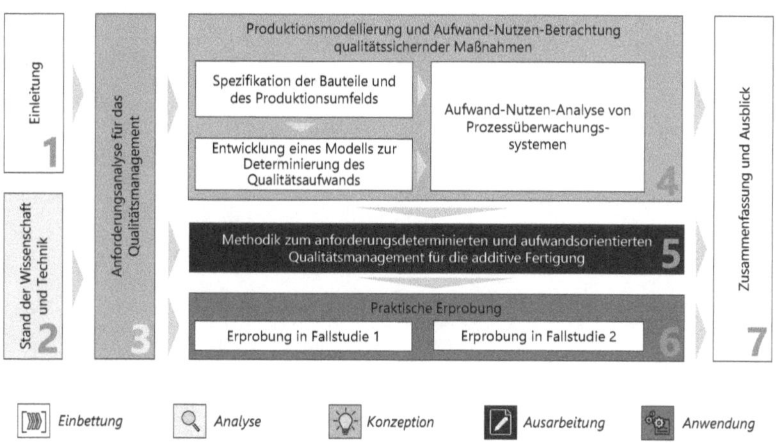

Abbildung 5: Vorgehensweise zur Erreichung der Zielsetzung der Arbeit

2 Stand der Wissenschaft und Technik

In diesem Kapitel wird der Stand der Erkenntnisse sowohl aus der Wissenschaft als auch aus der produktionstechnischen Praxis mit dem Fokus auf die formulierte Zielsetzung beschrieben. Abschließend erfolgt auf der Grundlage der beschriebenen Erkenntnisse die Identifizierung des Forschungsbedarfs.

2.1 Additive Fertigung

Fertigungsverfahren werden im Allgemeinen nach DIN 8580:2003 entsprechend des Grundprinzips der Bauteilfertigung in sechs Hauptgruppen klassifiziert. So werden Bauteile bspw. durch *Schaffen einer Form* (Hauptgruppe 1), *Ändern einer Form durch Beibehalten, Vermehren oder Verminderung des stofflichen Zusammenhalts* (Hauptgruppe 2) oder *durch Änderung der Stoffeigenschaften* (Hauptgruppe 6) erzeugt [DIN03, S. 4, KUM18, S. 9]. Eine Einordnung aller additiven Fertigungsverfahren in eine Hauptgruppe oder Gruppe ist aufgrund der wesentlichen Unterscheidungsmerkmale der additiven Fertigungsverfahren bedingt standardisierbar. In der Entwurfsfassung der DIN 8580:2020 erfolgt eine Zuordnung aller additiven Fertigungsverfahren in die Hauptgruppe 1 [DIN22].

Die Einteilung der Fertigungsverfahren nach Art der Geometrieerzeugung nach *Burns* [BUR93] und DIN EN ISO/ASTM 52900:2018 (Entwurf) [DIN18c, S. 30] ist in folgende Gruppen möglich:

- **Verfahren der subtraktiven Fertigung**
  Die gewünschte Geometrie des Bauteils wird durch Abtragen (Subtrahieren) definierter Bereiche von einem Volumen (Rohteil oder Halbzeug) erzeugt. Das Grundprinzip ist dabei ein Top-Down-Ansatz. Daher gliedern sich subtraktive Fertigungsverfahren, wie bspw. Fräsen, Bohren oder Sägen, in die Hauptgruppe *3–Trennen* nach DIN 8580:2003 ein [DIN03]. Für die Formgebung in subtraktiven Fertigungsverfahren ist ein Werkzeug mit geometrisch bestimmter und unbestimmter Schneide notwendig [BÜH19, S. 58].
- **Verfahren der formativen/umformenden Fertigung**
  Die gewünschte Geometrie des Bauteils wird durch Umformen eines Volumens aus Rohwerkstoff mittels Krafteinwirkung erzeugt. Daher gliedern sich formative oder umformende Fertigungsverfahren, wie bspw. Biegen, Schmieden oder Gießen, in die Hauptgruppe *1–Urformen* und Hauptgruppe *2–Umformen* nach DIN 8580:2003 ein [DIN03]. Für die formative Formgebung ist ein Werkzeug notwendig [BÜH19, S. 58].
- **Verfahren der additiven Fertigung**
  Die gewünschte Geometrie des Bauteils wird durch automatisches Aneinander- und Aufeinanderfügen von Volumenelementen (Voxel) erzeugt [GEB16, S. 3]. Das Grundprinzip ist dabei ein Bottom-Up-Ansatz, sodass nur das Material aufgetragen wird, welches für die gewünschte Geometrie- und Funktionsgenerierung notwendig ist.

2.1.1 Grundlagen und Systematik

Die Historie der additiven Fertigung geht auf das erstes additive Fertigungsverfahren, die Stereolithografie, zurück, welches 1984 zur schnellen Prototypenfertigung (Rapid Prototyping) entwickelt wurde [GEB16]. Die Anforderung in der Produktentwicklung, die Entwicklungszeit (sogenannte *time-to-market*) und die damit verbunden Kosten, konnten durch die damals bekannten Fertigungsverfahren nicht erfüllt werden [FEL16, S. 5].

In den letzten Jahren und Dekaden wurden weitere additive Fertigungsverfahren entwickelt und in der Industrie angewandt. Der Fokus der Anwendungen der additiven Fertigung ist nicht nur mehr die schnelle Prototypenfertigung, sondern auch die Fertigung von Bauteilen für den bestimmungsgemäßen Gebrauch, wie bspw. Ersatzteile, Serienteile (Rapid Manufacturing) oder als Werkzeug sowie Vorrichtung (Rapid Tooling). Neben der Anzahl an additiven Fertigungsverfahren wurde gleichzeitig der Industrialisierungsgrad der Maschinen und Prozesse sowie die mögliche Produktqualität gesteigert [WIT06]. Der Industrialisierungsgrad beschreibt in diesem Kontext in Bezug auf den *Technologiereifegrad* (engl. Technology Readiness Level, TRL) die Reife der additiven Fertigungstechnologien für den Einsatz unter industriellen Bedingungen und Anforderungen.

In der Terminologie wird der Begriff **additive Fertigung** umgangssprachlich mit dem Begriff *3D-Drucken* gleichgesetzt. Dabei ist nach internationaler Normung das 3D-Drucken der additiven Fertigung untergegliedert und ist ein additives Fertigungsverfahren [GEB16, S. 3, KUM18, S. 7]. In der englischen Sprache wird der Begriff **Additive Manufacturing** (AM) und **3d printing** als Synonym verwendet [VDI14, DIN18c]. In dieser Arbeit wird der deutsche Terminus additive Fertigung sowie der die international etablierte englischsprachige Abkürzung AM verwendet.

Nach VDI 3405:2014 bzw. DIN EN ISO/ASTM 52900:2018 (Entwurf) werden in der additiven Fertigung die Bauteile schichtweise…

> *„[…] durch Hinzufügen von Ausgangsmaterial oder durch Phasenübergang eines Materials vom flüssigen oder pulverförmigen in den festen Zustand" [VDI14, S. 6] hergestellt.*
>
> *„[…] durch Verbinden von Material aus 3-D-Modelldaten […] üblicherweise Schicht für Schicht" [DIN18c, S. 6] hergestellt.*

Dabei wird ein Werkstoff schichtweise aufgetragen, selektiv und lokal verfestigt und mit dem Werkstoff der zuvor aufgebrachten Schicht verbunden [ZÄH13, S. 11]. Diese grundlegende Systematik wird auch als Prinzip des schichtweisen Bauteilaufbaus bezeichnet [VDI14, S. 6, GEB16]. Dabei erfolgt die Generierung des Bauteils in Schichtgeometrie direkt aus den dreidimensionalen Konstruktionsdaten (CAD-Daten). Dies erlaubt eine flexible Skalierung und Variation der Werkstoffe mit dem selben Datensatz [GEB16, S. 3].

Im Gegensatz zur subtraktiven Fertigung, finden bei der additiven Fertigung die Phasen der Werkstoffverbindung und Formgebung im selben Prozess statt [GEB16, S. 2]. Daher ist die Qualität des gefertigten Bauteils stärker abhängig von den Werkstoff- und Prozessbedingungen sowie den gewählten Prozessparametern abhängig [WIT20, S. 23].

Auf folgende Begriffsunterscheidung ist zu achten: Der Begriff **additive Fertigung** definiert die grundlegende Systematik des schichtweisen Bauteilaufbaus [VDI14, DIN18c]. Der Begriff **additive Fertigungsverfahren** beschreibt das Grundprinzip des Prozesses, wie bspw. pulverbettbasierendes Schmelzen von Metallen mittels Laserstrahl (PBF-LB/M) oder Materialextrusion (MEX) [DIN18c, VDI14].

Die Eigenschaften der Bauteile und damit die Beschreibung sowie Klassifizierung additiver Fertigungsverfahren werden grundlegend durch folgende Spezifikationen bestimmt [DIN18c, S. 30]:

- Grundprinzip des Auf- und Aneinanderfügens von Voxeln, wie bspw. Schmelzen, Aushärten oder Sintern
- Werkstoffart, wie bspw. Polymer, Metall oder Keramik
- Werkstoffaggregatzustand, wie bspw. flüssig oder fest-pulverförmig
- Technologische Umsetzung auf Maschinenarchitekturebene

Die **additiven Fertigungstechnologien** entsprechen dabei der technologischen Umsetzung auf Maschinenarchitekturebene der **additiven Fertigungsverfahren**.

Hauptpotentiale der additiven Fertigung

Die beschriebene Systematik der additiven Fertigung sowie die Abgrenzung zur subtraktiven und formativen Fertigung führt zu den folgenden Hauptpotentialen der additiven Fertigung [BAY20a, S. 16, BAU16, S. 17, GEB16, S. 3, ZÄH13, S. 4]:

- **Werkzeuglose Fertigung**
  Prozesse der additiven Fertigung werden ohne bauteilspezifische Werkzeuge (bspw. Modelle der formativen Fertigung und Werkzeug mit geometrisch bestimmter Schneide der subtraktiven Fertigung) realisiert. Dieses Hauptpotential ermöglicht eine Flexibilisierung der Produktionsprozesse in Bezug auf eine losgrößenunabhängige Wirtschaftlichkeit der Fertigung.
- **Große geometrisch-konstruktive Freiheit**
  In der additiven Fertigung sind die Fertigungskosten weniger abhängig von der Bauteilkomplexität, sodass komplexe Bauteilgeometrien bei kleinen Losgrößen (anwendungsfallabhängig bis ca. 1.000 Stück) wirtschaftlich realisiert werden können. Durch dieses Hauptpotential ist eine funktions- und leichtbauorientierte Bauteilgestaltung umsetzbar und wirtschaftlich möglich (vgl. Abbildung 6).
- **Hohe Materialeffizienz**
  Bei additiven Fertigungsverfahren wird nur dort Material auf eine Bauplatte aufgetragen, wo es für die Anwendung des Bauteils notwendig ist. Dies beinhaltet eine gewisse Unschärfe, da je nach additivem Fertigungsverfahren und der Bauteilgeometrie Stützstrukturen notwendig sind, die nach dem Fertigungsprozess entfernt werden müssen. Daher kann mittels der additiven Fertigung eine hohe Materialeffizienz insbesondere für Bauteile realisiert werden, für welche bei einer subtraktiven Fertigung ein hoher Spanabtrag notwendig ist.

Abbildung 6: Computersimulationsgestützt-optimiertes Bauteil zur Anwendung der Potentiale der additiven Fertigung

2.1.2 Prozess des pulverbettbasierten Schmelzens von Metallen mittels Laserstrahl

Neben der Beschreibung des Verfahrensprinzips des PBF-LB/M werden im Folgenden die additiven Fertigungstechnologien beschrieben. Außerdem wird auf die gegenwärtig typischerweise verarbeiteten Werkstoffe bei der Anwendung der additiven Fertigungstechnologien im industriellen Umfeld eingegangen.

Begriffsdefinition

Das additive Fertigungsverfahren des pulverbettbasierenden Schmelzens von Metall mittels Laserstrahl (engl. Powder Bed Fusion of Metals via Laser Beam, PBF-LB/M) ist im deutschen Sprachgebrauch auch unter dem Begriff Laser-Strahlschmelzen (engl. Laser Beam Melting, LBM) bekannt [DIN18c]. Weiterhin nutzen die im Markt des PBF-LB/M agierenden Unternehmen für deren Fertigungstechnologie eigene Prozess- und Handelsnamen, die sich teilweise als Synonym für das PBF-LB/M etabliert haben. Dazu gehören folgende Begriffe: „LaserCUSING“ von *Concept Laser/GE Additive* [GE 22], „Laser Metal Fusion LMF“ von *TRUMPF* [TRU20a], „Selektive Laser Melting SLM“ von *SLM Solutions* [SLM20d] oder „Direktes Metall-Laser-Schmelzen DMLS“ von *EOS* [EOS22a].

Verfahrensprinzip des PBF-LB/M

Beim additiven Fertigungsverfahren PBF-LB/M handelt es sich um ein Fertigungsverfahren, welches nach DIN 8580:2003 in der ersten Hauptgruppe der Fertigungsverfahren *Urformen* eingeordnet wird [DIN03]. Dabei werden metallische Pulverpartikel schichtweise aufgebracht. Vor dem Aufbringen der jeweils folgenden Pulverpartikelschicht auf das Pulverbett (Beschichtung) werden die Pulverpartikel mittels Einwirkung eines Laserstrahls gezielt schmelzmetallurgisch mit den umgebendem Pulverpartikeln verbunden (Belichtung) [DIN18c, SEY18, S. 4]. Abbildung 7 zeigt eine schematische Darstellung des PBF-LB/M nach *Meiners* und *Song* [FRA97, MEI99, S. 5, SON95, S. 5].

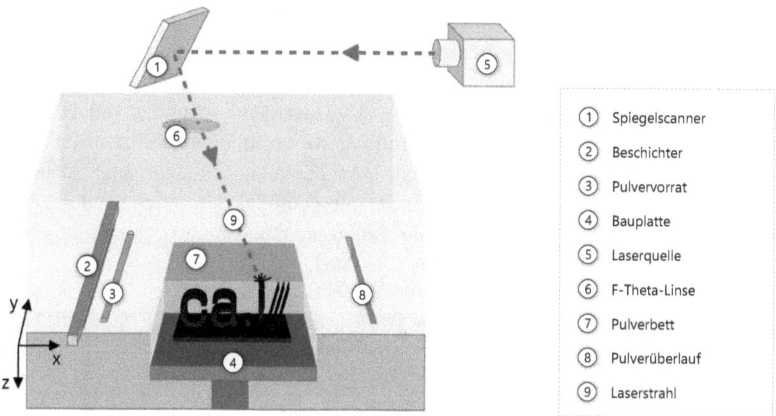

Abbildung 7: Schematisches Verfahrensprinzip des Prozesses des pulverbettbasierenden Schmelzens von Metall mit den relevanten Komponenten, in Anlehnung an [MEI99, SON95]

Zusammenfassend kann das PBF-LB/M dabei als zyklischer Prozess mit den beiden Prozessschritten Beschichtung und Belichtung beschrieben werden [GEB16, S. 165]:

Beschichtung

Beim Beschichten (oder Schichtauftrag) wird eine definierte Menge an Metallpulver mittels Beschichter (Komponente 2 in Abbildung 7) aus dem Pulvervorrat (Komponente 3 in Abbildung 7) auf das Pulverbett (Komponente 7 in Abbildung 7) aufgetragen [SEY18, S. 5, MEI99, S. 5]. Die Schichtdicke wird dabei durch die Absenkstrecke der Bauplatte (Komponente 4 in Abbildung 7) in *z*-Achse definiert und beträgt typischerweise zwischen 20 µm und 100 µm [SEY18, S. 5, MEI99, S. 5]. Zu viel dosiertes Metallpulver wird mittels des Beschichters in den Pulverüberlauf (Komponente 8 in Abbildung 7) transportiert [LUT20, S. 12].

Belichtung

Beim Belichtungsvorgang wird ein typischerweise modulierter Faser- oder Diodenlaser mit einer typischen Wellenlänge (ca. 1.070 nm) im nahen Infrarotspektrum (NIR) genutzt (Komponente 5 in Abbildung 7) [MEI99, S. 23]. Dieser wird in einer Scanneroptik, bestehend aus einem Galvanometerscanner (Spiegelscanner; Komponente 1 in Abbildung 7) und einer Fokussiereinrichtung (System aus F-Theta-Linsen oder variabler Zoom-Optik; Komponente 6 in Abbildung 7) entsprechend den Scanvektoren abgelenkt und auf die Pulverbettoberfläche fokussiert [SEY18, S. 5, KLA18, S. 21]. Der mittlere Partikeldurchmesser der sogenannten *Gauß'schen Normalverteilung* der Pulverpartikel – 95 % der

Partikel weisen einen Partikeldurchmesser zwischen 0,015 mm und 0,045 mm auf – ist typischerweise um eine Größenordnung kleiner als der Laserstrahldurchmesser im Fokuspunkt (≈0,3 mm). Die selektive Belichtung der Pulverbettoberfläche durch den Laser mit der eingebrachten Energie führt zur Erhitzung des Metallpulvers auf die Schmelztemperatur in der sogenannten *Wechselwirkungszone* [FRA97, S. 8]. Dadurch wird der belichtete Bereich, der die Bauteilfläche in der jeweiligen Schicht entspricht, lokal aufgeschmolzen und es bildet sich ein Schmelzbad aus. Der Laserstrahl wird im Schmelzbad entsprechend der sogenannten *Mie-Theorie* primär absorbiert und sekundär reflektiert und transmittiert [BOH98, MEI99, S. 18]. Der reflektierte Strahlungsanteil wird dabei teilweise vom umgebenden Metallpulver und dem entstehenden Schmauch absorbiert [LUT20, S. 12]. Aufgrund hochdynamischer Strömung infolge der hohen lokalen Temperaturgradienten können Tropfen flüssiger Schmelze (sogenannte *Spratzer*) aus dem Schmelzbad geschleudert werden [LUT20, S. 13, SCH07].

Abbildung 8: Belichtung des Pulverbetts zur additiven Fertigung eines Bauteils

Der Laserstrahl wird in der *x-y*-Ebene von der Scanneroptik abgelenkt und so über die Pulverbettoberfläche entlang von Scanvektoren bewegt (vgl. Abbildung 8). Dabei kann der Abstand dieser Scanvektoren, der Scanlinien- oder Spurabstand, variiert werden [MEI99, S. 42]. Dieser Bewegung des Laserstrahls in der *x-y*-Ebene folgt die Ausbildung des Schmelzbades [LUT20, S. 13]. Dadurch erfolgt der lokale Energieeintrag in die Pulverbettoberfläche in einer Wechselwirkungszeit zwischen 2–15 ms. Bei Beendigung des lokalen Energieeintrags erstarrt der Werkstoff aus der flüssigen Phase zu einem dichten Gefüge in der festen Phase. Damit bildet sich ein feines und hartes Werkstoffgefüge mit geringer Zähigkeit aus [LUT20, S. 12].

Der Prozess des PBF-LB/M wird in einer geschlossenen Prozesskammer durchgeführt. Da verschiedene Metallpulver aufgrund der hohen spezifischen Oberfläche stark zur Oxidation in der Umgebungsatmosphäre neigen, wird die Prozesskammer mit Schutzgas geflutet. Als Schutzgas wird typischerweise Stickstoff, Argon oder Helium genutzt [GEB16, S. 166, KLA18, S. 21] Durch die Schutzgasflutung verringert sich der Sauerstoffgehalt der

Prozessumgebung auf einen mit Restsauerstoffgehalt < 0,1–0,2 %, sodass unerwünschte Wechselwirkungen des Metallpulvers mit der Umgebung minimiert werden [MEI99, S. 7]. Weiterhin dient die Absenkung des Sauerstoffgehalts der Sicherstellung der arbeitssicherheitstechnischen Anforderungen, da die Ausbildung eines explosionsfähigen Staub/Luft-Gemisches unterbunden wird [BAY19, S. 436]. Zusätzlich wird durch eine gezielte Führung des Schutzgases über der Pulverbettoberfläche ein Abtransport der in den Hohlräumen der Pulverschüttung sowie der bei der Wärmeeinwirkung durch den Laser freigesetzten Gase durch den Gasfilter in die Maschinenumgebung erreicht [FRA97, S. 5, KLA18, S. 21].

Fertigungstechnologien

Das additive Fertigungsverfahren PBF-LB/M wird mittels verschiedener aber prinzipiell ähnlich aufgebauter Maschinenarchitekturen technologisch umgesetzt (sogenannte *additive Fertigungstechnologien)*. Eine Auswahl einiger Technologie- und Handelsnamen der Maschinenhersteller wurden in Abschnitt 2.1.2 zitiert.

Dabei unterscheiden sich die additiven Fertigungstechnologien nach PBF-LB/M sowohl zwischen den Maschinenherstellern als auch innerhalb deren Produktportfolios durch folgende Eigenschaften:

- Bauraum
- Beschichterbauweise
- Lasersystem

Tabelle 2 zeigt eine Übersicht über erwerbbare Fertigungsmaschinen mit dem kleinsten und größten Bauraum im Produktportfolio der Maschinenhersteller, die im Jahr 2020 weltweit die meisten industriellen Fertigungsmaschinen für das PBF-LB/M verkauft haben [WOH21, S. 113].

Tabelle 2: Ränder des Produktportfolios für das PBF-LB/M ausgewählter Maschinenhersteller

Maschinenhersteller	**Fertigungsmaschine mit dem kleinsten Bauraum**	**Fertigungsmaschine mit dem größten Bauraum**	Quelle
GE Additive	$(100 \times 100 \times 100)\ mm^3$	$(800 \times 400 \times 500)\ mm^3$	[GE 20a]
TRUMPF	$(\varnothing 100 \times 100)\ mm^2$	$(\varnothing 300 \times 400)\ mm^2$	[TRU20c]
SLM Solutions	$(50 \times 50 \times 50)\ mm^3$	$(600 \times 600 \times 600)\ mm^3$	[SLM20c]
EOS	$(\varnothing 100 \times 95)\ mm^2$	$(400 \times 400 \times 400)\ mm^3$	[EOS22a]
Renishaw	$(250 \times 250 \times 350)\ mm^3$		[REN20b]
Farsoon	$(120 \times 120 \times 100)\ mm^3$	$(425 \times 425 \times 440)\ mm^3$	[FAR22]

Die Fertigungsmaschinen nahezu aller Maschinenhersteller arbeiten mit einem lineargeführten Beschichter, der entlang der x- oder y-Achse verfährt und beschichtet (vgl. Abbildung 7). Dabei werden unterschiedliche Beschichterwerkzeuge, wie bspw. Silikonlippen oder Kohlenstofffaserbürsten, genutzt [LUT20, S. 13, SEY18, S. 5].

Typischerweise wird bei gegenwärtig kommerziell verfügbaren Fertigungsmaschinen nach PBF-LB/M ein Faserlaser mit der Laserleistung zwischen 100 W und 1.000 W eingesetzt [GE 20a, SLM20a]. Dabei kann das Lasersystem mit einer Laserquelle (Einfachlaser- oder Single Laser-System) oder mehreren parallel ansteuerbaren Laserquellen (Mehrfachlaser- oder Multi Laser-System) ausgestattet sein [GE 20a]. Auf Fertigungsmaschinen mit Mehrfachlasersysteme kann dabei mit mehreren Lasern simultan an einem Bauteil oder parallel an mehreren Bauteilen auf einer Bauplatte gearbeitet werden [TRU20d]. Fertigungsmaschinen der neuesten Generation können mit bis zu 12 simultan ansteuerbaren Lasersystemen mit einer Laserleistung von je 1.000 W ausgestattet sein [SLM20a].

Werkstoffe

Typische schweißbare Metalle und deren Legierungen sind Werkzeug- und Edelstähle (bspw. Werkstoffnummern 1.2709, 1.4404, 1.4542), Nickel-Basis-Legierungen (bspw. Inconel718, Inconel625) und Kobalt-Chrom-Legierungen (bspw. CoCrMo) [SLM20b, GE 20b, EOS22b, WOH20, S. 70]. Weiterhin können mittels PBF-LB/M Leichtmetalle, wie Aluminium und Titan, und deren Legierungen (bspw. AlSi10Mg, AlSi12, Ti6Al4V, Ti6Al7Nb) verarbeitet werden [SLM20b, GE 20b, EOS22b, WOH20, S. 70]. Für die Verarbeitung von Halbedelmetallen und deren Legierungen (bspw. Cu, CuCrZr, CuSn10) sind spezielle Maschinen- und Lasertechnologien nötig [EOS20d, TRU20b, SLM20b]. Die Verarbeitung von Edelmetalle und deren Legierungen, wie Silber (Ag) und Gold (Au), sind zur Zeit in der Entwicklung für eine industrielle Anwendung [EOS22b, TRU20e, COO22].

2.1.3 Prozesskette des pulverbettbasierten Schmelzens von Metallen mittels Laserstrahl

Begriffsdefinitionen

Für die Prozesse und Prozessketten der additiven Fertigung und additiven Fertigungsverfahren wird in dieser Arbeit die Terminologie der VDI-Richtlinie 3405 [VDI14] und DIN EN ISO/ASTM 52900:2018 (Entwurf) [DIN18c] verwendet. Eine **Prozesskette** beinhaltet aufeinander folgende **Prozesse** zur schrittweisen Überführung von einem Ursprungs- in einen Endzustand des Bauteils unter gestellten Qualitätsanforderungen. In einem **Prozess** werden auf einen Arbeitsgegenstand (Einzelteil) bezogenen und aufeinander folgenden Arbeitsvorgänge (**Prozessschritte**) zur schrittweisen Überführung eines Objektes von einem Anfangs- in einen Endzustand subsummiert. Zusammengehörige Prozesse können dabei in **Prozessphasen** zusammengefasst werden. [AWI16]

Allgemeine Untergliederung

Grundlage der Analyse und Bewertung von Einflussgrößen entlang der Prozesskette bildet eine modellhafte Darstellung der Prozesskette vom virtuellen Bauteil zum physisch vorhandenen und somit nutzbaren Bauteil ohne Prozesse des QM (vgl. Abbildung 9) [VDI19a]. Allgemein wird die Prozesskette der additiven Fertigung in drei wesentliche Prozessphasen unterteilt [VDI14, S. 6]: **Pre-Prozess**, **In-Prozess** und **Post-**

Prozess. Zusätzlich erfordert im Speziellen die Prozesskette des PBF-LB/M weitere dem Pre-Prozess vorgelagerte und dem Post-Prozess nachgelagerte Prozesse. Diese sind nicht unmittelbar für die Bauteilfertigung notwendig. Daher werden diese Prozesse typischerweise nicht bei jeder Bauteilfertigung durchgeführt und sind daher sporadisch durchzuführen sowie anwendungsspezifisch zu gestalten [VDI19a]. Die Prozesskette und Prozesse des PBF-LB/M können zusätzlich merkmalsbezogen in **Werkstoffprozesse**, **Bauteilprozesse** und **Datenprozesse** untergliedert werden, die sich aus den Werkstoff-, Bauteil- bzw. Bauteildatenflüssen ergeben. Die einzelnen Prozesse der Prozesskette werden durch Strukturelemente der Bauteildaten-, Bauteil- und Werkstoffprozesse dargestellt. Diese Prozesse werden durch den Datenfluss, den Bauteilfluss und Werkstofffluss zueinander in Beziehung gesetzt, sodass sich ein Prozessablauf ergibt. So ergibt sich mit dieser Untergliederung und allgemeinen Prozessphasen eine Matrixstruktur (vgl. Abbildung 9). [VDI14]

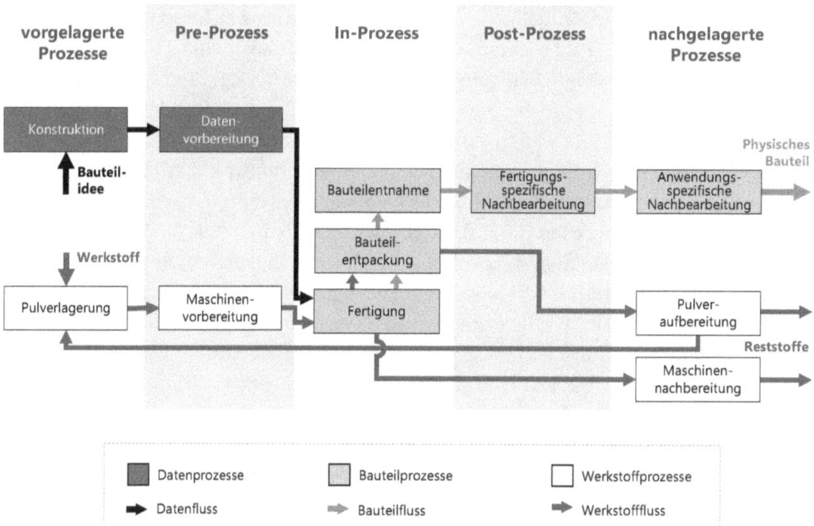

Abbildung 9: Modellhafte Darstellung der Prozesskette des pulverbettbasierenden Schmelzens von Metallen (PBF-LB/M) ohne Prozesse des Qualitätsmanagements, erweitert nach [VDI19a]

Vorgelagerte Prozesse

Den Startpunkt der Prozesskette des PBF-LB/M und der Datenprozesse bildet in den vorgelagerten Prozessen das Konstruieren eines virtuellen parametrierten 3D-CAD-Modells des zu fertigenden Bauteils auf Basis der Bauteilidee. Dies erfolgt in einer CAD-Konstruktionssoftware unter Berücksichtigung der Konstruktionsfreiheiten und -leitlinien der additiven Fertigung und des PBF-LB/M [DIN20e, KLA18, S. 107, DIN20b, S. 15]. Das parametrierte Volumenmodell wird über Triangulation durch ein Oberflächenmodell – bestehend aus Dreiecken und zugehörigen Normalenvektoren – angenähert [WIT08,

S. 600]. Dieses Geometriemodell wird über ein Austauschformat, wie typischerweise das *STL-Format* (engl. Surface Tesselation Language), an die Datenvorbereitungssoftware im Prozess der Bauteildatenvorbereitung übergeben. Der Eintritt in die Werkstoffprozesse erfolgt im Rahmen der vorgelagerten Prozessschritte durch die Einlagerung des Pulvers unter spezifischen Zustandsgrößen.

Pre-Prozess

Im Pre-Prozess werden Vorbereitungsprozesse der Bauteil- und Maschinendaten sowie das Rüsten der Fertigungsmaschinen subsummiert. Aus der vorgelagerten Konstruktion des 3D-CAD-Modells wird das Oberflächenmodell typischerweise im *STL-Format* an die Software zur Datenvorbereitung übergeben. Diese Software kann herstellerabhängig (bspw. „EOSPRINT" von *EOS* [ELE22]) oder hersteller- und maschinenunabhängig („NX" von *Siemens* [SIE17] mit herstellerspezifischen Build-Prozessoren) konzeptioniert sein. In der Software zu Datenvorbereitung wird das importierte Oberflächenmodell entsprechend der für die Bauteilfertigung geplanten Maschine in dessen virtuellem Bauraum angeordnet und ausgerichtet. Weiterhin werden beim PBF-LB/M notwendige Stützstrukturen an das Oberflächenmodell des Bauteils angelegt. Über diese Stützstrukturen wird das Bauteil und insbesondere dessen überhängende Bereiche mit der Bauplatte verbunden. Die Stützstrukturen dienen aufgrund deren Wärmeleitung und einer möglichen Aufnahme von Zugspannungen der Kompensation von thermisch induzierten Eigenspannungen im Bauteil [GEB16, S. 166]. So kann ein thermomechanischer Verzug der Bauteile reduziert werden [LUT20, S. 20, MEI99, S. 85, DIN20b, S. 17]. Nach der geometriebezogenen Bauteildatenvorbereitung werden die Eigenschaften und Stellgrößen des Fertigungsprozesses (Maschinendatenvorbereitung) definiert. Die definierten Bauteil- und Maschinendaten werden mittels softwaregestützter automatisierter Generierung der Geometrie- und Maschineninformationen für jede Schicht zusammengeführt (sogenanntes *Slicing*) [DIN19c, DIN16b]. Beim *Slicing* wird entsprechend der definierten Fertigungsstellgrößen das Bauteil in der jeweiligen Schicht mit Vektoren nachgebildet, die die Belichtungspuren (Scanlinien) des Lasers vorgeben (Scanvektoren). Dabei werden die Bauteilkonturen in sogenannte *Perimeter* oder *Borders* und die Flächen entsprechend der Belichtungsstrategie als Schraffur, dem sogenannten *Hatch,* abgebildet [SEY18, S. 3, GEB16, S. 109]. Der Schichtdatensatz aus schichtbezogenen Bauteil- und Maschinendaten wird in einem standardisierten Datenformat (bspw. ISO-kompatibler G-Code [ISO09]) oder einen herstellerspezifischen Datenformat an die Maschinensteuerung übergeben [GEB16].

Die Maschinenvorbereitung (Maschinenrüsten) beschreibt die Gesamtheit der Prozessschritte, die notwendig sind, um eine Maschine zur Durchführung des nachfolgenden Auftrags vorzubereiten und um die Maschine in den ungerüsteten Zustand zurückzuversetzen [WES06, S. 173]. Dies beinhaltet das Befüllen des Pulvervorrats der Maschine mit Metallpulver sowie das Einlegen und Fixieren der Bauplatte auf der Bauplattform [LUT20, S. 16]. Daran schließt sich die Fixierung des Beschichterwerkzeugs und die Nivellierung des Beschichters in Bezug zur Bauplatte an. Um eine exakte Ausrichtung des Beschichters zur Bauplatte zu erreichen, wird die erste Pulverschicht manuell mit verschiedenen Konzepten, wie bspw. sogenannte *Lichtspaltprobe* oder *Papierprobe*, aufgezogen, bis ein homogener Auftrag des Metallpulvers auf der Bauplatte visuell feststellbar ist (manuelle Sichtprüfung). Abschließend wird die Prozesskammer geschlossen, mit Schutzgas geflutet und entsprechend den definierten Fertigungsstellgrößen vorgeheizt. [ESC12, S. 14]

In-Prozess

In der anschließenden Prozessphase des In-Prozesses findet der eigentliche schichtweise Bauteilaufbau statt. Der In-Prozess fasst dabei alle Prozesse und Prozessschritte zusammen, die zur Fertigung des Bauteils notwendig sind. Dies schließt das iterative Beschichten und Belichten sowie das anschließende Entpacken und Entnehmen des Bauteils aus der Fertigungsmaschine (Maschinenrüsten) ein [VDI14, S. 6]. Das Entpacken erfolgt in der Regel über Handschuheingriffe bei geschlossener Prozesskammer durch Beförderung des nicht verfestigten und des das Bauteil umgebenden Metallpulvers in den Pulverüberlauf [LUT20, S. 16, SLM20a].

Post-Prozess

Die Prozessphase des Post-Prozesses umfasst die fertigungsspezifischen Nachbearbeitungsprozesse des Bauteils, die durch die additive Fertigungstechnologie determiniert sind [VDI14]. Zur fertigungsspezifischen Nachbearbeitung wird das Spannungsarmglühen, das Abtrennen des Bauteils von der Bauplatte und die Entfernung der Stützstrukturen verstanden [VDI14, S. 6]. Das Entfernen der Stützstrukturen erfolgt in der Regel beim PBF-LB/M durch manuelle Tätigkeiten wie Sägen, Schleifen oder Feilen oder durch andere spanende Nachbearbeitung. Weiterhin wird im Post-Prozess das in den Stützstrukturen befindliche Restpulver mittels Vibrations- und Schwenkprozesse entfernt.

Nachgelagerte Prozesse

Die nachgelagerten Prozesse umfassen die anwendungsspezifische Nachbearbeitung. Diese subsummiert alle Prozesse und Prozessschritte, die zur Veredlung des Bauteils nach dem additiven Fertigungsprozess zur Erzielung der geforderten Bauteilqualität notwendig sind. Daher sind diese Prozesse von der späteren Anwendung des Bauteils abhängig. Dies umfasst bspw. Oberflächenstrahlen oder Heißisostatisches Pressen [VDI14, S. 6, WIT06, S. 312]. Nach dieser anwendungsspezifischen Nachbearbeitung kann das physische Bauteil dem Anwendungszweck zugeführt werden.

Weiterhin sind den nachgelagerten Prozessen weitere Werkstoffprozesse zuzuordnen. Diese stehen in Verbindung mit der Prozesskette des PBF-LB/M, betreffen jedoch nicht die eigentliche Fertigung des Bauteils [BUR93, VDI19a]. Bei der Maschinennachbereitung werden die Prozesskammer und die Räumlichkeiten von restlichem Metallpulver und Schmauch gereinigt. Bei der Pulveraufbereitung wird das nicht verfestigte und die Bauteile umgebende Metallpulver aus dem In-Prozess gesiebt, homogenisiert und ggf. getrocknet [LUT20, S. 17]. Das sich außerhalb der definierten Stoffgrößengrenzwerte befindliche Metallpulver sowie Restpulver aus der Maschinennachbereitung (Reststoffe) werden zwischengelagert und entsorgt.

2.2 Qualität und Qualitätsmanagement in der Produktion

2.2.1 Qualitätsbegriff und -bestimmung

Grundprinzip des Erfolgs von Unternehmen in einer Wirtschaftsordnung der Marktwirtschaft ist die Setzung von Kaufanreizen potenzieller Kunden sowie Sicherstellung der Zufriedenheit existierender Kunden [LIN18, S. 24]. Wesentliche Erfolgsfaktoren sind hierbei die Anforderungen der Kunden. Dazu zählen die Liefer- oder Umsetzungszeit, die Produkt- oder Dienstleistungskosten sowie die Produkt- und Dienstleistungsqualität. Diese Lieferanten-Kunden-Interaktion wird in Abbildung 10 dargestellt [PFE07, S. 5].

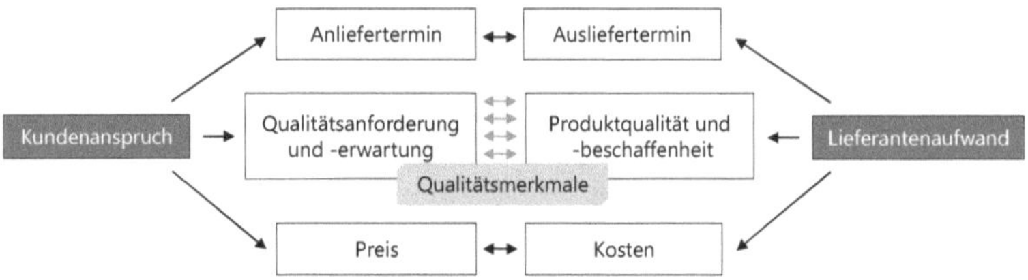

Abbildung 10: Kriterien der Lieferanten-Kunden-Interaktion, nach [PFE07, S. 5, DIN15a, S. 6]

Um die Anforderungen in der Kundeninteraktion erfüllen zu können, werden die Zielkriterien Zeit, Kosten und Qualität im produktionstechnischen Kontext in das sogenannte *Wirkungsdreieck der Produktion* überführt [PFE07, S. 4, WES06, S. 69]. Dabei ist **Qualität** definiert als ...

> *... die Beschaffenheit einer Einheit bezüglich ihrer Eignung, die Qualitätsanforderung zu erfüllen [DIN08].*
>
> *... der Grad, in dem ein Satz inhärenter Merkmale Anforderungen erfüllt [DIN15a].*
>
> *... der Grad der Übereinstimmung mit Anforderungen [CRO79].*

Nach DIN EN ISO 9000:2015 ist der Erfolg einer Organisation vom Verstehen und Zufriedenstellen der gegenwärtigen und zukünftigen Ansprüche der Kunden sowie anderer interessierter Parteien abhängig [DIN15a, S. 5]. Dazu muss die Qualität und deren Auswirkungen auf die Organisation aus unterschiedlichen Perspektiven betrachtet und beschrieben werden. *Garvin* führte dazu 1984 entsprechend der Leitfrage *„What does Quality really mean? – Was bedeutet Qualität wirklich?"* den multidimensionalen Qualitätsbegriff ein [GAR84]. Dieser unterscheidet prinzipiell den Qualitätsbegriff in fünf verschiedenen Sichtweisen [LEU17, S. 160, GAR84]:

- **Transzendenter Qualitätsbegriff**
  Philosophischer Ansatz, der vorgibt, dass es keiner exakten Definition bedarf und dies nicht möglich sei
- **Wertorientierter Qualitätsbegriff**
  Monetärer Ansatz, die Leistung und damit die Qualität auf den Preis zu beziehen
- **Herstellerorientierter Qualitätsbegriff**
  Spezifikationsbezogener Ansatz, der die Qualität als Übereinstimmung mit technischen Normen, Standards und Regeln beschreibt
- **Kundenorientierter Qualitätsbegriff**
  Subjektivistischer Ansatz, der die Erfüllung der Bedürfnisse des Kunden als oberstes Qualitätskriterium vorgibt
- **Produktorientierter Qualitätsbegriff**
  Materialistisch-messbarer Ansatz, die Qualität über die An- bzw. Abwesenheit messbarer Produktmerkmale zu beschreiben

Dabei wird deutlich, dass der herstellerorientierte, kundenorientierte und produktorientierte Qualitätsbegriff nach *Garvin* den Definitionen der Normung entspricht. Daher wird in der vorliegenden Arbeit der Begriff der Qualität auf diese Perspektiven beschränkt.

2.2.2 Prozessfähigkeit

In jeder Produktion treten Verschwendungen auf. Bereits Mitte des letzten Jahrhunderts wurden diese bspw. von *Taiichi Ohno* im sogenannten *Toyota-Produktionssystem* systematisch und allgemeingültig aufgearbeitet und in sieben Verschwendungsarten unterteilt [OHN88, S. 19]. Einer der Arten von Verschwendung: „Verschwendung aufgrund der Herstellung defekter Produkte". Allgemein ist bekannt, dass diese Verschwendungen und die damit verbundenen Qualitätsdefizite und Qualitätsaufwände nicht eliminiert, sondern lediglich reduziert werden können. Zur Verschwendungsreduktion im Kontext der Qualität gilt daher das allgemeine Ziel der Sicherstellung der Übereinstimmung der Produktmerkmale und Merkmalsausprägungen oder Zielgrößen [RÖT99, S. 19]. Dies erfolgt in der Regel durch die Sicherstellung der **Prozess- oder Qualitätsfähigkeit**[5] der einzelnen Prozesse und der Prozesskette. Die Prozessfähigkeit ist dabei definiert als ...

> *... die Eignung [...] eines Prozesses zum Realisieren eines Produkts, das die Anforderungen an dieses Produkt erfüllt [DIN15a, S. 19, VDA12b, S. 7].*
>
> *... Eigenschaft, wenn unter definierten Bedingungen ein gefordertes Ergebnis innerhalb der geforderten Spezifikationsgrenzen dauerhaft produziert wird [VDM99].*

Die Prozessfähigkeit schließt die Prozessstabilität ein, d.h. die Fähigkeit eines Systems oder Prozesses bei einer kleinen Auslenkung (bspw. durch Störgrößen) wieder in den Gleichgewichtszustand zurückzukehren [HAC10, S. 188, LIN18, S. 559].

[5] Prozessfähigkeit ist als Qualitätsfähigkeit eines Prozesses definiert [DIE14b, S. 353] und wird im Rahmen der Arbeit gleichgesetzt.

Die Qualität eines Prozesses oder einer Prozesskette bestimmt die Qualität eines Produktes. Fokus ist dabei die gesamte Wertschöpfungskette inklusive der indirekten Bereiche (qualitätsbezogene Tätigkeiten). Da jeder Prozess unter dem Einfluss von Störgrößen steht (vgl. Abbildung 13), ist eine Prozessfähigkeitsprüfung die Basis für ein QM [RIN99]. Dabei steht die Erhöhung des Prozesswissens und der Prozesstransparenz im Fokus, um die Effizienz und die Effektivität des Prozesses sicherstellen zu können [ISO14, DIE14b]. Die geforderte Bauteilqualität kann erzielt werden, wenn die Fähigkeit eines Prozesses dazu sichergestellt werden kann. Nach *Linß* ist Prozessqualität die Voraussetzung für Produktqualität [LIN18, S. 23]. Hierfür gelten fähige und beherrschte Prozesse als Voraussetzung, welche über die Prozessfähigkeit bewertet werden können [HOF83].

Prozesse in der industriellen Fertigung sind entsprechend des zentralen Grenzwertsatzes in guter Näherung durch eine Normalverteilung beschreibbar. Durch Überlagerung mehrerer Einflussgrößen ergibt sich aufgrund zufälliger Einflüsse eine gewisse stochastische Streuung und die Ausbildung der charakteristischen Glockenkurve (sogenannte *Gauß'sche Normalverteilung*) um den Erwartungswert μ (Sollwert) mit der Standardabweichung σ [LIN18, S. 410, DIN96, S. 5]. Je größer σ ist, desto höher ist die Streuung um den Erwartungswert μ und desto breiter bildet sich die Normalverteilung aus.

Um die Prozessfähigkeit bewerten zu können, wird der Erwartungswert μ sowie Toleranzgrenzen festgelegt. Diese untere und obere Toleranzgrenze (UTG bzw. OTG) spannen einen Toleranzbereich auf. Ein Prozess gilt dabei als fähig, wenn der Bereich der Prozessstreuung um den Erwartungswert μ der natürlichen Streuung $\pm 3\sigma$ entspricht und vollständig im definierten Toleranzfenster liegt [TÖP07, S. 62]. Dieser Zusammenhang lässt sich durch den Niveauindex C_{pK} beschreiben, der die Lage der Streuung auf den Toleranzbereich wiedergibt [TÖP07, S. 58].

$$C_{pK} = \frac{min(\mu - UTG, OTG - \mu)}{3\sigma} \tag{2-1}$$

Aus Gleichung 2-1 wird ersichtlich, dass je höher der Wert von C_{pK} ist, desto wahrscheinlicher liegt der Streuungsbereich $\pm 3\sigma$ um den Erwartungswert μ vollständig im definierten Toleranzfenster (vgl. Abbildung 11).

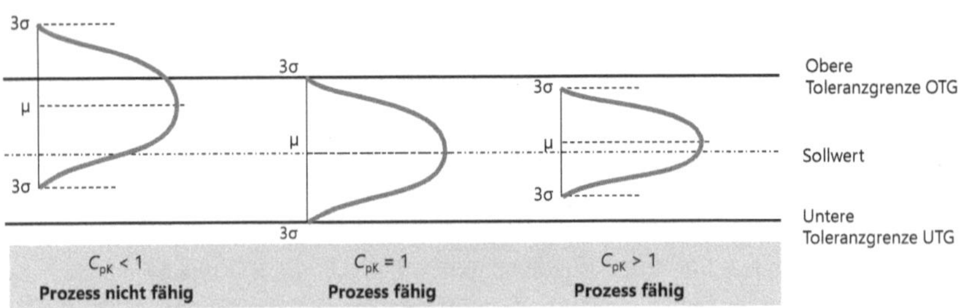

Abbildung 11: Schematische Darstellung des Zusammenhangs zwischen Prozessstreuung, Toleranzbereich und Prozessfähigkeit, in Anlehnung an [TÖP07, S. 62]

Dabei wird zusätzlich hinsichtlich Dauer und Zweck bzw. Umfang der Prozessfähigkeit unterschieden in [RIN99, DIE14b, S. 390]:

- Die Überprüfung der **kurzzeitigen Prozessfähigkeit** dient der Ermittlung der prinzipiellen Fähigkeit einer Maschine zur Erreichung der geforderten Spezifikationen. Als Datenbasis der Ermittlung werden stichprobenartig erfasste Einflussgrößen von Produktionseinrichtungen und Messgeräten genutzt. Die kurzzeitige Prozessfähigkeit wird bei der Maschinenabnahme und Erstinbetriebnahme überprüft.
- Die Überprüfung der **vorläufigen Prozessfähigkeit** (Maschinenfähigkeit) bestätigt die Fähigkeit der Erreichung der geforderten Spezifikationen unter Serien- und Einsatzbedingungen. Dabei handelt es sich um eine einmalige Prüfung der Prozessfähigkeit zu Beginn einer Serienfertigung über einen längeren Zeitraum. Die für den Prozess unter den geforderten Spezifikationen entsprechenden Warn- und Eingriffsgrenzen (Toleranzgrenzen) werden festgelegt.
- Mit der Überprüfung der **langfristigen Prozessfähigkeit** (Langzeitfähigkeit) wird eine kontinuierliche Überwachung der kurzfristigen oder vorläufigen Prozessfähigkeit erreicht. Auf Basis dieser, über einen längeren Zeitraum gefassten Variation und Überwachung der Einhaltung der Warn- und Eingriffsgrenzen des Prozesses, werden ganzheitliche Maßnahmen abgeleitet, mittels dieser die Prozessfähigkeit langfristig sichergestellt werden kann.

2.2.3 Grundlagen des Qualitätsmanagements

Deming zeigt in seiner Reaktionskette, dass die Verbesserung und Sicherung der Qualität nicht zum Selbstzweck dienen, sondern aus einer verbesserten Qualität kurz- und langfristiger betriebs- und volkswirtschaftlicher Nutzen entstehen (vgl. Abbildung 12) [DEM00, S. 14]. Dies ist primär auf die dadurch bewirkte Minimierung der Nichtkonformitätskosten zurückzuführen (vgl. Abschnitt 2.2.4).

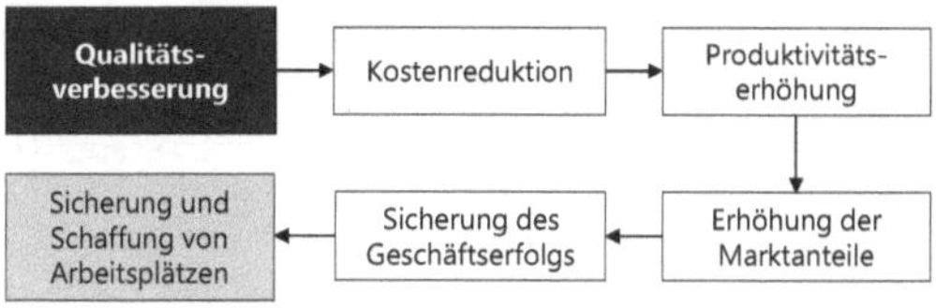

Abbildung 12: Zusammenhang zwischen Qualitätsverbesserung und betriebs- und volkswirtschaftlichen Potentialen: Deming'sche Reaktionskette, frei übersetzt und in Anlehnung an [DEM00, S. 14]

Daher ist als theoretisches Optimum anzustreben, dass keine Fehler im Prozess und im Produkt auftreten - die Verfolgung der sogenannten *Null-Fehler-Strategie* [DIE14b, LIN18, S. 26]. Der primäre Ansatz der Minimierung der Fehler und Fehlleistung ist eine vollständige Qualitätskontrolle der Bauteile am Ende des Fertigungsprozesses. Je höher die Komplexität, Flexibilität und Stückzahlen der Produktion ist, desto höher ist bei diesem Ansatz der Fehlleistungsaufwand[6]. Dies führt dazu, dass die Produktionsprozesse auf deren Einfluss auf die Qualität analysiert und beurteilt werden müssen und so gesteuert werden, dass diese zu zufriedenstellender Bauteilqualität führen [JAK19, S. 8]. Dies gelingt durch ein Qualitätsmanagement (QM), mit welchem im allgemeinen die Kundenzufriedenheit erhöht werden kann [PFE07, S. 11, DIN15a, S. 6].

***Qualitätsmanagement** ist die Analyse, Planung und Steuerung des Herstellungsprozesses von Produkten, sodass diese die gestellten Anforderungen erfüllen [DIN15a].*

Dabei können mittels eines QM folgende Aufgaben strukturiert geplant, durchgeführt, kontrolliert und verbessert werden (vgl. PDCA-Zyklus in Abschnitt 2.2.5) [DIN15a, S. 6]:

- Qualitätsziele festlegen
- Qualitätsmerkmale kontrollieren und mit Qualitätszielen abgleichen
- Qualitätseinflussgrößen analysieren, überwachen und korrigieren
- Qualitätsbezogenen Aufwand minimieren
- Qualitätsvertrauen und dadurch Kundenzufriedenheit bei Kunden und interessierten Parteien schaffen und erhöhen

Um die Aufgaben des QM effizient und effektiv erfüllen zu können, muss diese in ein Produktionssystem, wie es bei *Dyckhoff* in die Produktionstheorie eingeführt wurde, implementiert werden (vgl. Abbildung 13) [DYC06, S. 7]. Dabei kann das QM als Teil des Produktionssystems entsprechend einem Regelkreis in zwei Subsysteme unterteilt werden, die über Informationsflüsse miteinander verbunden sind. Das Managementsystem übernimmt auf Basis der von außen festgelegten Qualitätsziele die Planung und Steuerung des Produktionssystems. Über abgeleitete und definierte Qualitätsmerkmale und Qualitätseinflussgrößen steuert das Managementsystem das ausführende und wertschöpfende Leistungssystem. Im Leistungssystem wiederum erfolgen die Kontrolle der Qualitätsmerkmale und Überwachung der Qualitätseinflussgrößen unter Berücksichtigung der Störgrößen von außen. Diese bilden wiederum die Basis der informationsverarbeitenden Prozesse der Nachjustierung des Managementsystems. [DYC06, S. 7]

[6] Fehlleistungsaufwand ist nach *Masing* der „bewertete Verbrauch von Leistungen [...] und Gütern [...], der durch Fehlhandlungen [fehlerhafte Aktionen von Mitarbeitenden als auch fehlerhafte Funktionen von Prozessen, Anm. d. Autors] und deren Auswirkungen entstehen" [KAM11, S. 71].

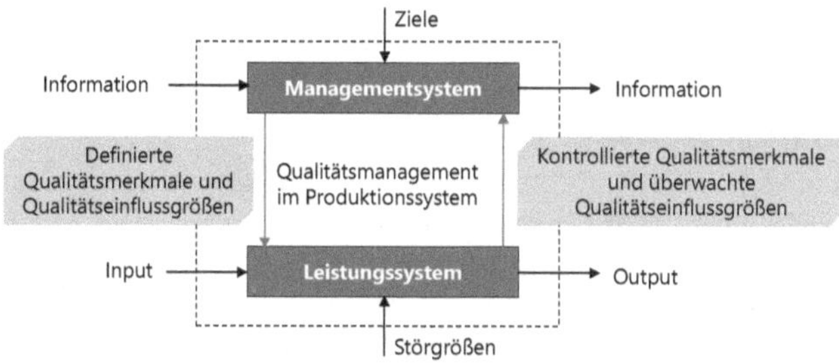

Abbildung 13: Qualitätsmanagement im Produktionssystem mit Managementsystem und Leistungssystem, in Anlehnung und erweitert nach [DYC06, S. 7]

Die „Qualitätsmanagementnorm" DIN EN ISO 9000:2015 definiert als internationale Normenfamilie den Standard für das QM [LIN18, S. 114]. In dieser Normenfamilie werden die Grundlagen beschrieben und die Terminologie definiert, Anforderungen an das QM festgelegt sowie Leitfäden zur Verbesserung und für Audits bereitgestellt. Um dies erreichen zu können, wird das QM in fünf Phasen kategorisiert (vgl. Abbildung 14) [DIN15a]:

Abbildung 14: Phasen des Qualitätsmanagements, nach [DIN15a]

Häufig wird der Begriff **Qualitätssicherung** (QS) als Synonym für das QM verwendet. Die Begriffsäquivalenz ist veraltet und daher nicht zu empfehlen ist [LIN18, S. 39]. Die QS ist nach Abbildung 14 Teil des QM, der „[...] auf das Erzeugen von Vertrauen gerichtet ist, dass Qualitätsanforderungen erfüllt werden" [DIN15a, S. 21].

Nach *Pfeifer* kann dabei das QM in Anlehnung an das *St. Galler Management-Modell* in drei Ebenen betrachtet werden [PFE07, S. 160, BLE17, S. 150]. Das normative Management betrachtet generalistisch die Definition von Leitsätzen die Qualitätsverfassung und Qualitätskultur, das strategische Management die Qualitätsstrukturierung sowie die Qualitätsstrategie. Weiterhin werden das Qualitätssystem zur Planung der Umsetzung der definierten Leitsätze und das operative Management zur konkreten Umsetzung der Leitsätze die Qualitätssicherung, Qualitätssteuerung, Qualitätsverbesserung betrachtet.

Nach *Masing et al.* sind dabei folgende Begriffe des QM voneinander abzugrenzen [PFE07, S. 160]:

- Ein **QM-Konzept** definiert grundlegend die Ziele und bildet daher die ideelle Basis. Ein Beispiel hierfür ist das prozessorientierte QM.
- Ein **QM-Modell** hilft, die Realität abzubilden und das QM-Konzept zu simulieren. Dabei werden über QM-Methoden Handlungsanweisungen zur Überführung des QM-Konzepts in ein QM-System aufgestellt. Beispiele für ein QM-Modell ist der *Six-Sigma-Ansatz*; Beispiele für QM-Methoden sind *FMEA* und *SPC* (vgl. Abbildung 4).
- Das **QM-System** gibt das reale Abbild wieder und setzt das QM-Konzept mit implementierbaren Strukturen, Prozessen, Methoden und Werkzeugen.

2.2.4 Qualitätsbezogener Aufwand und Kosten

Den Aufwand, den ein Unternehmen für alle qualitätsbezogenen Tätigkeiten betreiben muss, wird als *qualitätsbezogener Aufwand* oder *Qualitätsaufwand*[7] bezeichnet [SCH18b, S. 30]. Im Allgemeinen wird Aufwand[8] in betriebswirtschaftlich agierenden Unternehmen monetär über Kosten und Kostenmodelle quantifiziert [WES06, HAC10, S. 3]. So entstehen durch Qualitätsaufwand Qualitätskosten[9].

> ***Qualitätskosten*** *sind Kosten, die durch die Sicherstellung der geforderten Qualität und durch Verluste infolge des Nichterreichens der geforderten Qualität entstehen [PFE07, S. 93].*
>
> ***Qualitätskosten*** *entstehen im Rahmen des QM durch Fehlerverhütung, Fehlerprüfung und Fehler an sich [DIN09a, S. 8].*

Qualitätsbezogene Tätigkeiten und damit der Qualitätsaufwand werden in der Regel als nicht wertschöpfend angesehen [RIC08, S. 7]. Daher sollte der Qualitätsaufwand minimiert werden, um die Produktivität von Prozessen und der Produktion an sich zu maximieren. Produktivität beschreibt in diesem Kontext das Verhältnis von generiertem Gewinn durch den Produktverkauf zum Aufwand der eingesetzten Mittel zum Produktverkauf [WES06, S. 65]) Dies führt zu einem Zielkonflikt im QM: „Qualitätserfüllung kostet Geld." gegen „Qualitätsmängel kosten Geld."

Nach *Jakoby* muss die Qualität in Relation der Kosten gesehen werden [JAK19, S. 15]. Dies betrifft dabei nicht nur die Kosten für eine mangelnde Qualität (Nichtkonformitätskosten) sondern auch Kosten für die Erfüllung der Qualität (Konformitätskosten) [WIL97, BRU98]. Auf Basis dieser sogenannten *modernen Kostengliederung* nach *Wildemann* der qualitätsbezogenen Kosten verhalten sich im tätigkeitsorientierten Modell der Qualitätskosten die Nichtkonformitätskosten und die Konformitätskosten auf einer Achse der Fehleranteile invers [SIH16, S. 252, RUS94, S. 94]. Das bedeutet, dass ein Fehleranteil von

[7] Die Begriffe qualitätsbezogener Aufwand und Qualitätsaufwand werden im Folgenden als Synonyme verwendet.
[8] Im Sinne der Definition von Aufwand und Kosten wird im Rahmen der Arbeit Aufwand als Zweckaufwand verstanden.
[9] Die Begriffe qualitätsbezogene Kosten und Qualitätskosten werden im Folgenden als Synonyme verwendet.

100 % maximale Nichtkonformitätskosten und minimale Konformitätskosten bewirkt - bei 0 % Fehleranteil entsprechend invers. Daraus entsteht ein Zielkonflikt des Aufwandes und der Kosten im QM mit einem Bereich des Kostenoptimums bei einem mittleren Fehleranteil, vgl. Abbildung 15 [WIL97]. Dies führt zum Leitgedanken: „So viel QM wie nötig, so wenig QM wie möglich" [PFE07, S. 92].

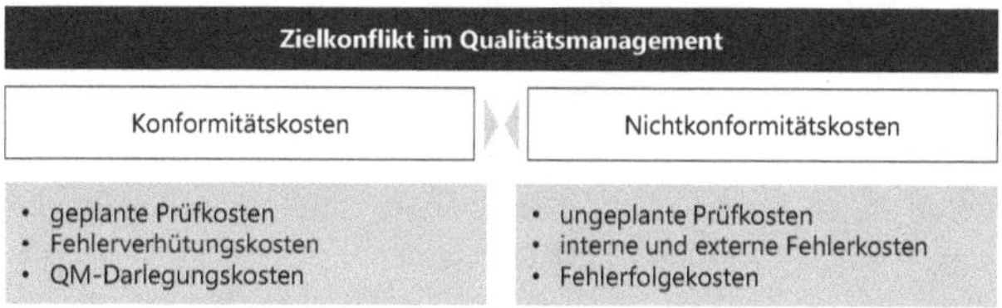

Abbildung 15: Zielkonflikt im Qualitätsmanagement mit Konformitätsaufwand und Nichtkonformitätsaufwand, in Anlehnung an [LIN18, S. 474]

Prozesskostenrechnung

Mittels prozessorientierter Kostenrechnungsverfahren kann verursachungsgerecht der Gemeinkostenanteil der Konformitätskosten berechnet werden [SCH10, S. 513, TOM94, S. 91]. Ein Beispiel hierfür ist die Prozesskostenrechnung. Dieser liegt der Gedanke zugrunde, dass Bauteile für ihre Fertigung verschiedene Prozesse benötigen, welche Kosten verursachen [SCH10, S. 513]. Daher liegt der Fokus in der Prozesskostenrechnung auf den Kosten dieser Prozesse und nicht den Kosten der Bauteile [VOE12, S. 193]. Für die Anwendung der Prozesskostenrechnung wird der gewählte Betrachtungsraum in einzelne Prozesse, Prozessschritte und Arbeitstätigkeiten zerlegt und deren Einzelkosten ermittelt [LAS95, S. 61]. Die Voraussetzung hierfür ist, dass die Prozesse bekannt und hinreichend beschrieben sind [TOM94, S. 91].

2.2.5 Ausgewählte Modelle und Methoden des Qualitätsmanagements

PDCA-Zyklus

QM und Sicherung der Prozessfähigkeit sind prozessbegleitende Herausforderungen. Diese können als wiederkehrende Abfolge entsprechend der Phasen

Planen (Plan), *Ausführen* (Do), *Prüfen* (Check) und *Verbessern/Agieren* (Act)

gestaltet und durchgeführt werden.

Dies wird nach *Deming* als *PDCA-Zyklus* oder engl. *Deming-Cycle* bezeichnet [LIN18, S. 110]. Dabei werden qualitätssteigernde Maßnahmen geplant und gestaltet und ausgeführt. Durch die Integration von Messungen und Rückführung der Ergebnisse in den Verbesserungs- bzw. Planungsprozess kann in der Struktur eines Regelkreises eine ständige Verbesserung des QM sowie der Prozesse und damit der Qualität der Produkte erreicht werden. Die Grundstruktur der ISO 9001:2015 ist dabei der PDCA-Zyklus [DIN15b].

Fehler-Möglichkeits-Einfluss-Analyse FMEA

Die *Fehler-Möglichkeits-Einfluss-Analyse* (engl. Failure Mode and Effect Analysis; FMEA) ist eine System- und Risikoanalyse für Systemoptimierung und Risikominderung [VDA12a, S. 12]. Mit der FMEA wird in der Phase der Produktentwicklung und Fertigung das Ziel verfolgt, Fehler frühzeitig zu erkennen, um die Fehler und das Risiko derselben zu reduzieren [VDA12a, S. 12, HER03, S. 108]. Aufgrund des systematischen Vorgehens mit einer bereichsübergreifenden Kommunikation, ist diese Methode für Prozesse mit kleinen und mittleren Stückzahlen bedingt nutzbar [EIS09, S. 120]. Dabei können die Prozess- und Produkt-FMEA unterschieden werden [VDA12a, S. 15]:

- *Prozess-FMEA*: Betrachtung aller Abläufe zur Herstellung eines Produktes und der Anforderungen an die Einfluss- und Zielgrößen
- *Produkt-FMEA*: Betrachtung der geforderten Funktionen von Produkten, deren Abweichungen und Ableitung der Maßnahmen zur Sicherstellung der Anforderungen

2.3 Qualitätsmanagement in der additiven Fertigung

2.3.1 Grundlagen

QM im Kontext der additiven Fertigung beginnt mit Überprüfung des Designs hinsichtlich Herstellbarkeit und Robustheit über Materialeingangsprüfung zu Prozess- und Produktionskontrolle [FEI91, MUN18]. Dabei wird deutlich, dass die gesamte Prozesskette zur Sicherstellung der Bauteilqualität betrachtet werden muss [DIN19d]. Jedoch ist das QM als ganzheitlich-methodischer Ansatz im Ökosystem der additiven Fertigung und im Besonderen beim PBF-LB/M noch nicht so verbreitet, wie es bei konventionellen Fertigungsverfahren gegenwärtig der Fall ist [KLA18, S. 184].

Entsprechend der Phasen des QM nach ISO 9001:2015 und der Spezifikationen der DIN SPEC 17071:2019 können für das QM beim PBF-LB/M die folgenden Schwerpunkte identifiziert werden [DIN15b, DIN19d]:

- Qualitätsprüfung der Werkstoffe
- Qualitätskontrolle der Bauteile
- Qualitätssteuerung der Prozesse
- Qualitätssicherung in der Prozesskette

2.3.2 Qualitätsprüfung der Werkstoffe

Bei einer *Qualitätsprüfung* wird im allgemeinen nach *der Deutschen Gesellschaft für Qualität (DGQ)* anhand von Prüfmerkmalen festgestellt, „inwieweit eine Einheit die Qualitätsanforderungen erfüllt“ [DGQ12, S. 22]. Ein Prüfmerkmal ist dabei ein „inhärentes Merkmal eines Produktes, das sich auf die Anforderung bezieht“ [DIN19c, S. 26].

Ziel der Qualitätsprüfung der Werkstoffe ist die Charakterisierung des Ausgangswerkstoffs [DIN20a]. Dies sollte nach Abbildung 9 beim Eintritt des Werkstoffs in die Pulverprozesse im Rahmen einer Wareneingangsprüfung erfolgen. Daneben sollte dies bei einer

Nutzung von gebrauchtem Metallpulver aus einem Prozess in einem weiteren Prozess regemäßig zur Einhaltung der geforderten Stoffgrößen erfolgen [SEY18, LUT20].

2.3.3 Qualitätskontrolle der Bauteile

Ziel der *Qualitätskontrolle* der Bauteile ist die dem Fertigungsprozess nachgelagerte Prüfung und Kontrolle[10] der Bauteilqualität bzw. der Zielgrößen der Bauteilqualität. Die Bauteilqualität kann dabei über Qualitätsmerkmale beschrieben und definiert werden [DIN19c, S. 26]. Im Rahmen dieser Arbeit wird hierfür der Begriff der *Zielgröße* verwendet. Im Rahmen der Qualitätskontrolle werden die definierten Zielgrößen auf Konformität, d.h. die Erfüllung der definierten Anforderungen, überprüft [DIN19c, S. 26].

Die Quantifizierung der Eigenschaften von Bauteilen erfolgt dabei typischerweise über die Angabe der geometrischen und stofflichen Eigenschaften sowie der Oberflächeneigenschaften der Bauteile [VDI13, GRU15, S. 5].

Geometrische Eigenschaften

Die geforderten geometrischen Eigenschaften von Bauteilen werden als Fertigungsgenauigkeiten bezeichnet [CZI08, L12]. Die geometrischen Eigenschaften können über die Angabe der Form- und Maßhaltigkeit beschrieben werden. Dabei ist die Maßhaltigkeit als die Eigenschaft definiert, dass die Maßabweichungen eines Bauteils die geltenden Maßtoleranzen einhalten [CZI08, L13]. Die Formhaltigkeit ist definiert als die Eigenschaft von Bauteilen, sodass dessen Formabweichungen die geltenden Formtoleranzen einhalten. Beispiele für die Formabweichungen sind die Ebenheit, Parallelität, Rundheit, Kegelverjüngung, Zylindrität und im Winkel [CZI08, L3]. Die Qualitätskontrolle der Bauteile in Bezug auf die Form- und Maßhaltigkeit erfolgt dabei berührungslos mittels optischer Verfahren (bspw. Laser-Scanning-Mikroskop mit Konfokaltechnik und 3D-Scanner mit Streifenlichtprojektion) oder berührungsbehaftet mittels taktiler Verfahren (bspw. Koordinatenmessgerät) [ISO19].

Stoffliche Eigenschaften

Die relative Bauteildichte ist das Verhältnis der Masse eines Bauteils zur Masse eines volumengleichen Vollkörpers. Je geringer die relative Dichte eines Bauteils ist, desto höher ist dessen Porosität und Gaseinschluss im Metallgefüge [VDI13, REH10]. Beim PBF-LB/M können Bauteile gefertigt werden, die ähnlich wie Guss-, Walz- oder Schmiedebauteile eine relative Dichte von nahezu 100 % – typischerweise > 99 % – aufweißen [MEI99, S. 6, VDI13, SEY18]. Eine hohe relative Dichte führt zu einer hohen Dauerfestigkeit der Bauteile [SEY18, S. 10].

[10] Um die Qualitätsprüfung der Werkstoffe von der Qualitätsprüfung der Bauteile zu unterscheiden, wird im Rahmen der Arbeit für letzteres der Begriff der Qualitätskontrolle verwendet.

Die Quantifizierung der relativen Bauteildichte kann dabei über folgende Verfahren durchgeführt werden:

- *Archimedische Waage* nach DIN EN ISO 3369:2010 einfaches Verfahren; Quantifizierung der Kenngröße der Gesamtporosität [VDI13, S. 11, DIN10b]
- Qualitative Analyse mittels metallografischer Schliffbilder: aufwändige Quantifizierung und Lokalisierung der Art und Verteilung der Porosität in einer Ebene [VDI13]
- Durchstrahlungsprüfung (bspw. *Computer-Tomographie*) nach DIN EN 13068-3:2000 sehr aufwändige zerstörungsfreie Qualitätskontrolle zur Quantifizierung und Lokalisierung von Gefügeinhomogenitäten [DIN00]

Die Bewertung der Festigkeits- und Verformungseigenschaften von Bauteilen erfolgt mittels Angabe der mechanischen Stoffeigenschaften wie der Zugfestigkeit. Diese gibt die Spannung an, die bei maximaler Zugkraft bezogen auf den ursprünglichen Querschnitt des Bauteils, erreicht wird [VDI13]. Zur Quantifizierung der Zugfestigkeit wird der Zugversuch nach DIN EN ISO 6892-1:2020 und DIN 50125:2021 als Prüfverfahren der zerstörenden Prüfung verwendet [DIN20f, DIN21]. Dabei werden die Bauteile momentfrei und linear ansteigend in Zugrichtung beansprucht und die statischen Werkstoffkennwerte aufgenommen.

Oberflächeneigenschaften

Die Oberflächeneigenschaften additiv gefertigter Bauteile werden typischerweise mittels Amplitudenkenngrößen der Oberflächen qualifiziert. Hierbei ist zwischen den Kennwerten entlang einer Linie (eindimensionale Profilkenngrößen) und in einer Fläche (zweidimensionale Flächenkenngrößen) zu unterscheiden. Die Qualitätskontrolle der Bauteile in Bezug auf die Oberflächeneigenschaften erfolgt dabei berührungslos mittels optischer Verfahren (bspw. Laser-Scanning-Mikroskop mit Konfokaltechnik und 3D-Scanner mit Streifenlichtprojektion) oder berührungsbehaftet mittels taktiler Verfahren (bspw. Perthometer mit Tastschnittmethode) [DIN10a, GRU15].

Beim PBF-LB/M kann ohne Bauteilnachbearbeitung eine gemittelte Rautiefe $R_z > 100$ µm erreicht werden [SEY18, S. 10]. Dieser Kennwert wird bei Bauteilflächen, die gegenüber der Aufbaurichtung (z-Achse) geneigt sind, durch den sogenannten *Treppenstufeneffekt* beeinflusst. Weiterhin verbleiben an PBF-LB/M-gefertigten Bauteilen Restpulverpartikel anhaften, die die Oberflächeneigenschaften weiterhin beeinträchtigen [MEI99]. Durch eine Oberflächennachbearbeitung durch chemische, physikalische und mechanische Nachbearbeitungsverfahren – wie bspw. Plasmapolieren und Kugelstrahlen – können die Oberflächeneigenschaften nachgelagert beeinflusst werden [BAY20b, SEH10, SEY18].

2.3.4 Qualitätssteuerung der Prozesse

Ziele der Qualitätssteuerung (alt: Qualitätslenkung) sind die Ableitung und Umsetzung von Maßnahmen zur präventiven, überwachenden und regelnden Erfüllung der Qualitätsanforderungen. Dies beinhaltet die Überwachung der Zustände und Prozesse entlang der Prozesskette über die Einflussgrößen. Daneben werden im Kontext der Qualitätssteuerung der Prozesse frühzeitig Fehler detektiert, um die Zielgrößen zu erfüllen, Schäden an den Maschinen und Anlagen zu vermeiden und die Produktivität der Prozesse zu optimieren [KRA16, S. 27]. Die Grundlage zur Qualitätssteuerung bildet die Fertigungsmesstechnik, mit welcher die aktuellen Zustände von Prozessen sowie Maschinen und Anlagen erfasst werden. Dabei kann hinsichtlich der zeitlichen und örtlichen Erfassung von Messsignalen unterschieden werden (vgl. Abbildung 16).

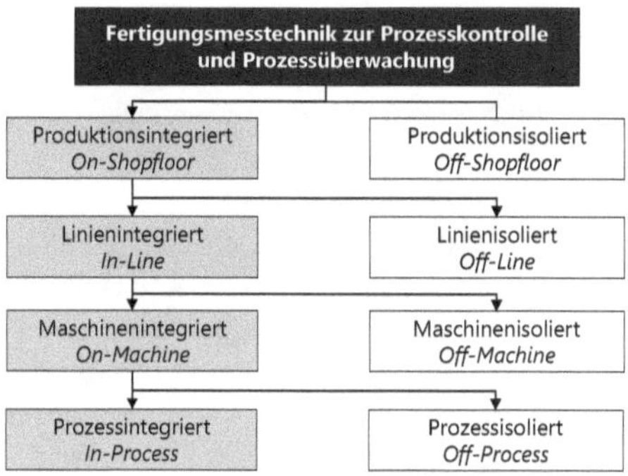

Abbildung 16: Gliederung der Fertigungsmesstechnik zur Prozesskontrolle und Prozessüberwachung, in Anlehnung an [LAN19, S. 403]

On-Shopfloor-Fertigungsmesstechnik wird produktionsintegriert (bspw. in der Produktionslinie) angewendet, wohingegen Off-Shopfloor-Fertigungsmesstechnik als produktionsisoliert (bspw. in der Laboranwendung) charakterisiert ist. Die produktionsintegrierte Fertigungsmesstechnik kann direkt in die Produktionslinie und der Prozesse (In-Line und zeitlich kontinuierlich, bspw. automatisierte optische Qualitätskontrolle während des Prozesses) integriert werden oder als nachgelagerten eigenständigen Prozess (Off-Line durch bspw. Koordinatenmessmaschine) erfolgen. Durch In-Line-Fertigungsmesstechnik kann die Prozesskontrolle und Prozessüberwachung von instabilen und nicht-fähigen (vgl. Abschnitt 2.2.2) Prozessen erfolgen [WAG20, S. 20]. Linienintegrierte Messtechnik kann in die Produktionsmaschinen integriert sein (On-Machine, bspw. Messung der Maßhaltigkeit des Bauteils im eigespannten Zustand) und unabhängig von der Produktionsmaschine als eigenständige Messeinheit (Off-Machine) genutzt werden. In-Process-Fertigungsmesstechnik ermittelt Messdaten während des laufenden Prozesses wohingegen Off-Process-Fertigungsmesstechnik die Messdaten direkt nach Durchführung und vor Abschluss des Prozesses ermittelt. Werden lokal die Größen im Prozess erfasst, handelt es sich um eine In-Situ-Messung [LAN19, S. 403].

Zustandsüberwachung

In der Fertigungsmesstechnik wird die Zustandsüberwachung zur kontinuierlichen oder zeitdiskreten Quantifizierung und Qualifizierung sowie Dokumentation des Zustands der Fertigungsmaschine angewendet [KRA16, S. 43]. Die Zustandsüberwachung wird auch als *Condition Monitoring* bezeichnet. Dabei wird das Ziel verfolgt, primär Zustandsgrößen und Stellgrößen während des Fertigungsprozesses zu überwachen und zu dokumentieren. Im Kontext der Zustandsüberwachung beim PBF-LB/M erfolgt dies in der Fertigungsmaschine bspw. durch die Überwachung der Sauerstoffkonzentration in der Baukammer und der Temperatur der Bauplatte sowie während des Lagerungsprozesses durch die Überwachung der relativen Feuchte. Weiterhin kann während des Fertigungsprozesses eine direkte in-Situ-Messung beispielsweise der Laserleistung, des Temperaturprofils und des Sauerstoffgehalts erfolgen [SCH12, S. 5]. In der Zustandsüberwachung finden typischerweise berührungsfreie und berührungshafte Messmethoden (analog und digital) Anwendung (bspw. Klimasensor, Längenmesser, Lichtschranke) [OBE19, S. 459].

Prozessüberwachung

Ziele der Prozessüberwachung sind die Erfassung der Eigenschaften, Vorgänge und Phänomene des Pulverbettes bzw. des Prozesses des Bauteilaufbaus. Dabei wird in die Unterprozesse Beschichtung, Belichtung und Gefügeausbildung des Bauteils unterschieden [KLE12, KRA16, S. 38]. Dabei werden Rückschlüsse auf die Wechselwirkungen während des Fertigungsprozesses sowie die Einflussgrößen gezogen und somit die Prozesstransparenz erhöht [YAD20, S. 20]. Gleichzeitig sollen Fehler des schichtweisen Bauteilaufbaus frühzeitig detektiert werden [KRA16, S. 35]. Aufgrund der verhältnismäßig hohen Dynamik der während des Fertigungsprozess auftretenden metallurgischen Prozesse und Phänomene und der taktil beschränkten Zugänglichkeit des Bauteils und des Prozessfensters, basiert die Prozessüberwachung auf nicht-taktilen Messmethoden [SPE16, KRA16, BER10, S. 618]. Grundlage hierfür bilden Emissionen elektromagnetischer Strahlung und Schall. Bei der Prozessüberwachung für die Lasermaterialbearbeitung und damit auch des PBF-LB/M werden strahlungsbasierte und damit berührungsfreie Messaufnehmer zur Erfassung der optischen und akustischen Emissionen aus dem Pulverbett und Schmelzbad angewendet [BER10, GRA17, COL20b, PUR14, S. 1219, DIE14a]. Die Wahl der Messmethode und der damit zusammenhängenden Sensortechnologie ist unter anderem von der Dynamik des Laserbearbeitungsprozesses, sowie von den Stell- und Zustandsgrößen abhängig [EVE16, S. 434, POP05, S. 356]. Diese resultieren in einem spezifischen Laser-Material-Wechselwirkungsprozess (Erhitzen des Materials durch Lasereinwirkung, Schmelzen, Sublimieren und Plasmabildung) [OBE20, S. 24]. Daher kann für die Ableitung prozessspezifischer Korrelationen und Kausalitäten von Einflussgrößen eine Kombination mehrerer Messmethoden und Sensortechnologien sinnvoll sein [PUR14, S. 1220].

Sensortechnologie zur akustischen Prozessüberwachung

Schallwellen resultieren aus einem Schallereignis, welches das Gleichgewicht in einem Medium stört und zu Schwingungen (Schallwellen) führt [PUR14, S. 1220, MÖS15, S. 1]. Dabei kommt der Schallgeschwindigkeit eine außerordentliche Bedeutung zu, da diese für jedes Medium bzw. Material charakteristisch ist. Weitere Merkmale sind der Schalldruck und die Frequenz der Schallwellen. Aufgrund der hohen Sensitivität und der geringen Kosten der Hardware sind akustische Sensoren bei der Lasermaterialbearbeitung weit verbreitet [SHE18, S. 598, SPE16, S. 30]. Tabelle 3 gibt eine Übersicht über die Sensortechnologien zur akustischen Prozessüberwachung.

Tabelle 3: Übersicht der Sensortechnologien zur akustischen Prozessüberwachung

Sensortechnologie	Beschreibung	Messmethode	Analyse
Akustische Spektroskopie (aktiv) [SMI16, S. 94]	Gepulster Generator-Laser erzeugt Körperschallwellen an der Pulverbettoberfläche, die sich als akustische Oberflächenwellen bis zu einer Tiefe bis 100 µm ausbreiten.	Differenz der mittels Detektionslaser lokalen erfassten Frequenz und Schallgeschwindigkeit und idealer Schallgeschwindigkeit	Anhand von Mustern in den Unregelmäßigkeiten, lassen sich schließlich die Poren hinsichtlich Porenart und Porengröße näher spezifizieren.
Sensor mit Faser-Bragg-Gitter (FBG) (passiv akustisch-optisch) [SHE18, S. 598]	Vom Prozess emittierten Luftschallwellen treffen auf das FBG und führen dort zu periodischen Dehnungen bzw. Kompressionen.	Mittels Photodiode werden die Änderungen der Reflexionseigenschaften des FBG detektiert.	Aus Spannungssignal werden die relativen Energien der Schmalbandfrequenzen abgeleitet.
Akustisches Mikrofon (passiv) [ESC19, S. 664, GÖR14, S. 254, YE18, S. 2793]	Mittels Mikrofone werden Schallemissionen des Prozesses gemessen.	Mikrofone transformieren den Luftschalldruck als akustisches Signal in ein mechanisches und elektrisches Signal.	Analyse der Amplitude des akustischen Signals im Frequenzbereich (Lautstärkenmessung)
Piezoelektrischer Prüfkopf (passiv) [ESC19, S. 665, YE18, S. 2793]	Piezosensoren wandeln den Körperschalldruck in Spannung um, welche als elektrisches Signal per Fourier-Trans-formation dreidimensional abgebildet wird.	Erfassung mittels Software, die Körperschall-Signale dreidimensional (Zeit, Frequenz, Amplitude) darstellt.	Analyse der Amplitude des akustischen Signals im Frequenzbereich (Lautstärkenmessung)

Sensortechnologien zur optischen Prozessüberwachung

Die optische Prozessüberwachung basiert auf den Emissionen elektromagnetischer Strahlung aus dem Pulverbett und dem Schmelzbad in unterschiedlichen Wellenlängen [DIE09, GLO11]. Für die Erfassung unterschiedlicher Wellenlängenbereiche (Spektralbereiche) werden typischerweise Sensortechnologien eingesetzt, die im mittleren Infrarotlicht (engl. middle infrared, MIR; Wellenlängen von 2,5 µm bis 25 µm), im nahen Infrarotlicht (engl. near infrared, NIR; Wellenlängenbereich von 780 nm bis 2,5 µm) oder im Bereich des sichtbaren Lichts (engl. visible light, VIS; 400 nm bis 780 nm) ihr Sensitivitätsmaximum haben (vgl. Abbildung 17) [KRA16, S. 49, ESC19, S. 663, GÜN03, S. 297].

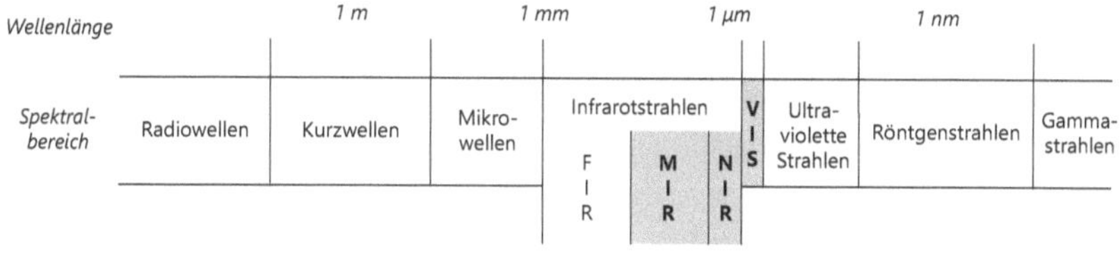

Abbildung 17: Spektralbereich des elektromagnetischen Spektrums, in Anlehnung [GÜN03, S. 9]

Photodioden detektieren die Wärmestrahlung auf Basis des photoelektrischen Effekts und geben ein elektrisches Spannungssignal aus [YAD20, S. 11]. Beim photoelektrischen Effekt resultiert ein Elektronenfluss aus dem Auftreffen einer elektromagnetischen Strahlung auf einen sensitiven Sensor. Das Signal ist proportional zur Strahlungsintensität, woraus mit Kenntnis des materialspezifischen Emissionsgrades die Temperatur bestimmt wird [CRA12, S. 755]. Unterschiedliche Prozessphänomene treten bei unterschiedlichen Temperaturbereichen auf, weshalb sich nach *Krauss* für zu messende Temperaturbereiche ab 720 °C das kurzwellige Spektrum (NIR) und für Temperaturbereiche unterhalb dieser Schwelle vor allem die langwelligen Spektralbereiche (MIR) zur Analyse eignen. [KRA16, S. 50, GLO11, S. 578]

Photodioden weisen den Vor- und Nachteil auf, dass sie das Signal auf einen einzigen Datenpunkt (Spannungs- bzw. Temperaturwert) reduzieren [YAD20, S. 11]. Dies führt zum einen zu einer Datenreduzierung und vereinfacht die Datenverarbeitung. Andererseits limitiert dies die Aussagekraft der Messergebnisse, da ein einzelner Sensorwert die Strahlung über den gesamten Bereich aggregiert [CLI14, S. 1093].

Bildsensoren als ortsauflösende Pyrometer werden als *Wärmebildkamera* bezeichnet. Je nach Wellenlängenbereich kommen in Wärmebildkameras bei einer Datenaufnahme- und Verarbeitungsrate im kHz-Bereich unterschiedliche Bildsensoren bei der Prozessüberwachung beim PBF-LB/M zum Einsatz [KRA16, S. 32, PUR14, S. 1220, GRA17, S. 12].

Im NIR- und VIS-Bereich werden Digitalkameras mit **CCD-Sensoren** (engl. charge-coupled device; ladungsgekoppeltes Bauteil) und **CMOS-Sensoren** (engl. complementary metal-oxide-semiconductor; komplementärer Metall-Oxid-Halbleiter) eingesetzt [KRA16, KRA14, BAU20, COL20a, GRA18]. Digitalkameras basieren (vereinfacht) auf einem Array aus Photodioden, bei der jede Photodiode als ein Pixel dargestellt wird [YAD20, S. 11]. Jede Photodiode gibt in Abhängigkeit der einfallenden elektromagnetischen Strahlung ein elektrisches Signal aus, welches mittels Signalverarbeitung auf dem Kamerachip in ein Bild transformiert wird [GLO11, S. 589]. Dabei bestimmt die Intensität der Strahlung die Helligkeit der einzelnen Pixel [YAD20, S. 11]. Ein aus diesen Pixelsignalen aggregiertes Bild wird als Grauwertebild bezeichnet und stellt so die Intensitätsverteilung der NIR grafisch zu einem diskreten Zeitpunkt dar [GOO21, S. 3]. Anhand der unterschiedlich hellen Pixel werden so Informationen über die Schmelzbadgeometrie oder das Temperaturprofil ermittelt [YAD20, S. 12]. Mit Kenntnis des materialspezifischen Emissionsgrades lassen sich auch absolute Temperaturen ermitteln, was aufgrund der Dynamik und der unterschiedlichen Aggregatszustände des Werkstoffs rechenintensiv ist und eine aufwendige Kalibrierung erfordert. Die so ermittelten absoluten Temperaturen werden in einem Wärmebild in Falschfarben dargestellt, bei dem jeder Temperatur eine Farbe zugewiesen wird [BEY16, S. 587, KRA16, S. 230].

Bei CCD-Sensoren werden die einzelnen Pixelsignale seriell auf dem Chip verarbeitet, während alle Pixel simultan angestrahlt werden [GLO11, S. 584]. CMOS-Bildsensoren verarbeiten jedes Pixelsignal einzeln, was die Verarbeitungsgeschwindigkeit und damit die Bildwiederholrate erhöht [GLO11, S. 588]. Daraus resultiert eine größere Datenmenge, was sich negativ auf den Aufwand an Datenverarbeitung und -speicherung auswirkt [YAD20, S. 12]. CCD-Sensoren erreichen eine höhere Auflösung bei gleicher Baugröße, da aufgrund der seriellen Verarbeitung weniger Elektronik benötigt wird.

Der Datenoutput von **Wärmebildkameras** für den MIR-Spektralbereich erfolgt zweidimensional wie bei CMOS-Kameras über die Darstellung unterschiedlicher Temperaturen mittels Wärmebild. [KRA16, S. 230, BAU20, S. 279, GRA18, S. 230]. Die Prinzipien der Bildsensoren unterscheiden sich dabei in Mikrobolometer-Arrays und Infrarot-Quantentopfdetektoren.

Mikrobolometer-Arrays setzen sich aus mehreren Pixeln zusammen. Dabei besteht ein Pixel aus einem Infrarot-Absorber, der die Energie der einfallenden Infrarot-Strahlung absorbiert und dadurch den Infrarot-Absorber erwärmt [BEY16, S. 270, GLO11, S. 589]. Dadurch ändert sich der elektrische Widerstand in der temperaturempfindlichen Schicht des Infrarot-Absorbers intensitätsabhängig, welcher über elektrische Verbindungen als Spannungsänderung ausgelesen und so als Temperatur erfasst wird [BEY16, S. 270].

Infrarot-Quantentopfdetektoren basieren, wie Photodioden, auf dem *photoelektrischen Effekt*. Sie sind aus speziellen Halbleitermaterialien aufgebaut, um geringen Energien der MIR-Photonen zu detektieren. Für diese Detektoren ist eine Kühlung auf etwa 140 K notwendig, da bei höheren Temperaturen Störeinflüsse auf dem Detektor aufgrund thermisch generierte Ladungsträger entstehen [BEY16, S. 271].

CCD-Spektrometer nutzen statt eines zweidimensionalen Bildsensors einen Zeilensensor und dienen dazu, die Intensitätsverteilung über einen bestimmten Spektralbereich zu ermitteln [GLO11, S. 586, OBE20, S. 25]. Zur Interpretation der gesammelten Spektraldaten können aus den Daten Features mit Röntgen Computertomografie-Scans extrahiert werden [REN20a, S. 5]. Über diese Korrelation ist es möglich, einen Klassifizierungs-Algorithmus zur Erkennung der Porosität bzw. relativen Dichte zu trainieren.

Bei der **Niederkohärenzinterferometrie** wird die elektromagnetische Strahlung einer Superlumineszenzdiode als Beleuchtungsquelle eingesetzt und in zwei Strahlwege zur Referenzierung und Messung geteilt [GUA16, S. 2]. Die von beiden optischen Wegen reflektierte Strahlung führt zu Interferenz auf dem Sensor. Die detektierten Intensitätsunterschiede auf dem Sensor werden als Indikatoren für unzureichend aufgeschmolzenes Pulver interpretiert. Zusätzlich wird aus den Frequenzinformationen das Höhenprofil des Schmelzprozesses extrahiert, um die Schichtrauheit zu ermitteln [GUA16, S. 12].

Sensortechnologischer Aufbau der Prozessüberwachung

Beim Aufbau der Sensortechnologien und Installation in die PBF-LB/M-Maschine kann zwischen on-axis- und off-axis-Systemen unterschieden werden. Im Rahmen der Arbeit wird für den Terminus der Prozessüberwachungssysteme die Kurzform PüS verwendet.

Off-axis-Systeme sind fest an einer Stelle innerhalb oder außerhalb der Prozesskammer installiert und messen die Emissionen an elektromagnetischer Strahlung über die gesamte Pulverbettoberfläche [BIS18, S. 303]. Alternativ wird die Sensorik als Ausschnitt auf einen fixen Punkt oder eine Fläche auf der Pulverbettoberfläche fokussiert

[SPE16, S. 34]. Somit ist die Sensorik unabhängig von der Scanoptik in einem festen Winkel zur Pulverbettoberfläche angeordnet (vgl. Abbildung 18) [KRA16, S. 37].

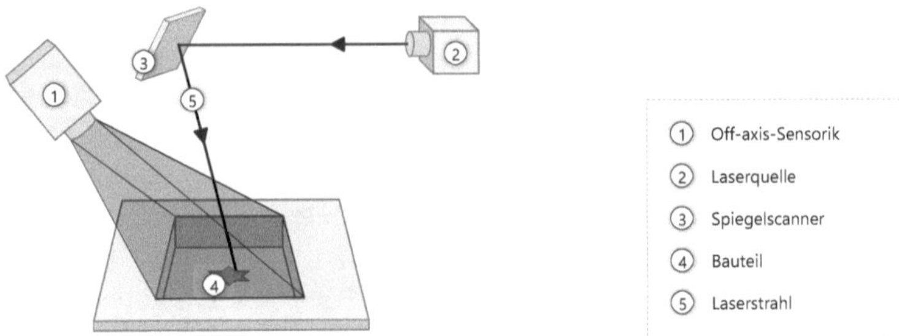

Abbildung 18:Verfahrensschema von off-axis-Systemen zur Prozessüberwachung beim PBF-LB/M

Aufgrund der off-axis-Installation können die gesamten Prozessemissionen der Beschichtung, Belichtung und Gefügeausbildung sowie deren Verlauf und lokale Verteilung über der gesamten Pulverbettoberfläche erfasst werden. Dabei beeinträchtigt die Sensorik nicht die PBF-LB/M-Maschine und damit die Prozesse und Phänomene des Fertigungsprozesses [SCH18a, S. 37]. Bei off-axis-Systemen variiert die Distanz des lokalen pixelbasierten Messobjektes durch die im Winkel zur Pulverbettoberfläche fixierten Sensorik. Dies führt insbesondere bei optischer Sensorik zu perspektivischer Verzerrung, einer ortsabhängigen Auflösung und einer inhomogenen Abbildungsschärfe [KRA16, S. 219].

Bei **on-axis-Systemen** ist die Sensorik im Strahlengang der PBF-LB/M-Maschine integriert. Dabei dient die Scan-Optik der PBF-LB/M-Maschine sowohl dem Fertigungsprozess als auch der Prozessüberwachung. Dabei wird die vom Schmelzbad emittierte elektromagnetische Strahlung in den Strahlengang des Lasers reflektiert und mittels eines selektiv-durchlässigen Spiegels auf die Sensorik abgelenkt (vgl. Abbildung 19) [KRA16, S. 39, SPE16, S. 17, BER10, S. 620]. Um eine on-axis-Messung in verschiedenen Wellenlängenbereichen parallel zu realisieren, kommen Strahlenseparatoren zum Einsatz [CRA10, S. 506, KAN16, S. 489]. Da die Messung im oder parallel zum Strahlengang des Lasers stattfindet, wird diese Anordnung auch koaxiale (co-axis) Anordnung genannt [CHE21, S. 3127]. Die lokale Zone der Prozessüberwachung folgt dabei der Bewegung des Lasers über der Pulverbettoberfläche, sodass die Messpunkte mit dem Laserfokus zusammenfallen und der aktuellen Prozesszone (bestehend aus Schmelzbad und Wärmeeinflusszone) folgen. Entsprechend ist die Auflösung lokal begrenzt und kann nur mittels Zusatzinformationen (bspw. Koordinaten des Laserfokus, Winkel der Scanoptik und Zeit) zu einem räumlich auflösenden Bild der Pulverbettoberfläche zusammengesetzt werden [CRA12, S. 756]. Dies führt dazu, dass die Erfassung von Prozessemissionen im Spektralbereich des Lasers nur eingeschränkt möglich ist und Korrekturoptiken und Filter erforderlich sind [CLI14, S. 1092].

Die Erfassung der Emissionen des Schmelzbades auf die aktuelle Bearbeitungszone des Lasers ist lokal beschränkt. Dadurch lassen sich Effekte, Phänomene und Anomalien, die erst nach Abkühlung und Verfestigung des Schmelzbades entstehen, nur indirekt aus den Prozesssignaturen des Schmelzbades ableiten [SPE16, S. 34, KRA16, S. 39]. Die Auflösung der Sensortechnologien ist hoch, sodass sich aus der Schmelzbadgeometrie und -temperatur Informationen über die Prozessstabilität und lokale Fehlstellen ableiten lassen [BAU20, S. 278].

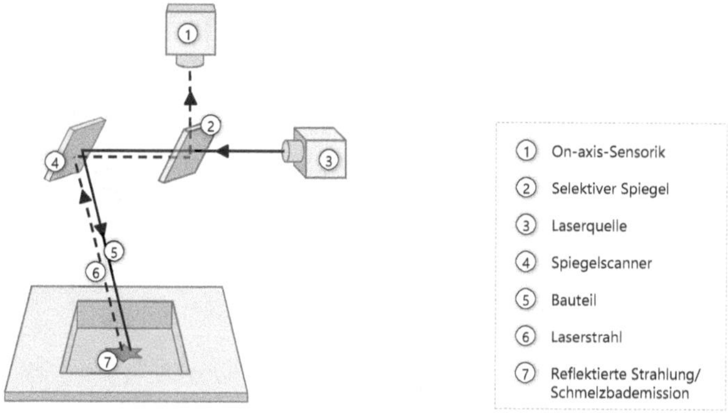

Abbildung 19: Verfahrensschema von on-axis-Systemen zur Prozessüberwachung beim PBF-LB/M

Prozesssignaturen

Die Bauteilqualität bzw. die geometrischen, mechanischen und physikalischen Eigenschaften der Bauteile (Zielgrößen) können mittels Prozessüberwachungssystemen (PüS) während des Prozesses in Bezug auf die relative Dichte, die Maßhaltigkeit sowie die Oberflächengüte der Bauteile erfasst werden. Eine direkte und ganzheitliche Beurteilung der Bauteilqualität ist nicht möglich. Um echtzeitnah Aussagen über die Bauteilqualität und -fehler sowie Prozessanomalien während des Fertigungsprozesses treffen zu können, können mittels PüS sogenannte *Prozesssignaturen* erfasst werden. Diese charakterisieren die Teilprozesse der Beschichtung sowie des Aufheizens, Schmelzens und Verfestigens [MAN15, S. 3]. Damit geben die Prozesssignaturen den Zustand des Fertigungsprozesses und der Bauteileigenschaften wieder. *Spears et al.* beschreiben die Prozesssignaturen als sogenannte *Stimme des Prozesses* [SPE16, S. 11]. Diese Prozesssignaturen dienen dabei als Messgröße für die verwendete Sensorik der PüS und damit als Indikatoren für die Bauteilqualität [VLA15, S. 529].

Die Prozesssignaturen ermöglichen dabei Rückschlüsse auf die

- Beschichtungsqualität und
- Schmelzbadausbildung sowie
- resultierende Bauteilfehler.

Diese Prozesssignaturen werden durch die definierte sowie steuerbare, überwachbare und regelbare Einflussgrößen (Stoff-, Stell- und Zustandsgrößen) beeinflusst. und sind mittels der PüS überwachbar. Aus den erfassten und bewerteten Prozesssignaturen können die Zielgrößen der Bauteilqualität abgeleitet werden (vgl. Abbildung 20). Die Herausforderung für die Steuerung und Regelung und damit die Optimierung der Prozesse liegt dabei in der Rückführung der erfassten Prozesssignaturen in dezidierte Einflussgrößen.

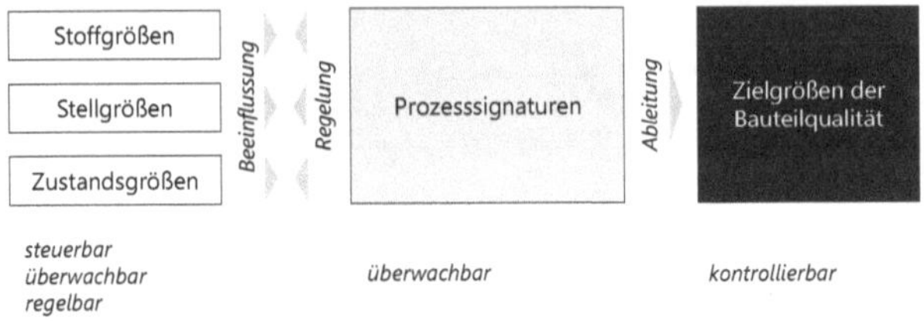

Abbildung 20: Zusammenhänge zwischen Einflussgrößen, Prozesssignaturen und Zielgrößen der Bauteilqualität, in Anlehnung an [MAN15, S. 3] und [SPE16, S. 11]

Systemkategorien und Sensortechnologien

Zur messtechnischen Erfassung der Prozesssignaturen sowie Bauteileigenschaften können auf Basis der beschriebenen Sensortechnologien verschiedene PüS eingesetzt werden. Tabelle 4 gibt als Systemmatrix eine Übersicht dieser Sensortechnologien zur Erfassung und Auswertung von spezifischen Prozesssignaturen und Bauteileigenschaften. Diese Übersicht basiert auf internationalen wissenschaftlichen Veröffentlichungen und gibt dabei den Stand der Forschung wieder.

Tabelle 4: Systemmatrix zur Erfassung von Prozesssignaturen und Bauteileigenschaften

Systemkategorie	Sensor-technologie	Zielgrößen			Prozesssignaturen: Bauteilfehler						Beschichtungsqualität			Schmelzbadausbildung								Stellgrößen		Quellen
		Relative Dichte	Maßhaltigkeit	Oberflächenrauigkeit	Plastische Dehnung	Porenart	Porengröße	fehlerhafte Anbindung	Delamination	Therm. Eigenspannung	Beschichtungsfehler	Schichtrauheit	Pulverbettebenheit	Überhitzung	Balling	Schmelzbadgeometrie	Schmelzbadstabilität	Schmelzbadtemperatur	Schmelzfront	Abkühlverhalten	Spritzer	Laserfokus	Laserleistung	
on-axis - optisch	CCD-Kamera (NIR)																	•						1
on-axis - optisch	CMOS-Kamera (NIR, VIS)	•					•												•					2, 3, 4, 5, 6, 7
on-axis - optisch	CMOS (NIR); Photodiode (NIR)									•		•		•	•	•	•	•			•			8, 9, 10, 11
on-axis - optisch	Interferometer, Spektrometer (NIR)		•	•		•						•	•		•	•	•	•			•	•		12, 13
on-axis - optisch	Photodiode (NIR)	•														•	•							14, 15, 16, 17
off-axis - akustisch	Akustische Spektroskopie	•				•	•																	18
off-axis - akustisch	Faser-Bragg-Gitter mit Photodiode,	•																						19
off-axis - akustisch	Mikrofon													•	•									20
off-axis - akustisch	Piezoelektrischer Prüfkopf																						•	21
off-axis - optisch	CCD-Kamera (VIS)	•	•					•	•		•		•											6, 8, 22, 23, 24, 35, 36
off-axis - optisch	CCD-Spektrometer (UV, VIS)	•																						25
off-axis - optisch	CMOS; Pyrometer														•					•				26
off-axis - optisch	CCD-Spektrometer (NIR)											•												27
off-axis - optisch	Photodiode (NIR)	•			•												•							28
off-axis - optisch	Wärmebildkamera (MIR)	•						•	•							•	•		•		•			28, 34

1 [YAD14]; 2 [LOT11]; 3 [ZHA19]; 4 [KOL18]; 5 [YEU20]; 6 [COL20b]; 7 [GOO21]; 8 [CRA11]; 9 [CRA12]; 10 [CLI14]; 11 [HAG18]; 12 [NEE14]; 13 [KAN16]; 14 [CRA10]; 15 [REN18]; 16 [REN19]; 17 [SCH18a]; 18 [SMI16]; 19 [SHE18]; 20 [YE18]; 21 [ESC19]; 22 [ABD17]; 23 [GOB18]; 24 [LI18]; 25 [REN20a]; 26 [ISL13]; 27 [GUA16]; 28 [BIS18]; 29 [KRA14]; 30 [KRA16]; 31 [GRA18]; 32 [BAU20]; 33 [COL20a]; 34 [WEG11]; 35 [KLE12]; 36 [ZUR17]

On-axis- und off-axis-Systeme mit optischen Sensoren weisen einen höheren TRL auf und werden daher im industriellen Umfeld primär eingesetzt [MAN15, YAD20]. Darüber hinaus müssen akustische PüS aufgrund hohen Rauschens aufwändig kalibriert werden, was eine industrielle Umsetzung erschwert [YAD20, S. 2]. Die wissenschaftlichen Untersuchungen in Bezug auf akustische PüS beschränken sich auf einige wenige Forschungsbeiträge. Die Anzahl an erfassbaren Prozesssignaturen und Bauteileigenschaften ist in Bezug auf die optischen PüS vergleichsweise gering. Ein großes Potential bietet die akustische Spektroskopie, da hiermit direkte Rückschlüsse auf die Bauteilqualität, in Form der relativen Dichte sowie Porenart und -größe, möglich sind [SMI16]. Weiterhin wird deutlich, dass mittels der optischen on-axis-Sensortechnologie des Interferometers eine Vielzahl an Prozesssignaturen und Bauteileigenschaften erfasst werden können. In der wissenschaftlichen Literatur wird diese Systemtechnologie nur theoretisch beschrieben und nur teilweise praktisch validiert [KAN16, NEE14].

2.3.5 Qualitätssicherung in der Prozesskette

Die Qualitätssicherung (QS) beinhaltet systematische Tätigkeiten, die Vertrauen schaffen, die Bauteilqualität zu erfüllen [DIN15b]. Dabei werden die Prozesse in der Prozesskette analysiert, hinsichtlich der Qualitätsziele und Anforderungen der Qualitätsplanung und des QM im Allgemeinen überprüft und prozessorientierte Maßnahmen abgeleitet. Dabei liegen bei der QS die produktions- und bauteilbezogenen Prozesse in der Prozesskette im Fokus. QS bedeutet die Sicherstellung und den Nachweis der Qualität eines Bauteils entlang einer Prozesskette [JUN21, S. 7]. Die Sicherstellung der Qualität erfolgt dabei durch die beschriebene Qualitätssteuerung und Qualitätskontrolle. Der Nachweis der Qualität wird mittels Qualitätsdokumentation umgesetzt [PFE07, JUN21, S. 7].

Der Qualitätsdokumentation kommt im Rahmen der QS und des übergeordneten QM eine entscheidende Rolle zu [PFE07, S. 315]. In der Qualitätsdokumentation werden alle relevanten Informationen des QM, wie Prozessaufnahmen, Spezifikationen sowie Prüf- und Arbeitsanweisungen protokolliert und für einen nachgelagerten Nachweis archiviert [PFE07, S. 33, DIN15b]. Dies beinhaltet gleichsam die definierten Anforderungen an das Bauteil und die Prozesse sowie die geltenden Rahmenbedingungen und Annahmen, unter welchen das QM konzeptioniert, angewendet und optimiert wird [DIN20d]. Weiterhin werden im Kontext der Qualitätsdokumentation die Speicherung, Aufbereitung und Verdichtung von Qualitätsdaten, die während der Prozesse (vgl. Qualitätssteuerung) erfasst werden, verstanden [PFE07, S. 34]. Dabei werden über die Steuerung der dokumentierten Informationen die bedarfsgerechte Verfügbarmachung sichergestellt [DIN20d]. Dies beinhaltet bspw. die Überwachung von Veränderungen (Verantwortlichkeiten und Versionierung), Sicherstellung der Erhaltung der Lesbarkeit (Transparenz und Übersichtlichkeit) sowie Auffindung und Verwendung der relevanten und dokumentierten Informationen [DIN15b, PFE07, S. 315].

2.4 Anforderungsmanagement

2.4.1 Grundlagen und Begriffe

*Eine **Anforderung** ist eine Aussage über eine Eigenschaft oder Leistung eines Produktes, eines Prozesses oder der am Prozess beteiligten Personen [RUP20, S. 18]*

*Eine **Anforderung** ist eine Bedingung oder Fähigkeit, die von einem Benutzer zur Lösung eines Problems oder zur Erreichung eines Ziels benötigt wird oder die ein System oder Teilsystem erfüllen oder besitzen muss, dass eine [...] Spezifikation erfüllt wird [IEE90, S. 62]*

2.4.2 Anforderungsmanagement

Das Anforderungsmanagement ist ein systematischer Ansatz zur Sammlung, Bewertung und Dokumentation von Anforderungen [RUP20, S. 18]. *Meis* erweitert die Definition um die Gestaltung, Steuerung und Überwachung aller Prozesse zur Änderung von Anforderungen [MEI17, S. 35]. Dabei liegt der Ursprung des Anforderungsmanagements im Software-Engineering und der Entwicklung von Software und deren Systeme im Rahmen der Standards IEEE 610 und IEEE 830 [IEE90, IEE98b]. Auf diesen Standards basiert die Sammlung von Hilfsmitteln und Dokumentenvorlagen nach *Volere* [ROB13]. Für die Erfassung, Beschreibung und Dokumentation der Anforderungen verschiedener Stakeholder im produktions- und fertigungstechnischen Kontext sind diese Standards nach *Volere* eingeschränkt geeignet, da verschiedene Anforderungssteller nur bedingt berücksichtigt werden können sowie die Konkretisierung auf Prozessebene für die Produktion nicht möglich ist.

2.5 Identifizierung des Forschungsbedarfs

Im Kontext des QM ausgerichtet auf die Rahmenbedingungen und Anforderungen der additiven Fertigung existieren bereits Lösungsansätze. Im Folgenden wird daher ein Überblick über die Schwerpunktsetzung und Defizite der existierenden Lösungsansätze gegeben. Diese werden auf Basis der Schwerpunktsetzung der vorliegenden Arbeit gegenübergestellt und bewertet. Aus dieser Bewertung kann der Forschungsbedarf abgeleitet werden.

2.5.1 Existierende Arbeiten im Kontext der Zielsetzung vorliegender Arbeit

Im Folgenden wird eine Übersicht über sechs existierende Arbeiten im Kontext der Zielsetzung der vorliegenden Arbeit gegeben.

‚Ganzheitliches Qualitätsmanagement' von Shellabear

Shellabear beschäftigt sich in seiner Arbeit mit der vorbeugenden, prozessunabhängigen QS der Maschinenentwicklung und -fertigung, der Metallpulverherstellung und der Entwicklung der Stellgrößen ausschließlich mit der Perspektive eines Maschinenherstellers. Weiterhin wird das unternehmenseigene System zur Zustandsüberwachung von Zustands- und Stellgrößen, wie bspw. der Bauplatten- und Beschichterposition, der Temperatur oder der Sauerstoffkonzentration in der Prozesskammer, vorgestellt. Diese können über eine softwareintegrierte Dokumentationsschnittstelle ausgegeben und archiviert werden. [SHE11]

Defizit: Die vorgestellten Ansätze zur QS spiegeln Möglichkeiten eines Maschinenherstellers auf deren Maschinen wider und sind daher auf deren Prozesse anwendbar. Der Begriff ganzheitlich bezieht sich lediglich auf die betrachteten Sphären Bauteil, Werkstoff und Prozess. Daneben wird kein methodisches Vorgehensmodell genutzt, um eine hersteller- und maschinenunabhängige Prozesskontrolle und Zustandsüberwachung qualitätsrelevanter Einflussgrößen zu ermöglichen. Weiterhin ist die Betrachtung insbesondere auf den Fertigungsprozess fokussiert und erlaubt daher keine Rückschlüsse auf Ansätze des QM über der Prozesskette und unabhängig von der genutzten Fertigungsmaschine und der Peripheriegeräte.

‚Inline-Qualitätskontrolle für pulverbasierte additive Fertigungsverfahren' von Fulga

Fulga legt den Fokus ihrer Arbeit in die Prozessüberwachung des Prozesses des Laser-Sinterns/Pulverbettbasiertes Schmelzen von Kunststoffen mittels Laserstrahl (PBF-LB/P). Dies erfolgt durch optische Kontrolle der Beschichtung und der Belichtung sowie pyrographische Kontrolle des Sinterprozesses; Entwicklung eines systematischen Vorgehens mit der maschinenunabhängigen modularen Anwendung im PBF-LB/P. [FUL17, FUL16]

Defizit: In der Arbeit wird der Prozess des PBF-LB/P und deren Einflussgrößen fokussiert. Dabei werden die Prozesse und die Prozesskette für Metallbauteile nicht betrachtet, sodass nur eine eingeschränkte Übertragbarkeit auf den Prozess des PBF-LB/M aufgrund komplexerer pulver- und schmelzmetallurgischer Zusammenhänge gegeben ist. Eine Erarbeitung einer Methodik für das QM erfolgt nicht.

‚Prozessorientiertes Qualitätsmanagement' von Eisen

Der Fokus der Arbeit von *Eisen* liegt in der Parameterentwicklung und deren Einbettung in bestehende allgemeine QM-Methoden. Dabei zielt die Arbeit auf die Erhöhung der Prozessstabilität ab. Er bewertet die QM-Methoden, wie *QFD* und *FMEA*, im Kontext der additiven Fertigung in Bezug auf deren Anwendbarkeit bei unterschiedlichen Losgrößen. Auf dieser Basis werden allgemeine Handlungsempfehlungen in Form von Maßnahmen und Regelgrenzen für verschiedene Schwerpunkte, wie Pulverqualität, Prozessdatenerfassung und Bauteilkontrolle gegeben. [EIS09]

Defizit: Die Ansätze des QS-Konzeptes gehen nicht über allgemeine und abstrakte Vorschläge zur Betrachtung diverser Bausteine im Rahmen des QM hinaus. Es erfolgt dabei keine Bewertung der Einflussgrößen entlang der Prozesskette und dementsprechend keine Priorisierung oder Bewertung konkreter Ansätze und Handlungsempfehlungen zum QM. Ein methodischer Unterbau des QS-Konzeptes ist nur bedingt erkennbar. Daher ist eine Anwendungs- und Umsetzungsnähe der vorgestellten Bausteine und Ansätze im Kontext des QM nicht gegeben.

‚Qualitätsmanagement in der additiven Fertigung – Herausforderungen und Handlungsempfehlungen' von Seidenberg

Seidenberg stellt in seinem Buchkapitel den Aufbau, das Management und die Nutzung von Wissen in den Fokus des QM. Er erarbeitet darauf aufbauend Potentiale für das QM durch Wissenskapital. Dabei analysiert er qualitätsrelevante Aspekte, die zu Qualitätseinbußen führen und kategorisiert diese in potenzial-, prozess- und produktbezogen. Diese werden genutzt, um eine wissensbasiertes QM-Methode zu entwickeln, die zur ständigen Verbesserung von Geschäftsprozessen genutzt werden können. Dabei werden die klassischen Ansätze des QM mit technologischen Weiterentwicklungen kombiniert. [SEI17]

Defizit: Die entwickelte Methode zum wissensbasierten QM dient der Nutzung des Zielerreichungs-Feedbacks zur Steigerung der Qualität und der Leistung von Geschäftsprozessen. Dabei befinden sich die Ansätze auf abstrakter und organisatorischer Ebene und weniger auf der technologischen Ebene der Prozesse und der Prozesskette.

‚Maschinenspezifische Erhöhung der Prozessfähigkeit durch Analyse und Bewertung der Maschinencharakteristik' von Eschey

In der Dissertation von *Eschey* wird ein methodisches Vorgehensmodell auf Basis der definierten Maschinencharakteristik entwickelt, mit der die Prozessfähigkeit maschinenspezifisch erhöht werden kann. So werden existierende Methoden verändert, sodass der maschinenspezifische Einfluss auf die Prozessfähigkeit berücksichtigt und möglicherweise kompensiert wird. Weiterhin werden die Einflussfaktoren auf die Prozessfähigkeit analysiert und bewertet sowie Maßnahmen zur Erhöhung ebendieser abgeleitet. [ESC12]

Defizit: Die entwickelte Methode ist auf die Charakteristik von additiven Fertigungsmaschinen ausgerichtet und erlaubt daher keine Aussage über die Einflussgrößen entlang der Prozesskette. Weiterhin werden die Einflussgrößen allgemein für die additive Fertigung und nicht im speziellen für die Prozesskette des PBF-LB/M betrachtet. Die Methode bietet einen Ansatz zur Erhöhung der Prozessfähigkeit, kann allerdings nicht als ganzheitlicher QM-Ansatz verstanden werden.

‚Werkstoff- und Prozessverhalten von Metallpulvern in der laseradditiven Fertigung' von Seyda

Seyda legt den Schwerpunkt ihrer Dissertation auf die Analyse und Bewertung der potentiellen Fehler auf das Eigenschaftsprofil von Metallpulver bei der Pulverhandhabung beim PBF-LB/M. Dabei legt sie den Fokus auf die ganzheitliche Betrachtung der Prozesskette. Es erfolgt eine methodische Strukturanalyse der Prozesskette sowie eine Analyse und Bewertung von Prüfmethoden zur Charakterisierung des Eigenschaftsprofils von Metallpulver. Sie führt experimentelle Untersuchungen zur Beschichtung sowie dem Transport und Recycling von Metallpulvern durch und leitet daraus Handlungsempfehlungen zur Pulverhandhabung ab. [SEY18]

Defizit: Der Fokus der Arbeit ist das Eigenschaftsprofil des Metallpulvers und der Prozesse der Pulverhandhabung. Sie betrachtet nicht das QM und die Entwicklung von Methoden hierfür durch.

'Quality management and estimation of quality costs for Additive Manufacturing with SLS' von Schmid und Levy

Schwerpunkt des Konferenzbeitrags von *Schmid* und *Levy* ist die organisatorische Prozessoptimierung des QM für die additive Fertigung. Auf der Basis der Betrachtungsdimensionen Anlage, Werkstoff, Produktion und Los, Bauteil und Nachbearbeitung werden qualitätssichernde Maßnahmen (sogenannte *Q-activities*) abgeleitete und überschlägigen Qualitätskosten der Bauteilnachbearbeitung (sogenannte *Q-costs*) gegenübergestellt. [SCH12]

Defizit: Die Arbeit wird am additiven Fertigungsverfahren PBF-LB/P durchgeführt. Damit ist eine Übertragbarkeit auf den Fokus der vorliegenden Arbeit nur eingeschränkt gegeben. Weiterhin ist die durchgeführte Prozessoptimierung nicht durch Anforderungen diverser Anforderungssteller determiniert und auf die Anwendbarkeit durch KMU optimiert. Den Anspruch einer Methodik zur ganzheitlichen Erarbeitung von QM-Maßnahmen erfüllt dieser Konferenzbeitrag nicht.

Zwischenfazit:

Zusammenfassend kann konstatiert werden, dass folgende Themen in den vorgestellten Lösungsansätzen nicht oder nicht im ausreichenden Maße thematisiert wurden:

- Keine Ausrichtung auf die Rahmenbedingungen und Anforderungen von KMU
- Nur rudimentäre Betrachtung der interdisziplinären Anforderungen an das QM entlang der Prozesskette des PBF-LB/M
- Keine Determinierung und Bewertung des Qualitätsaufwands sowie des Nutzens der Prozessüberwachung als Grundlage für die Prozessstabilität in der Prozesskette des PBF-LB/M

2.5.2 Gegenüberstellung und Bewertung der existierenden Arbeiten

Das Ziel der vorliegenden Arbeit ist, wie in Abschnitt 1.3, dargestellt, das QM für die additive Fertigung insbesondere für das additiven Fertigungsverfahren PBF-LB/M systematisch weiterzuentwickeln. Hierfür wird eine Methodik entwickelt, die eine aufwandsdeterminierte und aufwandsorientierte Bewertung und Auswahl von Methoden und Werkzeugen zur Sicherstellung der Bauteilqualität ermöglicht.

Auf Basis dieser Zielsetzung können zur Gegenüberstellung und Bewertung der existierenden Arbeiten spezifische Schwerpunkte der Arbeit gesetzt werden:

- **Schwerpunkt 1:** Anforderungsmodell zum QM für die additive Fertigung bei KMU
- **Schwerpunkt 2:** Qualitative Determinierung des Qualitätsaufwands qualitätssichernder Maßnahmen in der Prozesskette des PBF-LB/M
- **Schwerpunkt 3:** Bewertung des Aufwand-Nutzen-Verhältnisses von Prozessüberwachungssystemen
- **Schwerpunkt 4:** Erarbeitung von anforderungsdeterminierten und aufwandsorientierten QM-Maßnahmen

In Tabelle 5 sind die beschriebenen existierenden Lösungsansätze gegenübergestellt. Die dort enthaltene Bewertung basiert auf den in Abschnitt 2.5.1 dargestellten Defizite.

Tabelle 5: Gegenüberstellung und Bewertung der bestehenden Arbeiten im Kontext der Zielsetzung

	Schwerpunkt				
existierende Arbeiten im Kontext der Zielsetzung	1 Anforderungsmodell zum QM für die additive Fertigung bei KMU	2 Qualitative Determinierung des Qualitätsaufwands qualitätssichernder Maßnahmen beim PBF-LB/M	3 Bewertung des Aufwand-Nutzen-Verhältnisses der PüS	4 Erarbeitung von anforderungsdeterminierten und aufwandsorientierten QM-Maßnahmen	Quelle
Shellabear	○	○	◑	◑	[SHE11]
Fulga	○	◔	○	◔	[FUL16]
Eisen	○	◔	○	◔	[EIS09]
Seidenberg	◑	○	○	◔	[SEI17]
Eschey	◔	○	○	◔	[ESC12]
Seyda	◔	◑	◔	◕	[SEY18]
Schmid und Levy	○	◔	○	◑	[SCH12]
Grad der Zielerreichung:	○ Keine Ansätze vorhanden ◔ Lösungsideen vorhanden ◑ vereinzelter Ansatz vorhanden		◕ mehrere Ansätze vorhanden ● zusammenhängendes Konzept oder Methodik vorhanden		

2.5.3 Ableitung des Forschungsbedarfs

Die vorangegangenen Abschnitte veranschaulichen, dass es im Kontext des QM in der additiven Fertigung im Allgemeinen und im PBF-LB/M im Speziellen verschiedene Ansätze und Tätigkeiten existieren. Diese sind allerdings hauptsächlich auf die Forschung und Wissenschaft begrenzt. Weiterhin nimmt der Bedarf an industriell umsetzbaren Lösungen aufgrund der Forderung der industriellen Reife der Prozesskette des

PBF-LB/M, wie es in Abschnitt 1.2 dargelegt wurde, zu. Es lässt sich konstatieren, dass es bisher keinen Lösungsansatz gibt, der die beschriebenen Schwerpunkte kombiniert berücksichtigt.

Daher ergibt sich ein ingenieurwissenschaftlicher Handlungsbedarf der Umsetzung von Lösungsansätzen für die praktische Anwendung in der Industrie und insbesondere bei KMU. Durch das Handlungsfeld und der Zielsetzung der vorliegenden Arbeit sollen neue Erkenntnisse mit der ganzheitlichen Perspektive auf die industrielle Prozesskette des PBF-LB/M gewonnen werden und diese in ein Handwerkszeug auf Prozessebene für die industrielle Anwendung, insbesondere bei KMU, aufbereitet werden. Dies ermöglicht eine weitere Erhöhung der industriellen Reife der Prozesskette und damit eine Realisierung einer additiven Fertigung mit gesteigerter Wirtschaftlichkeit und Bauteilqualität.

3 Anforderungsanalyse für das Qualitätsmanagement

In diesem Kapitel wird zunächst der methodische Aufbau der Anforderungsanalyse für das QM in der additiven Fertigung erläutert. An diesem Aufbau orientierten sich die Teile der Anforderungsanalyse, die anschließend näher behandelt werden.

3.1 Methodischer Aufbau der Anforderungsanalyse

Bauteile für die additive Fertigung zeichnen sich durch eine hohe geometrisch-konstruktive Komplexität und kundenindividuelle Varianz aus. Bestehende und bewährte Prozesse der Produktion und des QM lassen sich hierdurch nicht mehr wirtschaftlich auf ein Produkt oder eine Serie auslegen, sondern müssen flexibel und adaptierbar umsetzbar und erweiterbar sein, um die Wettbewerbs- und Leistungsfähigkeit von Unternehmen sicherstellen zu können [WES09, S. 162, GRU10, S. 1]. Zusätzlich erfordert die zunehmende Komplexität von Fertigungsprozessen, die aus der Vielzahl von Einflussgrößenkombinationen, Freiheitsgraden, Zielgrößen (bspw. Kosten, Durchlaufzeit, Bauteilqualität) resultiert ein anforderungsoptimiertes Vorgehen. Aus Kundensicht stellt die nicht ausreichende Prozessstabilität und Prozesstransparenz der additiven Fertigung, insbesondere des PBF-LB/M, ein Hemmnis für das Vertrauen verschiedener Anforderungssteller zur Sicherstellung der Bauteilqualität dar [CAV17, S. 13, LAN17, S. 7, GRA17, S. 20].

Um Prozesse zum QM im Kontext der flexiblen kundenindividuellen Produktion auslegen und weiterentwickeln zu können, bedarf es DIN EN ISO 9001:2015 als Basis der Erfassung der Erfordernisse und Erwartungen der am QM interessierten und beteiligten Akteure [DIN15b]. Dabei gilt folgende zentrale Fragestellung:

*Welche Anforderungen muss **eine Methodik und deren technologische Umsetzung** des QM erfüllen, um für die additive Fertigung bei der Einzelstück- und Kleinserienfertigung bei insbesondere KMU effektiv und effizient nutzbar zu sein?*

Technologische Umsetzung bedeutet in diesem Kontext, welche Technologien (bspw. Hard- und Software als Systeme sowie Werkzeuge) auf der Prozessebene eingesetzt werden müssen, um ein QM in Bezug auf Qualitätsplanung, Qualitätssteuerung und Qualitätskontrolle sowie Qualitätsdokumentation effizient und effektiv zu ermöglichen.

3.1.1 Zielsetzung der Anforderungsanalyse

Zur Beantwortung der Frage wird eine **Anforderungsanalyse** durchgeführt. Mittels dieser sollen das Verständnis der Prozesse und der Prozesskette weiterentwickelt werden sowie die unternehmensinternen und -externen Anforderungen an die Methodik des QM für das PBF-LB/M diverser Anforderungssteller erfasst, strukturiert, konkretisiert und priorisiert werden (vgl. Abbildung 21). Dabei werden die internen und externen Anforderungen den Dimensionen Zeit, Kosten und Qualität – dem Wirkungsdreieck der Produktion [EVE95, S. 27, VDI17b] – in die konkreten produktionsseitigen Spezifikationen der Methodik im Unternehmen strukturiert überführt [MEI15, S. 501]).

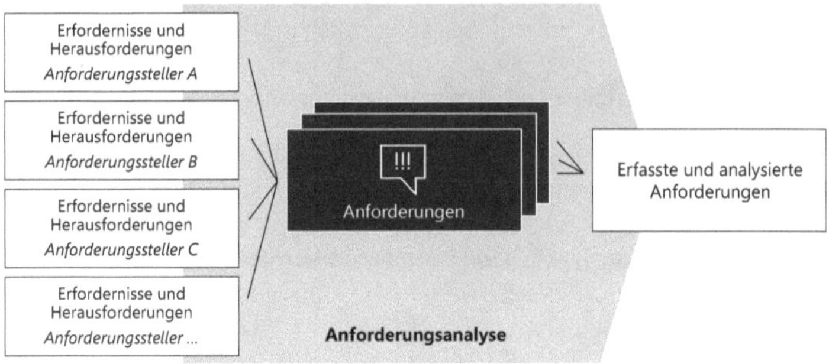

Abbildung 21: Zusammenhang von Erfordernissen und Herausforderungen, Anforderungen und Spezifikationen für die Methodik des Qualitätsmanagements

Gleichzeitig bildet die Anforderungsanalyse die Basis der unternehmensspezifischen Adaptierung und Implementierung der entwickelten Methodik für das QM im Unternehmen. So können durch das Unternehmen spezifische anforderungsoptimierte und unternehmensspezifische Maßnahmen zum QM abgeleitet werden und so ein nachhaltig anwendbares QM aufgebaut werden.

Bekannte Methoden aus Entwicklungs- und Konstruktionsprozessen, wie dem *V-Modell* oder der Erstellung von Anforderungslisten nach VDI 2221:2019 und *Pahl/Beitz,* fokussieren die Anforderungsanalyse von Bauteilen in der Produktentwicklung mit der singulären Perspektive des externen Kunden [FEL13, VDI19b, LIN11, S. 208]. Mithilfe der bekannten Methoden des *Quality Function Deployment* [PFE07, S. 444, LIN18, S. 283] und *Critical to Quality* [PFE07, S. 267] werden typischerweise in der Produktentwicklung lediglich Kundenanforderungen in Bezug auf die Bauteilqualität erfasst und spezifiziert. Damit können nur allgemeine Impulse und damit weniger konkrete QM-Maßnahmen für die Gestaltung der Prozesse und des damit verbundenen QM gegeben werden. Diese Perspektive wird durch die im Rahmen der Arbeit entwickelten Methodik um die ganzheitliche und umsetzungsnahe Perspektive auf die Prozesskette der additiven Fertigung erweitert. So erfolgt die Anforderungsanalyse auf der Grundlage des *Kontinuierlichen Anforderungsmanagement* nach *Schienmann* [SCH02] und des *Produktionsseitigen Anforderungsmanagement* nach *Meis* [MEI17].

Die methodische Umsetzung der Anforderungsanalyse ist in Abbildung 22 dargestellt. In der ersten Phase der Anforderungsanalyse werden die Anforderungen erfasst und als Rohanforderungen der Phase der Anforderungsstrukturierung und -konkretisierung übergeben. Die strukturierten Anforderungen nach der zweiten Phase werden hinsichtlich zu definierender Kriterien bewertet, um so priorisierte Anforderungen zu erhalten. Diese werden in der letzten Phase verallgemeinert und strukturiert dokumentiert.

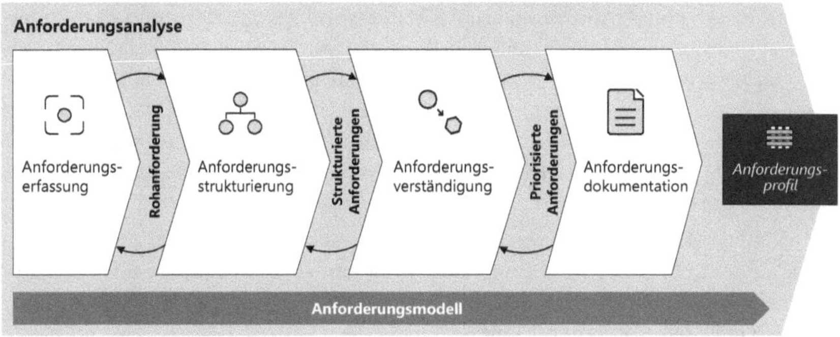

Abbildung 22: Vorgehen der Anforderungsanalyse, eigene Darstellung nach [SCH02, S. 33]

3.1.2 Anforderungssteller

Das klassische Verständnis des QM ist auf die Sicherung der Zufriedenheit durch die primäre Ausrichtung auf die Anforderungen des externen Kunden ausgelegt („Quality is fitness for use“ nach *Joseph M. Juran*) [JUR88]. Dies ist für einen nachhaltigen Unternehmenserfolg im Allgemeinen und für die Sicherstellung der Bauteilqualität in der Produktion im Speziellen nicht ausreichend [IEE 98a, S. 8, SCH02, S. 35, HAC10, S. 7, SEG13, S. 13]. Diese Integration und regelmäßige Anpassung verschiedener Anforderungen an das QM und eine dementsprechende unternehmensspezifische Umsetzung zeigt sich insbesondere im Kontext der additiven Fertigung [KLA18, S. 184].

Nach DIN EN ISO 9001:2015 ist es zum Aufbau und zur Umsetzung eines QM notwendig, zu identifizieren, welche Anspruchsteller (Stakeholder) für das eigene QM relevant sind. Dies wird verbunden mit der Analyse, deren Anforderungen an das QM und der damit verbundenen Gewichtung der Anforderungen jedes Anforderungsstellers für die gesamtheitliche Analyse der Anforderungen [DIN15b]. Dies ermöglicht die Erlangung eines grundlegenden und ganzheitlichen Verständnisses der Herausforderungen und Anforderungen in Bezug auf das QM sowie deren nachhaltigen Umsetzung im Unternehmen.

Ein Stakeholder im klassischen Sinn ist eine abgegrenzte und unbegrenzte Gruppe an natürlichen und juristischen Personen, die Interesse an Tätigkeiten einer Organisation haben und Anforderungen hierzu stellen [HAC10, S. 6, DIN09a, S. 15].

Analyse der Anforderungssteller (Stakeholderanalyse)

Die Anforderungen basieren auf einer systemorientierten Perspektive des Netzwerks verschiedener Anspruchsteller. Diese Anspruchsteller stehen in permanenter Beziehung zueinander und tauschen Informationen aus [HAL02, S. 64]. Die systematische Identifikation und Gewichtung der verschiedenen Anforderungssteller wird typischerweise mittels einer Stakeholderanalyse durchgeführt [KAM15, S. 907]. Neben den klar und unklar umrissenen externen Anspruchstellern des Marktes und des Umfeldes müssen die internen Anspruchsteller des Unternehmens betrachtet werden. Dies betrifft nicht nur juristische und natürliche Personen sondern auch technologische Aspekte insbesondere bei komplexen und untergeordnet robusten Fertigungsprozessen wie dem PBF-LB/M [MEI17, S. 53]. Dies dient dazu, die technologischen Rahmenbedingungen der Prozesse des PBF-LB/M und der industriell verfügbaren Technologien zur Erfassung und Bewertung der Bauteilqualität in die Planung und Umsetzung des QM einzubeziehen.

In Abbildung 23 sind unternehmensinterne und unternehmensexterne Anforderungssteller für das QM beim Prozess des PBF-LB/M dargestellt. Dieses basiert auf dem *Neuen St. Galler-Management-Modell* [SEG13] und ist inhaltlich an *Westkämper* [WES06] angelehnt und in diesem Kontext erweitert.

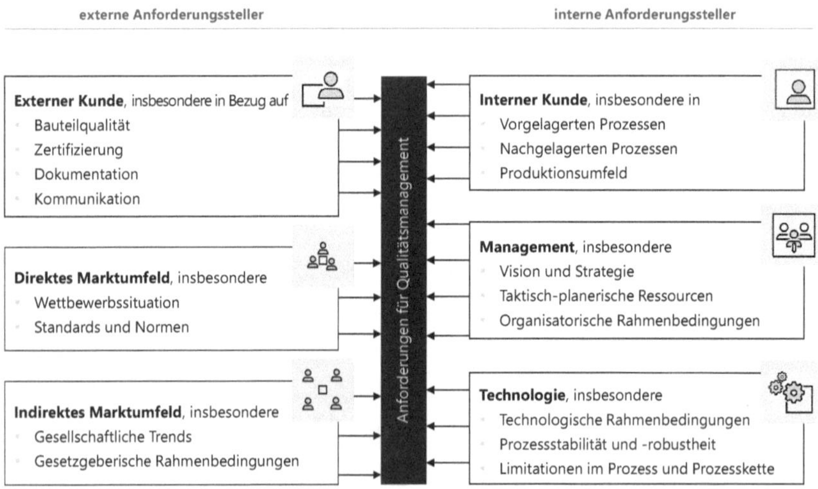

Abbildung 23: Ungewichtete Stakeholderanalyse der Anforderungssteller für das QM, erweitert nach dem Neuen St. Galler-Management-Modell und Westkämper [SEG13, WES06]

Der **externe Kunde** wird in einer Marktwirtschaft typischerweise als Hauptanforderungssteller identifiziert (vgl. Methoden *Quality Function Deployment* und *Critical to Quality*). Dabei ist der potentielle Kunde insbesondere für das Marketing und den Vertrieb und der bestehende Kunde für das QM des Produktes zu betrachten. Letzter stellt Anforderungen hinsichtlich der Bauteilqualität sowie den Bauteilkosten und der Lieferzeit (vgl. Abschnitt 2). Weiterhin wird die Sicherstellung technischer Standards und Zertifizierungen vom externen Kunden gefordert.

Der **interne Kunde** als prozessorientierter Anforderungssteller im Unternehmen stellt Anforderungen in Bezug auf das QM aus der Perspektive der Prozesse und Mitarbeitenden in den vor- und nachgelagerten Prozessen (bspw. Produktentwicklung, Einkauf, Montage, Logistik, Versand und Service). Dabei liegen die prozessbezogenen

Erkenntnisse im Unternehmen oftmals fragmentiert vor. Interne Anforderungssteller befinden sich innerhalb der Unternehmensgrenzen und beeinflussen daher das QM direkt [JEN21].

Das **Management** des Unternehmens agiert als interner, produktionsstrategischer Anforderungssteller. Durch diesen werden Anforderungen in Bezug auf die unternehmerische Vision und Strategie sowie taktisch-planerischer Entscheidungen widergegeben. Organisatorische Rahmenbedingungen im Unternehmen erweitern die Anforderungen. Aufgrund der Verteilung von Wissen und Erfahrungen im Unternehmen wird eine getrennte Erfassung der prozessorientierten (interner Kunde) und produktionsstrategischen (Management des Unternehmens) Anforderungen umgesetzt [MEI17, S. 72].

Das **direkte Marktumfeld** stellt eine Gruppe von externen Anforderungsstellern dar. Die Anforderungen werden insbesondere über Gesetze und Verordnungen des Gesetzgebers und der Behörden des Produktions- und Bestimmungslandes der gefertigten Bauteile gestellt. Dies betrifft auch Standards, Normen und weitere Technische Regeln von Organisationen und Verbänden (beispielsweise Deutsches Institut für Normung DIN, Verband Deutscher Ingenieure VDI, Verband Deutscher Maschinen- und Anlagenbau VDMA und International Automotive Task Force IATF) [IAT16, S. 54]. Weiterhin bewirkt die Marktsituation in Form von bestehenden Systemen und Produkten der Wettbewerber in Bezug auf die Generierung von Wettbewerbsvorteilen und unternehmerischer Alleinstellungsmerkmale Anforderungen auf das QM.

Trends der Öffentlichkeit und gesellschaftlicher Gruppen, wie eine steigende Produktkomplexität durch Funktionalisierung und Individualisierung, die globale Nachhaltigkeitsdebatte und der Fokussierung auf umwelt- und ressourcenverträgliche Produktion, wirken im **indirekten Umfeld** als Anforderungssteller. Die dadurch verändernden Bauteilspezifikationen sowie Produktionsumfelder insbesondere im Kontext der additiven Fertigung erfordern QM-Maßnahmen. Weiterhin bewirken diese gesellschaftlichen Veränderungen gesetzgeberische Rahmenbedingungen, die auf die Umsetzung des QM Auswirkungen haben.

Die mangelnde Prozessstabilität und Prozessrobustheit der Prozesse der additiven Fertigung und insbesondere des PBF-LB/M und damit verbundener Unzulänglichkeiten der Prozesse sowie mangelnde technologische Reife der Prozesse und Systeme zur Erfassung von Qualitätsdaten bewirken Anforderungen an das QM. Diese technologischen Mangelanforderungen werden in der Anforderungsgruppe **Technologie** als Rahmenbedingungen der Abläufe der Prozesse, Prozesskette und Produktion auf Verfahrens- und Technologieebene zusammengefasst und sind damit in hohem Maße unternehmensspezifisch. Daher müssen diese prozessseitigen Anforderungen frühzeitig in die Anforderungsanalyse eingebracht und umgesetzt werden. Der Anforderungsgruppe sind damit direkt keinen natürlichen oder juristischen Personen zugeordnet. Im Rahmen der Anforderungsermittlung werden diese Anforderungen von den unternehmensspezifischen Rahmenbedingungen und technologischer Spezifikationen der Technologien der additiven Fertigung sowie deren Peripherieprozesse und Systeme zum QM abgeleitet.

3.1.3 Modellstruktur

Um eine Anforderungsanalyse durchzuführen, bedarf es eines Modells, mit dem die Anforderungen erfasst, strukturiert, verständigt und dokumentiert werden können. Der Aufbau eines Anforderungsmodells stellt die methodische Erfassung und Bewertung sämtlicher Anforderungen verschiedener Stakeholder sicher. Darüber hinaus kann mittels dieses Modells die Struktur und die Eigenschaften des Produktionsumfeldes der additiven Fertigung und insbesondere des PBF-LB/M beschrieben werden. Dies ermöglicht die Überführung der Rohanforderungen in Umsetzungsanforderungen an die Methodik zum QM. Abbildung 24 zeigt die Struktur des Anforderungsmodells.

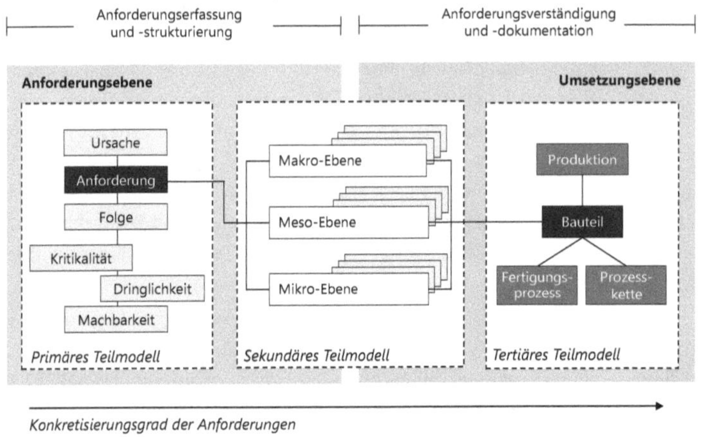

Abbildung 24: Struktur des Anforderungsmodells mit primärem, sekundärem und tertiärem Teilmodell

Mithilfe des **primären Teilmodells** werden die Anforderungen erfasst und charakterisiert. Dies erfolgt aus verschiedenen Perspektiven auf die Methodik des QM im Rahmen einer Stakeholderanalyse.

Die erfassten und charakterisierten Anforderungen werden zur Anforderungsstrukturierung in das **sekundäre Teilmodell** überführt, mit welchem die Anforderungen verschiedenen Dimensionen zugeordnet werden können. Dies ermöglicht die Verständigung (Konsensbildung und Bewertung) der Anforderungen hinsichtlich der Priorisierung der Anforderungen im Unternehmen sowie der Festlegung von Verantwortlichkeiten der Umsetzung. Weiterhin können durch diese Strukturierung Schwerpunktanforderungen und Schwerpunktdimensionen identifiziert werden.

Im **tertiären Teilmodell** werden die erfassten, strukturierten und priorisierten Anforderungen den Umsetzungsdimensionen zugeordnet. Dies ermöglicht die Konkretisierung der Anforderungen in konkrete Umsetzungsanforderungen und damit Merkmalen der angestrebten Methodik und der technologischen Umsetzung.

Das so gestaltete Anforderungsmodell erlaubt eine systematische Überführung der Anforderungen aller Anforderungssteller (*primäres Teilmodell*) in der **Anforderungsebene** in Merkmale und Spezifikationen der Methodik und der technologischen Umsetzung in der **Umsetzungsebene** (*tertiäres Teilmodell*).

Primäres Teilmodell

Für die Erfassung der Anforderungen sowie der Beschreibung dieser wird ein hohes Produktions- und Prozesswissen für das PBF-LB/M vorausgesetzt. Dazu dient das methodische *primäre Teilmodell*, mithilfe dessen die Erfassung und Beschreibung der Anforderung, deren Ursache sowie deren Folge, durchgeführt werden. Dabei erfolgt die Ermittlung der Anforderungen bzw. deren Ursache aus der Perspektive verschiedener Anforderungssteller (vgl. Abbildung 23 und Abschnitt 3.1.2). Die Anwendung des *primären Teilmodells* senkt die Hemmschwelle und Komplexität der Erfassung aller relevanter Anforderungen in seiner Eigenschaft bei den befragten Anforderungsstellern. Gleichzeitig wird so die Anforderungsstrukturierung und -verständigung vorbereitet.

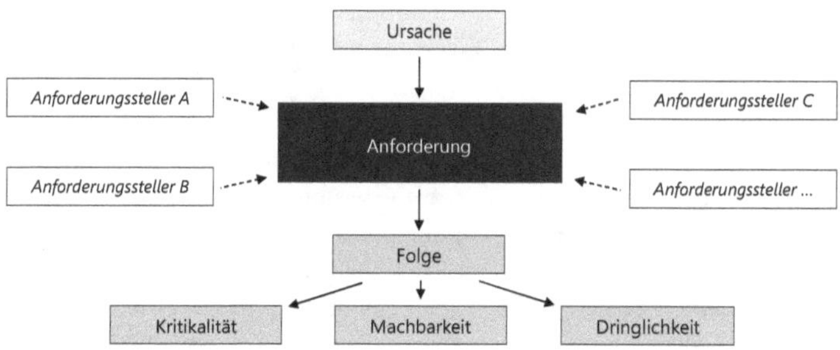

Abbildung 25: Aufbau des primären Teilmodells mit den Eigenschaften der Anforderungen

Als Eigenschaft **Anforderung** wird der Anspruch des Anforderungsstellers auf Basis von Erfahrungswerten, Expertenwissen und zukünftiger Abschätzungen beschrieben.

Als Eigenschaft **Ursache** wird die Quelle und Begründung der erfassten Anforderung erfasst und beschrieben. Die Beschreibung der Ursache bewirkt eine Hinterfragung der Anforderung sowie die Erfassung von Folgeanforderungen und damit eine möglichst ganzheitliche Identifikation von Anforderungen. Jede Anforderung ist daher mindestens einer subjektiven Ursache zugeordnet, die der Strukturierung und Homogenisierung der Anforderungen verschiedener Anforderungssteller dient.

Als Eigenschaft **Folge** wird die aktive Maßnahme sowie die passive Auswirkung der Anforderung hinsichtlich der Umsetzung erfasst und beschrieben. Die Beschreibung der Folge der Anforderung dient dazu, verständliche Anforderungen im Kontext des QM zu ermitteln, da jede Anforderung der Einschätzung des Anforderungsstellers hinsichtlich der Auswirkung der Umsetzung oder Nichtumsetzung zugeordnet sind. Diese Eigenschaft wird im Laufe der Anwendung der Anforderungsanalyse oder der nachgelagerten Ableitung des Produktionsmodells beschrieben und konkretisiert werden. Die Beschreibung der Folge wird mittels bestimmter Attribute durchgeführt, um eine Bewertung und Priorisierung als auch die Bezüge zu anderen Anforderungen zu ermöglichen. Diese Attribute orientierten sich dabei an IEEE Std 1233 [IEE 98a, S. 13] sowie [ROB13]:

Die Folgeeigenschaft **Kritikalität** (Kr) beschreibt, welches Risiko durch eine nicht erfolgte oder teilweise Umsetzung der erfassten Anforderung und der davon abgeleiteten QM-Maßnahme eingeschätzt wird. Diese Eigenschaft kann als ‚kritisch' in die Bewertung und Priorisierung der Anforderungen überführt werden.

Die Folgeeigenschaft **Machbarkeit** (Ma) beschreibt den Aufwand der Umsetzung der Anforderung hinsichtlich verschiedener Kriterien, wie organisatorische, technologische und personelle Kriterien. Hierzu können die in Abschnitt 0 eingeführten aufwandsdeterminierenden Faktoren der Prozessüberwachsungssysteme (PüS) angewendet werden. Somit wird eine Einschätzung der Umsetzbarkeit der Anforderung in der Methodik erfasst. Diese Eigenschaft kann als ‚machbar' in die Bewertung und Priorisierung der Anforderungen überführt werden.

Die Folgeeigenschaft **Dringlichkeit** (Dr) beschreibt die zeitliche Relevanz und Verbindlichkeit der Anforderung und deren Umsetzung [VAN07, S. 37, BER93, S. 4]. Diese Eigenschaft kann als ‚dringend' in die Bewertung der Anforderungen überführt werden.

Sekundäres Teilmodell

Die Anforderungsanalyse fokussiert das QM produzierender Unternehmen. Daher wird das *primäre Teilmodell*, das die einzelnen Anforderungen der Anforderungssteller beinhaltet, um die typische funktionale Struktur eines produzierenden Unternehmens als Referenzstruktur erweitert (vgl. Abbildung 26) [MAC07]. Diese Überführung erfolgt im *sekundären Teilmodell.* Die Grundlage hierfür bildet die typische Organisationsstruktur und das Unternehmensmodell nach *Westkämper* [WES06, S. 41, WES09, S. 63]. Das *sekundäre Teilmodell* erfüllt dabei mehrere Funktionen:

- Methodische Erfassungsunterstützung durch die Strukturierung der Funktionsbereiche des Unternehmens in der Anforderungserfassung
- Zuordnung der ermittelten und beschriebenen Anforderungen zu den Funktionsbereichen des Unternehmens und Sicherstellung der Verantwortlichkeiten der QM-Maßnahmen
- Anwenderorientierte Priorisierung der Anforderungen in der Anforderungsverständigung und der abgeleiteten QM-Maßnahmen
- Beherrschung der Komplexität und Sicherstellung der Kontrollmöglichkeit und Plausibilitätsprüfung [SCH02, S. 163]

Dem Grundverständnis der Referenzstruktur eines produzierenden Unternehmens nach *Bloech* folgend, ist das *sekundäre Teilmodell* in drei verschiedene Ebenen (Ebe) unterteilt: die *Mikro-Ebene* mit prozessorientiert-operativen Anforderungen, der *Meso-Ebene* mit managementorientiert-taktischen Anforderungen und strategieorientierten Anforderungen in der *Makro-Ebene* (vgl. Abbildung 26) [BLO14, S. 106].

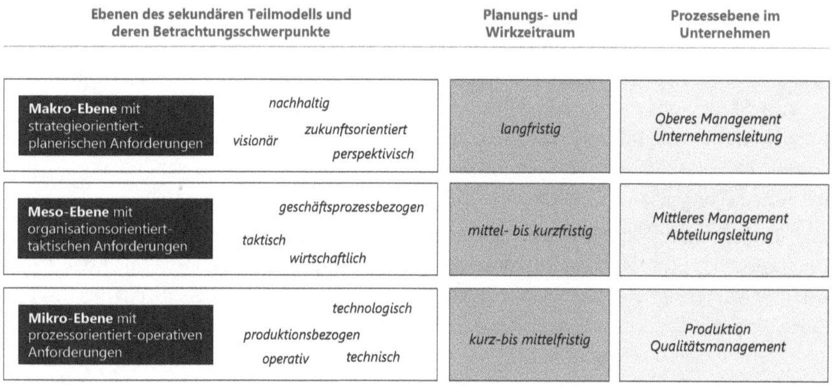

Abbildung 26: Ebenen des sekundären Teilmodells im Anforderungsmodell

In der **prozessorientiert-operativen Mikro-Ebene** als Strukturabbild der Produktion eines Unternehmens werden die technischen Anforderungen des QM fokussiert und damit die technologische Funktionalität abgebildet. Die Anforderungen in der prozessorientiert-operativen Ebene sind der Produktion zugeordnet und sind daher typischerweise mit technischem Bezug mit kurz- bis mittelfristiger Planungs- und Wirkungsperspektive. Konkret beziehen sich die prozessorientierten Anforderungen auf die Erfassung und Auswertung von Informationen in der Produktion vor, während oder nach dem Fertigungsprozess. Dabei können diese Informationen prozess- und bauteilbezogene Konstruktionsdaten, Auftragsdaten sowie Betriebs- und Messdaten enthalten.

Die Sammlung und Verarbeitung dieser Informationen in Bezug auf Anforderungen können dabei in Anforderungsklassen entlang des Informationsstroms von der Erfassung bis zur Nutzung verarbeitet werden. Dies ermöglicht zum einen eine strukturierte Erfassung der Anforderungen in der prozessorientiert-operativen *Mikro-Ebene* als auch eine methodische Weiterverarbeitung. Anforderungsklassen sind dabei als Gruppierung thematisch ähnlicher oder zusammengehöriger Anforderungen zu verstehen (vgl. Tabelle 6).

Tabelle 6: Beispielhafte Anforderungsklassen der prozessorientiert-operativen Mikro-Ebene im sekundären Teilmodell

Anforderungsklassen	Beschreibung
Informationserfassung	Planung, Erfassung, Ermittlung
Informationsverarbeitung	Vorverarbeitung, Umwandlung, Auswertung
Informationsdokumentation	Dokumentation, Speicherung
Informationsbereitstellung	Nutzbarmachung, Weitergabe, Management, Visualisierung
Informationsnutzung	Nutzung, Interpretation, Schlussfolgerung

Die **organisationsorientiert-taktische Meso-Ebene** als Strukturabbild der Organisationsstruktur und des Managements eines produzierenden Unternehmens enthält die organisationsorientiert-taktischen Anforderungen. Diese bilden die im Allgemeinen wirtschaftliche Perspektive ab und zeichnen sich durch einen kurz- bis mittelfristigen Planungshorizont aus. Die spezifische Beschreibung der Anforderungen reicht von der Eingangsgröße ‚Ressourcen' über die Prozessgrößen ‚Kosten', ‚Zeit', ‚Anwender' und ‚Risiko' bis zur Ausgangsgröße ‚Qualität'.

In Tabelle 7 sind beispielhafte Anforderungen in der organisationsorientiert-taktischen Ebene gelistet. Diese sind an die klassischen Zielgrößen der Produktion – Zeit, Kosten und Qualität – sowie an die organisationsbezogenen Anforderungen in Bezug auf das QM von Softwareprodukten nach ISO/IEC 25010:2011 angelehnt [FAE10, S. 5, ISO11].

Tabelle 7: Beispielhafte Anforderungen in der organisationsorientiert-taktischen Meso-Ebene im sekundären Teilmodell

Anforderungen	Beschreibung
Funktionalität	Leistungsumfang und Erfüllung der Spezifikation [LIN18]
Effektivität	Bestmögliches Ergebnis bei definiertem Einsatz von bestimmten Ressourcen [DIN15b]
Effizienz	geringster Ressourceneinsatz bei definiertem Ergebnis [DIN15b]
Benutzbarkeit	Maß, inwieweit effektive, effiziente und anwendungsorientierte Nutzbarkeit durch bestimmte Nutzer gegeben ist [RUP14]
Sicherheit	Leistungserfüllung bei minimalem technisches, wirtschaftliches und soziales Risiko [LIN18]
Zuverlässigkeit	Fähigkeit, die gestellten Anforderungen während einer gegebenen Zeitdauer zu erfüllen [DIN90]
Robustheit	Anfälligkeit gegenüber Fehlern und Störgrößen [SÁN98]
Langlebigkeit	Erfüllung der gestellten Anforderungen über einen möglichst langen Zeitraum bei minimaler Qualitätsreduzierung
Instandhaltbarkeit/ Wartbarkeit	Maß, inwieweit Produkt gewartet und der Soll-Zustand widerhergestellt werden kann [DIN19a]
organisatorische Flexibilität	Eigenschaft einer Organisation oder organisatorischer Prozesse, sich Veränderungen in reaktiver oder proaktiver Form anzupassen [BRE03]

Die **strategieorientiert-planerische Makro-Ebene** als Strukturabbild der Leitung eines produzierenden Unternehmens beinhaltet langfristig-planerische Anforderungen. Diese zeichnen sich durch einen zukunftsorientierten Charakter aus und basieren auf unternehmerischen und produktionsbezogenen Strategien und Planungen. Aufgrund dieser Eventualitäten sind die Anforderungen mit einem mittleren bis hohen Unsicherheitsfaktor des Eintretens und der tatsächlichen Anforderungserfüllung belegt. Für diese Anforderungen sind typischerweise das obere Management sowie die Geschäftsführung eines Unternehmens verantwortlich. In Tabelle 8 sind beispielhafte Anforderungen in der strategieorientiert-planerischen *Makro-Ebene* gelistet.

Tabelle 8: Beispielhafte Anforderungen der strategieorientiert-planerischen Makro-Ebene im sekundären Teilmodell

Anforderung	Beschreibung
strategische Flexibilität	kurz- und mittelfristige Anpassbarkeit aufgrund prozessualer oder organisationaler Volatilitäten und Rahmenbedingungen
Adaptierbarkeit	Übertragbarkeit auf andere Rahmenbedingungen, Produktionsbereiche oder zukünftige Prozesse und Prozessketten
Skalierbarkeit	Anpassbarkeit auf kleineren oder größeren Umfang (beispielsweise Bauraum der Maschine, Maschine, Maschinenpark)
Konfigurierbarkeit	Anpassbarkeit auf momentanes und zukünftiges Produktions- und Unternehmensumfeld und Rahmenbedingungen

Die Auflistungen der Anforderungen in den drei Ebenen des *sekundären Teilmodells* (vgl. Tabelle 6 bis Tabelle 8) sind nicht erschöpfend. Diese repräsentieren beispielhaft typische Herausforderungen und Bewertungskriterien produzierender KMU im Allgemeinen und im Speziellen in Bezug auf die Prozesskette des PBF-LB/M.

Tertiäres Teilmodell

Die Konkretisierung der Anforderungen in der Phase der Anforderungsverständigung erfolgt im *tertiären Teilmodell* – dem abschließenden Teil des Anforderungsmodells (vgl. Abschnitt 3.4). Dies bedeutet, dass die ermittelten und strukturierten Anforderungen mithilfe des *tertiären Teilmodell* in möglichst umsetzungskonkrete Spezifikationen der Methodik des QM überführt werden. Im Anforderungsmodell in Abbildung 24 ist das Tertiärmodell in der Umsetzungsebene verortet.

Die Zuordnung von Dimensionen (Dim) der Anforderungen erfolgt dabei über die Zuordnung zu den Dimensionen in Bezug auf die Struktur der additiven Fertigung [DIN18d] und der Bereiche der Prozesskette nach DIN SPEC 17071:2019 [DIN19d]:

- **Bauteil**
- **Fertigungsprozess**
- **Prozesskette**
- **Produktion**

Im Zentrum des Tertiärmodells steht die Dimensionen *Bauteil* sowie die Anforderungen, die an dieses gestellt werden. Die bauteilbezogenen Anforderungen umfassen dabei die Qualitätsmerkmale (Zielgrößen) des Bauteils. Die Dimensionen *Fertigungsprozess, Prozesskette* und *Produktion* spannen um die Bauteildimension ein Wirkungsdreieck auf (vgl. Abbildung 27). Dies verdeutlicht, dass diese Dimensionen und deren Anforderungen in direkter wechselseitiger Beziehung stehen. Somit hat die Sicherstellung einer Anforderung in Bezug auf das Bauteil eine Umsetzung und Maßnahme in den Dimensionen zur Folge. Beispielhaft kann hier die Erfüllung der Zielgröße der relativen Dichte durch Maßnahmen in der Datenvorbereitung/Pre-Prozess – Anordnung und Positionierung der Bauteile, Bauteilorientierung im Bauraum und Anordnung und Art der Stützstrukturen – sowie der nachgelagerten Qualitätskontrolle der Bauteile genannt werden.

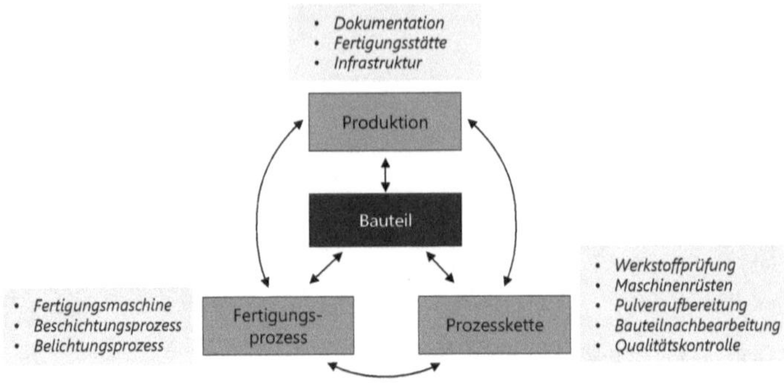

Abbildung 27: Dimensionen des tertiären Teilmodell im Anforderungsmodell

Der Aufbau des Tertiärmodells folgt dem des Produktionsmodells für die Methodik des QM für das PBF-LB/M, welches in Abschnitt 4.1 spezifischer vorgestellt wird. Dies schafft eine Schnittstelle zwischen dem Anforderungsmodell und der Umsetzung in der Methodik. Daher wird an dieser Stelle auf die Herleitung und Beschreibung des Aufbaus des Produktionsmodells bzw. des *tertiären Teilmodells* des Anforderungsmodells verwiesen.

3.2 Anforderungserfassung

Wie im methodischen Aufbau der Anforderungsanalyse bereits dargelegt wurde, erfolgt die Durchführung derselben in der ersten Phase durch die Erfassung der Anforderungen (vgl. Abbildung 22). Dies erfolgt durch die Beschreibung, Bewertung und Dokumentation der Anforderungen der verschiedenen Anforderungssteller durch Anwendung des beschriebenen Anforderungsmodells (*primäres Teilmodell*). Dabei können die Eigenschaften der einzelnen Anforderungen bereits in der ersten Phase der Anforderungserfassung beschrieben werden oder im Laufe der nächsten Phasen der Anforderungsanalyse.

Die Umsetzung der Anforderungserfassung ist ein kommunikationsintensiver Prozess, in den eine Vielzahl von Personen unterschiedlicher Funktionen, Positionen und Anforderungshaltung involviert sind [SCH02, S. 196].

Erfassungsmethodik

Die Anforderungserfassung orientiert sich an Methoden der qualitativen Forschung als systematisches und theoriegeleitetes Verfahren der Datenerhebung [KAI14, S. 6, FLI18]. Aufgrund verschiedener Anforderungssteller in Bezug auf die Anforderungen des QM sind die erhobenen Anforderungen in der Regel nicht vollständig intersubjektiv nachvollziehbar. Daher kommt der Subjektivität von Anforderungen der Anforderungssteller eine zentrale Ressource der Forschungsmethode zu [BAU14, S. 47]. Daher müssen alle Anforderungen an fachlich kompetenter Stelle erfasst werden [RUP14, S. 90].

Für die Anforderungserfassung werden spezifisch für die Anforderungssteller ausgerichtete Methoden angewendet. Diese kann durch eine aktive Erfassung der Anforderungen durch Befragung der Anforderungssteller erfolgen:

- **Geführte Befragung** der Anforderungen sowie der Probleme und Herausforderungen über breite angelegte Studien (qualitative Einzelerfassung)
- **Geführte Erarbeitung** der Anforderungen über Beobachtungstechniken und Anforderungsworkshops (qualitative und quantitative Einzel- oder Gruppenerfassung)

Daneben kann eine passive Anforderungsermittlung ohne Aktivwerdung der einzelnen Anforderungssteller durch eine **Marktrecherche und Marktforschung** erfolgen.

3.2.1 Geführte Befragung

Zielgruppe der geführten Befragung sind insbesondere der Anspruchsteller *externer Kunde*. Diese Methode bietet sich auch für die Erfassung der Anforderungen weiterer Anforderungssteller an. Kernelement der geführten Befragung ist die Ermittlung von Bedürfnissen und Wünschen des externen Kunden, um daraus Anforderungen für das eigene QM ableiten zu können [RUP20, S. 140]. Dabei ist die geführte Befragung auf die singuläre Beantwortung der Fragen und damit auf die Erfassung der Einzelanforderungen des Anforderungsstellers ausgerichtet.

Mittels einer gezielten Befragungsführung mit geschlossenen Fragestellungen oder Hypothesen können zum einen quantitative Anforderungen erfasst werden. Diese ermöglichen eine statische Auswertung und damit statistische Aussagekraft mit einer hinreichenden Anzahl an befragten Anforderungssteller [RUP20, S. 140]. Dabei ergibt sich gleichzeitig die Herausforderung, dass offensichtliche und klar artikulierbare Anforderungen ermittelt werden müssen. Darüber hinaus müssen zu konkreten Ableitungen von Anforderungen und damit einem hohen Nutzwert der Anforderungsanalyse latente, nicht offensichtliche oder klar artikulierbare Bedürfnisse und Anforderungen qualitativ identifiziert werden. Durch eine antizipative Kundenbedarfsanalyse ist es möglich, den Anforderungssteller in die Anforderungserfassung aktiv einzubinden [VAN07, S. 38]. Die geführte Befragung basiert auf theoretisch vorhandenem Wissen. Dieses muss möglichst wertfrei und neutral in die Anforderungserfassung eingebettet werden, sodass durch Suggestionen keine Verfälschung der Daten auftritt [KAI14, S. 7]. Dies ist insbesondere bei der Befragung des Anspruchstellers des externen Kunden eminent, da zwischen dem Befragten und dem Fragenden von einem emotionalen Verhältnis bis zu einer rationellen Abhängigkeit (Kunde–Lieferant) vorliegen kann.

Bei der Gestaltung der geführten Befragung unter Anwendung des vorgestellten Anforderungsmodells ist zu beachten, dass eine Überführung der erfassten Anforderungen in das *sekundäre* und *tertiäre Teilmodell*, und damit einer Ableitung von umsetzungskonkreten Maßnahmen für das QM, möglich sind. Die Ergebnisse einer geführten Befragung zeichnen sich in der Regel durch eine homogene Granularität aus, womit insbesondere Tendenzen bezüglich dezidierter Anforderungen und Anforderungsgruppen ausgebildet werden können. Durch die höhere Anzahl der Befragten können subjektive Einflüsse annähernd objektiviert werden [MEI17, S. 123].

Für die Methode der geführten Befragung können aufgrund der Vielzahl von Anwendungsmöglichkeiten verschiedene Befragungstechniken genutzt werden. Tabelle 9 gibt eine Übersicht über beispielhafte Befragungstechniken zur Anforderungserfassung und gibt eine Einschätzung über die erwartbare Qualität der Befragungsergebnisse sowie des Ressourcenaufwandes für die Vorbereitung, Durchführung, Auswertung des Befragten und des Fragenden.

Tabelle 9: Beispielhafte Befragungstechniken zur Anforderungserfassung, in Anlehnung an [RUP20, S. 143, SCH02, S. 198]

Befragungstechnik	Ergebnisqualität	Ressourcenaufwand
Checkliste (einfacher Fragebogen mit geschlossenen Fragen)	stark von Fragen abhängig implizites Wissen kann nur bedingt quantifiziert werden	gering, da elektronische Verteilung und automatisierte Auswertung möglich
Fragebogen (geschlossene und offene Fragen)	vollständige Beantwortung der Fragen von Komplexität und Anzahl der Fragen abhängig	mittel, da Auswertung bedingt automatisiert möglich
Strukturiertes Interview	hoch, da Rückfragen zur Verdeutlichung und Präzisierung der Fragen und Antworten möglich sind; abhängig von Fragestellung und Gesprächsführung durch Fragenden	mittel bis hoch, da gezielte Vorbereitung und hoher Zeit- und Kostenaufwand für Befragten und Fragenden

3.2.2 Einzel- oder Gruppenerarbeitung

Zielgruppe der Einzel- oder Gruppenerarbeitung sind insbesondere die Anspruchsteller **Management** und **interner Kunde**. In Bezug auf das *sekundäre Teilmodell* des Anforderungsmodells werden durch den Anspruchsteller Unternehmen/Organisation typischerweise die Anforderungen auf der *Meso-* und *Makro-Ebene* erfasst. Da der interne Kunde typischerweise produktions- und prozessnah agiert, sind hier Anforderungen auf der *Mikro-Ebene* zu erwarten (vgl. Abbildung 26). Durch die Einzel- und Gruppenerarbeitung von Anforderungen können mittels Befragung erfasste Anforderungen von externen Kunden unternehmensintern validiert und bewertet werden. Gleichzeitig können die bereits durch die geführte Befragung anderer Anforderungssteller erfassten Erfahrungswerte und Tendenzen in die unternehmensinterne Einzel- und Gruppenerarbeitung integriert werden, um bereits erhobene Anforderungen zu konkretisieren.

Prozess- und Tätigkeitsanalyse

In der Einzel- oder Gruppenerarbeitung kann mittels der Prozess- und Tätigkeitsanalyse der Status Quo als Ist-Zustand der gegenwärtigen Prozesse im Unternehmen und des gegenwärtigen QM beschrieben werden. Dies ermöglicht eine Ableitung prozessualer Anforderungen auf *Mikro-Ebene* im *sekundären Teilmodell* des Anforderungsmodells. Weiterhin können durch diese Technik Zusammenhänge und latente Anforderungen von Anforderungsstellern erfasst werden. Diese beschränken sich jedoch in der Regel auf die Prozesse zum Zeitpunkt der Prozess- und Tätigkeitsanalyse und bilden daher eine

Momentaufnahme ab. Abbildung 28 zeigt einen Ablauf einer Prozess- und Tätigkeitsanalyse zur Ableitung von Rohanforderungen als Entscheidungsbaum. Bei der Prozess- und Tätigkeitsanalyse können zum einen aufgrund stabiler und routinierter Prozesse ohne spezifische Problemstellungen in Bezug auf das QM direkt Anforderungen definiert und beschrieben werden, die eine Beibehaltung der laufenden Prozesse beinhalten. Wenn spezifische und gegenwärtig vorliegende Problemstellungen erfasst werden, können daraus über die Bildung von Ursachenhypothesen und der Findung von Lösungsalternativen konkrete Anforderungen abgeleitet werden. Diese können dabei mit dem Soll-Zustand (Wunsch-Zustand) verglichen werden, um die Anforderungen zu konkretisieren. Die Prozess- und Tätigkeitsanalyse kann sowohl aktiv von den Anforderungsstellern oder von einem Prozessexternen (Feldbeobachtung) durchgeführt werden [RUP20, S. 147].

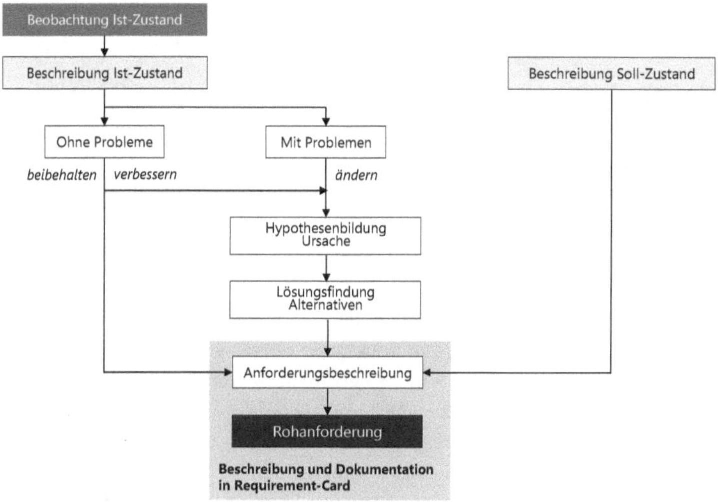

Abbildung 28: Prozess- und Tätigkeitsanalyse zur Erfassung von Rohanforderungen

Beschreibung und Dokumentation der Anforderung mittels Requirement-Card

Die Technik der *Requirement-Card* stellt ein Beschreibungs- und Dokumentationsmuster für Anforderungen dar. Durch sie können kartengestützt Anforderungen sowie die zugehörigen Kontextattribute und -informationen strukturiert erfasst und nachvollziehbar dokumentiert werden. Die *Requirement-Card* ist dabei angelehnt an das sogenannte *Volere Atomic Requirement Specification Template* (sogenannte *Snow Card*) [SCH02, S. 213, ROB13]. In das Muster der *Requirement-Card* ist das *primäre* und *sekundäre Teilmodell* des Anforderungsmodells integriert (vgl. Abbildung 29). Weiterhin ist jede beschriebene und dokumentierte Anforderung an die Anforderungssteller bzw. seiner Eigenschaft als Anforderungssteller zugeordnet. Dies ermöglicht eine Strukturierung und Verständigung der ermittelten Anforderungen in den Bezug zum Anforderungssteller.

Anforderung #:	**Dimension** (Tertiäres Teilmodell):	**Ebene** (Sekundäres Teilmodell):
Anforderung:		
Ursache:	**Folge:**	
Machbarkeit:	**Kritikalität:**	**Dringlichkeit:**
Bezug zu weiteren Anforderungen #:	**Anforderungssteller:**	
Datum:	Version:	Ersteller:

Abbildung 29: Beschreibungs- und Dokumentationsmuster von Anforderungen auf einer Requirement-Card

Geführter und moderierter Anforderungsworkshop

Ziel eines Anforderungsworkshops ist die gemeinsame Erarbeitung von Anforderungen für eine Gruppe von Anforderungssteller. Dabei kann in initialen Anforderungsworkshops, die typischerweise mit interdisziplinären Experten verschiedener Anforderungssteller durchgeführt werden, sowie thematisch tiefer gehenden Anforderungsworkshops mit gezielten Fachexperten unterschieden werden. [NOA01, S. 28]

Durch ein Anforderungsinterview kann aus der subjektiven Einschätzung des Status Quo, der Problemstellung sowie der funktionalen und nicht-funktionalen Anforderungen ein gemeinsames Projektverständnis entwickelt und kreative Ansätze der Funktionalitäten erzielt werden. Gleichzeitig dient dieser der Definition der unternehmerischen Rahmenbedingungen sowie der internen und externen Anforderungssteller [SCH02, S. 207]. Durch gezielte Führung und Moderation eines Dritten sowie die Anwendung einer flexiblen, iterativen und sich kontinuierlich verändernden Struktur eines Workshops anstatt starrer Durchführung einer vorbereiteten Struktur kann die Qualität des Ergebnisses erhöht werden [FLI18, S. 96]. Weiterhin können zur Sensibilisierung sowie Unterstützung der Teilnehmenden Innovations- und Kreativitätstechniken, wie Brainstorming, TRIZ oder Methode 6-3-5, zur Anwendung kommen [RUP14, S. 95]. Weiterhin kann die Qualität der erfassten Anforderungen durch die Kombination der epipraktischen Methode (Workshop) mit der empraktischen Methode (sogenannte *Prozess- und Tätigkeitsanalyse*) gesteigert werden [SCH02, S. 197, ELL09, S. 55]. Durch diese Kombination können Fachexperten für Anforderungen sensibilisiert werden. Gleichzeitig wird dadurch die Benennung und Konkretisierung von subjektiv und schwierig zu artikulierenden Anforderungen erleichtert (sogenanntes *knowledge engineering paradoxon*) [SCH02, S. 197]. Für die Beschreibung und Dokumentation der gemeinsam erarbeiteten Anforderungen kann das Beschreibungs- und Dokumentationsmuster der *Requirement-Card* genutzt werden.

3.2.3 Markt- und Informationsrecherche

Die Erfassung der Anforderungen des *direkten und indirekten Marktumfelds* sowie der *Technologie* orientiert sich an den Methoden der allgemeinen Markt- und Informationsrecherche. Bei der Markt- und Informationsrecherche kann sich am methodischen Vorgehen des *Systematischen Literatur Reviews* angelehnt werden [OKO10]. Mithilfe dieses Vorgehens kann eine solide Wissens- und Informationsgrundlage geschaffen sowie diese für die Anforderungsanalyse nutzbar gemacht werden.

Die Erfassung der Anforderungen dieser Anforderungssteller erfolgt dabei über indirekte Informationsbeschaffung. Dies basiert auf dem Umstand, dass der Anspruchsteller *Technologie* keine natürliche Person ist, sondern indirekte Anforderungen aufgrund von gegenwärtig vorliegenden technologischen Limitationen und Rahmenbedingungen stellt (vgl. Abschnitt 3.1.2).

Informationsquellen für direktes Marktumfeld

- Studien zur Marktforschung der Wettbewerbssituation (wie Angebote, Stärken und Schwächen von Wettbewerbern) oder Selbstdurchführung ebendieser [SCH53]
- Normen, Richtlinien und Technische Standards von übergeordneten Verbänden oder Branchenverbänden (wie der *Verband der Deutschen Ingenieure VDI* und *Verband der Deutschen Automobilindustrie VDA*) und nationalen und internationalen Normungsinstitutionen (wie das *Deutsche Institut für Normung DIN, American Society for Testing and Materials ASTM* und *International Organization for Standardization ISO*)
- Technische Regeln von Berufsgenossenschaften und Unfallkassen sowie deren Verbände (wie die *Berufsgenossenschaft Holz und Metall BGHM* und die *Deutsche Gesetzliche Unfallversicherung DGUV*)

Informationsquellen für indirektes Marktumfeld

- Regularien (Gesetze, Verordnungen und Verwaltungsvorschriften) des nationalen und europäischen Gesetzgebers in Bezug auf Arbeitsmedizin sowie Betriebs- und Arbeitsschutz (wie *Technische Regeln für Gefahrstoffe TRGS*)
- Studien und Umfragen der empirischen Sozialforschung gesellschaftlicher Trends
- Studien zum Marktvolumen und Marktausrichtung

Informationsquellen für Technologie

- Technische Datenblätter und Dokumentationen von Maschinen der Technologiegeber
- Marketing- und Werbematerial der Technologiegeber
- Befragungen von Vertretern der Technologiegeber
- Marktstudien von unabhängigen Dritten (wie von Unternehmensberatungen)
- Wissenschaftliche Veröffentlichungen (wie Studien und Hochschulschriften)
- Befragungen von Experten der Technologienehmer/Anwender

3.3 Anforderungsstrukturierung

In der Phase der Anforderungsstrukturierung wird eine Struktur für die erfassten Anforderungen geschaffen, um insbesondere nach einer umfangreichen Anforderungserfassung die Übersichtlichkeit und Komplexitätsbeherrschung zu erhöhen und damit die Weiterverarbeitungsmöglichkeit im Rahmen der Anforderungsanalyse zu verbessern [SCH02, S. 41]. So können bereits in der Phase der Anforderungsstrukturierung erste Tendenzen der Anforderungen in Bezug auf deren Eigenschaften ersichtlich werden.

Die konkrete Zielsetzung und Umsetzung der Anforderungsstrukturierung liegt in der

- Überführung der abhängig von der angewendeten Erfassungstechnik u. a. natürlichsprachlich formulierten Anforderungen in formalisierte und prägnante Dokumentation mittels der *Requirement-Card*, wenn dies nicht bereits in der Phase der Anforderungserfassung erfolgt ist.
- Hierarchisierung und Homogenisierung des Niveaus der Detaillierung und Abstraktion der Anforderungen mittels Aufstellung von Eltern-Kind-Beziehungen.
- Aufdeckung von Bezügen und Abhängigkeiten der Anforderungen zueinander – Konflikte, Abhängigkeiten, Verstärkungen oder gegenseitiger Ausschluss – mittels Plausibilitätsprüfung und Klassifizierung der Anforderungen entsprechend der Eigenschaften und Anforderungssteller.

Die beschriebenen und dokumentierten Anforderungen aus dem *primären Teilmodell* werden mittels Eingliederung und Zuordnung der Anforderungen in die Ebenen des *sekundären Teilmodells* (*Mikro-, Meso- und Makro-Ebene*) überführt (vgl. Abschnitt 3.1.3). Weiterhin erfolgt die Klassifizierung thematisch ähnlicher und voneinander abhängiger Anforderungen in den einzelnen Ebenen des *sekundären Teilmodells* in Anforderungsklassen.

3.4 Anforderungsverständigung

Die Erfassung der Anforderungen der verschiedenen internen und externen Anforderungssteller können Widersprüche und Konflikte erzeugen, wodurch eine Spezifikation der QM-Maßnahmen auf Basis der Anforderungen erschwert wird. Diese Widersprüche und Konflikte auf Basis der Heterogenität der Anforderungen und Anforderungssteller werden in der Phase der Anforderungsverständigung mittels einer Offenlegung dieser Konflikte auf Basis der Anforderungseigenschaften im *primären Teilmodell* gelöst. Daran schließt sich eine Priorisierung der erfassten Anforderungen [SCH02, S. 42]. Die Priorisierungskriterien für die Durchführung der Priorisierung der Anforderungen sind die Eigenschaften der *Folge* im *primären Teilmodell* des Anforderungsmodells:

- Kritikalität: Priorisierung der Anforderungen mit höchster Kritikalität (geringe Folgerisiken)
- Machbarkeit: Priorisierung der Anforderungen mit höchster Machbarkeit (geringer Umsetzungsaufwand)
- Dringlichkeit: Priorisierung der Anforderung mit höchster Dringlichkeit (kurzfristige Umsetzung)

Dabei kann die Durchführung der Priorisierung anhand dieser Priorisierungskriterien quantitativ mithilfe einer tabellarischen Auflistung und Sortierung oder qualitativ mittels grafischer Darstellung (vgl. Abbildung 30) erfolgen.

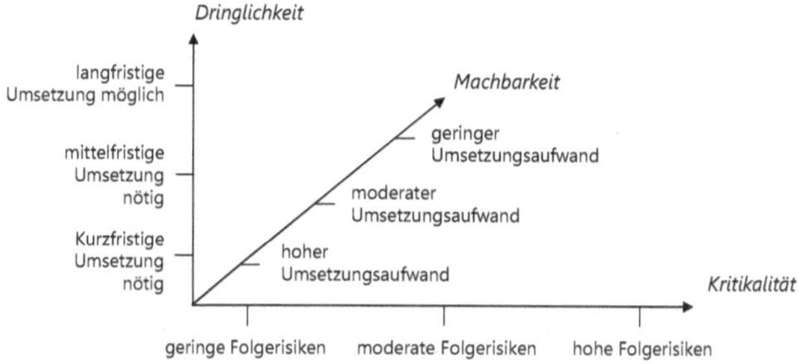

Abbildung 30: Grafische Darstellung der Priorisierungskriterien anhand der Folgeeigenschaften im primären Teilmodell des Anforderungsmodells

Neben diesen Priorisierungskriterien der Folgeeigenschaften der Anforderungen können die einzelnen Anforderungen entsprechend den zugeordneten Ebenen und Anforderungsklassen im *sekundären Teilmodell* des Anforderungsmodells priorisiert werden. So können beispielsweise alle Anforderungen in der *Mikro-Ebene* höher priorisiert werden als die in der *Makro-Ebene*. Die Anforderungen werden nach der Priorisierung zusammengefasst, verallgemeinert und für die Dokumentation vorbereitet [SCH02, S. 42].

3.5 Anforderungsdokumentation

Die Gesamtheit der Anforderungen an ein Verfahren und Produkt wird in der industriellen Umsetzung in Form eines Lastenheftes nach VDI 669901:2009 zeitpunktbezogen zusammengefasst [DIN09c]. Im Allgemeinen wird dies unter dem Begriff der Anforderungsdokumentation oder Anforderungsspezifikation verstanden [RUP20, S. 306]. Im Rahmen dieser Arbeit werden die erfassten, strukturierten und verständigten Anforderungen in modellbasierter Form in einem Anforderungsprofil visualisiert und dokumentiert. Die Anwendung dieser Anforderungsprofile als Zielsysteme ermöglicht zum einen die Gewinnung der Übersichtlichkeit im Kontext der Komplexitätsbeherrschung und zum anderen die nachgelagerte Priorisierung einzelner Dimensionen und/oder Ebenen hinsichtlich der Umsetzung der Anforderungen in Maßnahmen für das QM. Daneben unterstützt die Anforderungsdokumentation die Verstetigung der analysierten Anforderungen und der damit verbundenen Informationen. Das *Matrix-Anforderungsprofil* bildet damit die Basis der sukzessiven Ableitung von QM-Maßnahmen.

Das *Matrix-Anforderungsprofil* basiert als visuelle Darstellung der analysierten Anforderungen auf den Dimensionen des tertiären Modells des Anforderungsmodells - Bauteil, Fertigungsprozess, Prozesskette und Produktion. Diese Dimensionen sind als Zeilen in einer Matrix angeordnet. Diesen Zeilen werden die Ebenen des *sekundären Teilmodells* - *Mikro-Ebene, Meso-Ebene* und *Makro-Ebene* - als Spalten gegenübergestellt. Dadurch wird eine 4×3-Matrix durch das *sekundäre* und *tertiäre Teilmodell* aufgespannt. Durch diese Kopplung der vertikalen und horizontalen Auftragung können die analysierten Anforderungen entsprechend deren Zuordnung des sekundären und *tertiären Teilmodells* visualisiert werden (vgl. Abbildung 31).

Die Eintragung der Anforderungen und damit deren Zuordnung in die Teilmodelle und deren Dokumentation erfolgt in Position, Größe und Gestaltung in jeweils drei Stufen entsprechend den Eigenschaften des *primären Teilmodells*:

- Eigenschaft der **Kritikalität** durch aufsteigend horizontaler Positionierung des Symbols der Anforderung in das *Matrix-Anforderungsprofil* der jeweiligen Ebene des *sekundären Teilmodells* in drei Schritten von ‚unkritisch' (links), über ‚neutral' (mittig) bis ‚kritisch' (rechts). Innerhalb dieser drei Schritte erfolgt in der horizontalen Positionierung keine weitere Unterpriorisierung.
- Eigenschaft der **Machbarkeit** durch aufsteigende Größe der Symbole der Anforderung in drei Schritten von ‚mit hohem Aufwand machbar' (klein), über ‚mit moderatem Aufwand machbar' (mittelgroß) bis ‚mit geringem Aufwand machbar' (groß).
- Eigenschaft der **Dringlichkeit** durch Darstellung der Symbole der Anforderungen in drei Grautönen von ‚nicht dringend' (weiß), über ‚eher dringend' (grau) bis ‚dringend' (schwarz).

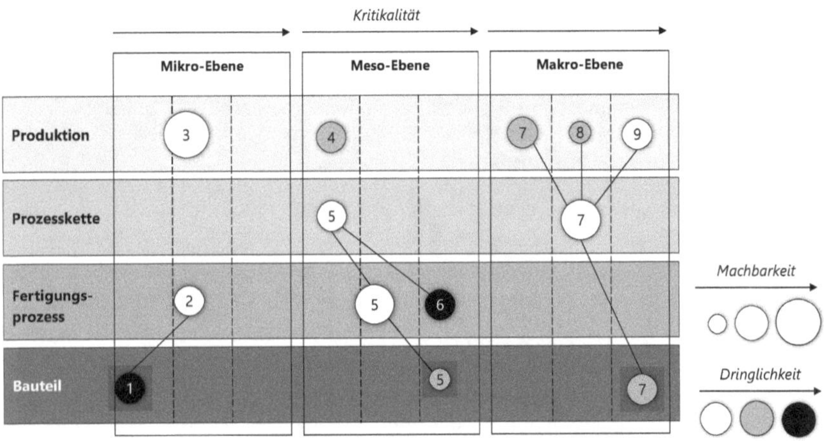

Abbildung 31: Matrix-Anforderungsprofil mit beispielhaft dokumentierten Anforderungen 1–7

3.6 Zwischenfazit

Die Anforderungen verschiedener Anforderungssteller konnten mittels des entwickelten Anforderungsmodells systematisch erfasst, strukturiert, verständigt und im Anforderungsprofil dokumentiert werden. Diese Anforderungen, insbesondere des externen Kunden, bilden die Basis für die Spezifizierung des Bauteils und der Gestaltung des Prozessumfelds sowie der Ableitung von konkreten QM-Maßnahmen.

4 Produktionsmodellierung und Aufwand-Nutzen-Betrachtung qualitätssichernder Maßnahmen

Auf Basis der erfassten und analysierten Anforderungen im vorangegangenen Kapitel werden in diesem Kapitel zunächst die Bauteilspezifikation definiert. Über die Bauteilspezifikation wird anschließend der Aufbau des Produktionsumfelds zur Realisierung des spezifizierten Bauteils definiert. Die im Produktionsumfeld notwendigen qualitätssichernden Maßnahmen können mittels des vorgestellten Modells hinsichtlich deren Qualitätsaufwände bewertet werden. Abschließend werden marktverfügbare Systeme zur Prozessüberwachung hinsichtlich deren Aufwand-Nutzen-Verhältnis bewertet.

4.1 Entwicklung eines Produktionsmodells

In der vorliegenden Arbeit wird ein Produktionsmodell genutzt, um methodisch unterstützt die Bauteilspezifikation zu definieren und das Produktionsmodell strukturiert abzuleiten. Gleichzeitig können hieran Maßnahmen für das QM abgeleitet werden.

4.1.1 Spezifikation des Bauteils

Das Kernelement des Produktionsmodells bildet die Spezifikation des Bauteils. Die Fertigung des spezifizierten Bauteils ist dabei die globale Zielstellung des Produktionsumfelds und damit auch des QM. Dabei erfolgt die Spezifikation des Bauteils in direkten, primären Spezifikationen und indirekten, sekundären Spezifikationen. Die *primären Spezifikationen* beschreiben die grundsätzlichen Eigenschaften des Bauteils und sind daher durch die Methodik nicht beeinflussbar. Sie leiten sich direkt aus den Anforderungen des externen Kunden und deren Anwendungen ab (vgl. Abbildung 32):

- **Werkstoff**
- **Zielgrößen der Bauteilqualität** (bspw. relative Dichte, Oberflächengüte)
- **Größe und geometrische Abmessungen**
- **Komplexität** (Formkomplexität, hierarchische Komplexität, Materialkomplexität und funktionale Komplexität) [KUM18, S. 78]

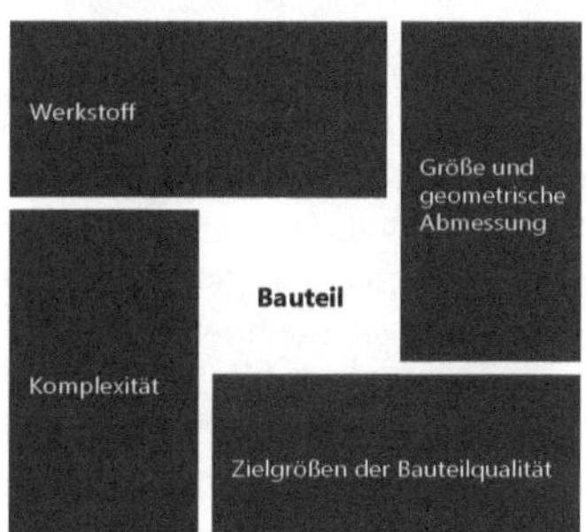

Abbildung 32: Schematische Darstellung der primären Spezifikationen des Bauteils

Sekundäre Spezifikationen sind im Gegensatz zu den *primären Spezifikationen* veränderlich, ohne die grundsätzlichen Eigenschaften des Bauteils zu beeinflussen. Diese sind mittelbar relevant für die Fertigungsprozesskette und damit das QM. Die sekundären Spezifikationen beziehen sich auf Informationen zum Prozessablauf sowie den Produktionsbedarfen. Im Kontext der additiven Fertigung und insbesondere beim PBF-LB/M ist hervorzuheben, dass in der industriellen Einzelteilfertigung entsprechend der primären Spezifikationen und Stellgrößen verschiedene Einzelteile in einem Fertigungsauftrag zusammengefasst und auf einer Bauplatte gefertigt werden.

- **Stückzahl und Losgröße**: Anzahl der Bauteile für Fertigungsauftrag auf einer Bauplatte
- **Varianz der primären Spezifikation innerhalb Fertigungsauftrag**: Ausmaß an unterschiedlichen Bauteilen und Bauteilspezifikationen innerhalb Fertigungsauftrag auf einer Bauplatte
- **Wirtschaftliche Zielkriterien:** insbesondere Kosten pro Bauteil
- **Wiederholhäufigkeit des Bauteils und Loses**: einmaliger oder repetitiver Fertigungsauftrag

Abbildung 33: Schematische Darstellung der sekundären Spezifikationen des Bauteils

4.1.2 Ableitung des Produktionsumfelds

Auf Basis der Bauteilspezifikationen kann das Produktionsumfeld abgeleitet und beschrieben werden, welches notwendig ist, um die Bauteilspezifikationen zu erfüllen. Gleichzeitig können im Produktionsumfeld die Schwerpunkte für das QM und die darunter gegliederten qualitätssichernden Maßnahmen definiert werden. Für das PBF-LB/M kann das Produktionsumfeld und die Schwerpunkte des QM anhand von wissenschaftlichen Arbeiten sowie technischen Standards in die folgenden Einheiten untergliedert werden [DIN20c, DIN19b, DIN19d, DIN18a, DIN18b, FUL17, UNI15, S. 2, SEY18, S. 34, REH10, S. 53, EIS09, SCH12, S. 2, REI12, S. 3].

- **Bauteil**
- **Fertigungsprozess und Fertigungsmaschine**
- **Prozesskette** mit Bauteil-, Werkstoff- und Informationsflüssen
- **Produktion**

Abbildung 34 zeigt den schematischen Aufbau eines Produktionsumfeldes zur Fertigung von Bauteilen. Dabei werden kontinuierlich-repetitive Prozesse betrachtet, die bei der Fertigung der Bauteile notwendig sind, wie beispielsweise das Rüsten der Fertigungsmaschine. Diese werden ergänzt durch sporadisch-repetitive Prozesse, die nicht bei jedem Fertigungsdurchlauf durchgeführt werden müssen, wie beispielsweise Instandhaltung [BAY21, S. 280, VDI19a].

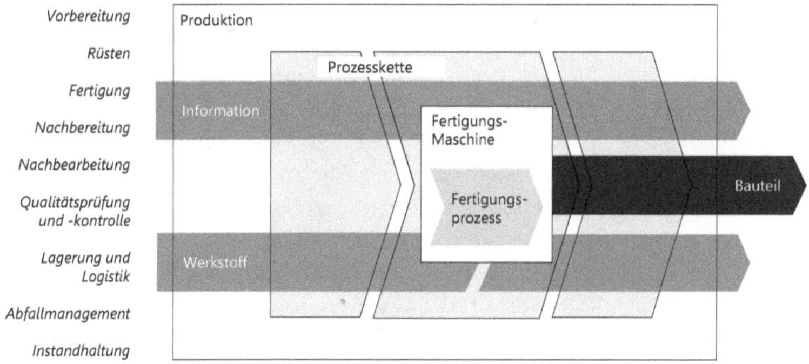

Abbildung 34: Schematische Darstellung des Produktionsumfelds

Das Zentrum des Produktionsmodells bildet dabei die Fertigungsmaschine und der Fertigungsprozess, in der die schichtweise Belichtung und damit Generierung der Bauteilstruktur stattfindet. Dieser Fertigungsprozess wird umgeben von vor- und nachgelagerten Prozessen. Die aus diesen einzelnen Prozessen eingehenden und ausgehenden Ströme bilden werkstoffbezogene und informationsbezogene Unterstützungsprozesse der Prozesskette. Die Prozesskette wird umgeben von der Produktion. Die Produktion umfasst die Rahmenbedingungen der Prozesskette.

Fertigungsprozess und Fertigungsmaschine

Die Einheit der Fertigungsmaschine umfasst das direkte Umfeld im Fertigungsprozess der Beschichtung und Belichtung. Dies schließt die wesentlichen Komponenten der Fertigungsmaschine, wie die Laser-/Scanner-Komponente (optisches System), die Bauplattform, die Beschichtungseinheit, die Prozessgaseinheit sowie die Steuerungen der bewegten Maschinenteile ein. Neben den Hard- und Softwarekomponenten für den Betrieb der Fertigungsmaschine beinhaltet die Einheit der Fertigungsmaschine die Wartung und Instandhaltung sowie Kalibrierung der Komponenten.

In der additiven Fertigung finden die Phasen der Werkstoffverbindung und Formgebung im selben Prozess stattfinden. Daraus folgt eine hohe Abhängigkeit der Bauteilqualität von den Einflussgrößen und Rahmenbedingungen des Fertigungsprozesses in der Fertigungsmaschine [WIT20, S. 23]. Für die Erfassung der Einflussgrößen sind in der Fertigungsmaschine insbesondere Stellgrößen der Fertigungsmaschine sowie die Zustandsgrößen während des Fertigungsprozesses von Bedeutung.

Prozesskette mit Bauteil-, Werkstoff- und Informationsflüssen

Die Prozesskette umfasst übergeordnet die Fertigungskette zur Herstellung des Bauteils (Bauteilflüsse) sowie dieser untergeordnet die Werkstoff- und Informationsflüsse. Die Werkstoffflüsse umfassen alle Prozesse, die in Bezug zur Handhabung des Werkstoffs stehen, während im Informationsfluss die erfassten Informationen in Bezug auf die Einflussgrößen sowie Spezifikationen des Werkstoffs und des Bauteils zusammengefasst werden.

In der Einheit der Prozesskette werden die dem Fertigungsprozess vor- und nachgelagerten Prozesse zusammengefasst. Diese umfassen die Maschinen- und Prozessvorbereitung (Pre-Prozess) mit der Spezifikation und Qualitätsprüfung des Werkstoffs sowie die Pulverhandhabungs- und -lagerungsprozesse. Nach dem Fertigungsprozess werden die Maschinen- und Prozessnachbearbeitung (Post-Prozess) im Produktionsmodell aufgenommen. Im Kontext des QM sind hier insbesondere die Pulverentfernung, -aufbereitung und -chargierung sowie die Qualitätskontrolle der Spezifikationen der Bauteile relevant. Von den Spezifikationen und Anforderungen an die Bauteile schließen sich die anwendungsspezifischen Nachbearbeitungsprozesse des Bauteils, wie Wärmebehandlung und Heißisostatisches Pressen, an. Für die Erfassung der Einflussgrößen sind entlang der Prozesskette die Stellgrößen der Maschinen und Prozesse sowie deren Zustandsgrößen sowie die Stoffgrößen des Werkstoffs von Bedeutung.

Produktion

Die Einheit der Produktion umfasst die Prozesskette umgebenden Rahmenbedingungen. Diese beinhalten die technischen Rahmenbedingungen, wie Installations- und Aufstellbedingungen der Maschinen und Anlagen, Klimatisierung und Konditionierung der Produktionsumgebung sowie infrastrukturelle Rahmenbedingungen, wie Produktionsumgebung, Prozessmittel und IT-Infrastruktur. Weiterhin werden organisatorische Rahmenbedingungen, wie Wissensmanagement, Arbeitssicherheit und Sauberkeit, sowie personelle Rahmenbedingungen, wie Qualifizierung und Kompetenzen des eingesetzten Personals, in die Einheit der Produktion integriert.

4.1.3 Zielgrößen der Bauteilqualität und deren Einflussgrößen

In der vorliegenden Arbeit werden die Zielgrößen der Bauteilqualität anhand der hauptsächlichen Qualitätsmerkmale als Haupteigenschaften von Bauteilen aus DIN EN ISO 17296-3:2016 [DIN16a, S. 7] beschrieben. Dabei liegt der Schwerpunkt auf den in Tabelle 10 gelisteten Zielgrößen.

Tabelle 10: Fokussierte Zielgrößen sowie deren Einflusseffekte und Schwerpunktsetzung für das QM

Zielgröße	**Einflusseffekt auf die Zielgröße**	**Schwerpunktprozesse für das QM**
Form- und Maßhaltigkeit 	Schrumpfung Schwindung Verzug	Fertigungsprozess Fertigungsspezifische Nachbearbeitung
Relative Dichte 	Porosität Gefüge	Pulverlagerung und -konditionierung Fertigungsprozess Pulveraufbereitung
Oberflächengüte 	Materialanhaftungen Treppenstufeneffekt Bauteilpositionierung	Bauteildatenvorbereitung Fertigungsprozess Pulveraufbereitung
Zugfestigkeit 	Porosität Bauteilpositionierung	Bauteildatenvorbereitung Pulverlagerung und -konditionierung Fertigungsprozess Pulveraufbereitung
Defektfreiheit 	Porosität	Pulverlagerung und -konditionierung Fertigungsprozess

Einflussgrößen

Eine bewährte Grundlage der Betrachtung der Einflussgrößen in der Produktions- und Fertigungstechnik ist typischerweise das sogenannte *Ursprungs-Diagramm (Ishikawa-Diagramm)* nach der 5-M-Methode [ISH81, S. 18, LIN18, S. 265]. Mithilfe dieser Methode werden die Einflussfaktoren industrieller Produktionsprozesse in den Dimensionen *Mensch, Milieu, Maschine, Methode* und *Material* abgeleitet [RIN99, ESC12, S. 19]. Dieser Grundstruktur folgend können die Einflussgrößen auf die Bauteilqualität beim PBF-LB/M in Stoffgrößen, Stellgrößen und Zustandsgrößen unterteilt werden (vgl. Abbildung 36).

Die Arbeiten von unter anderem *Eisen, Sehrt, Rehme, Heß, Krauss* und *Seyda* bilden dabei ein Gesamtbild der Relevanz sowie der Korrelationen der Einflussgrößen in der Prozesskette des PBF-LB/M [EIS09, SEH10, REH10, HEß15, KRA16, SEY18].

Stoffgrößen

Mit Stoffgrößen werden die Pulvereigenschaften zu Beginn der Prozesskette und bei der regelmäßigen Pulverprüfung charakterisiert. Beispiele hierfür sind die Partikelverteilung, die Partikelgröße und die Fließfähigkeit.

Stellgrößen

Mittels Stellgrößen können die Prozesse parametriert und gesteuert werden, wie bspw. der Scanlinienabstand und die Laserleistung beim Fertigungsprozess oder der Strahldruck bei der nachgelagerten Bauteiloberflächennachbearbeitung.

Zustandsgrößen

Zustandsgrößen beschreiben die Prozess- und Umgebungsbedingungen während des Fertigungsprozesses sowie aller anderen vor- und nachgelagerten Prozesse. Beispiele hierfür sind die Umgebungstemperatur bei der Lagerung und dem Fertigungsprozess, der Schutzgasvolumenstrom beim Fertigungsprozess sowie der Restsauerstoffgehalt bei der Lagerung und im Fertigungsprozess.

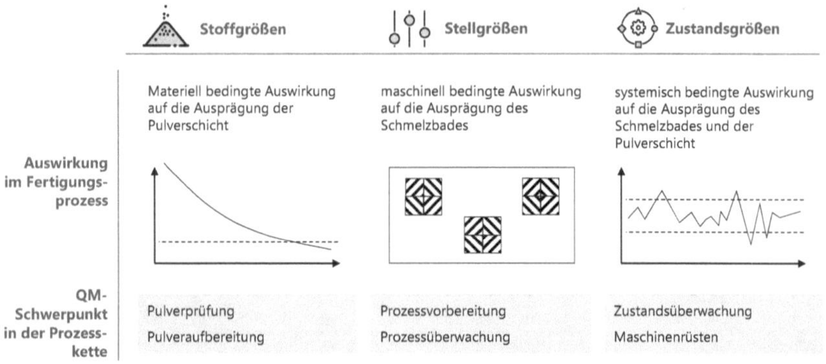

Abbildung 35: Charakteristik der Einflussgrößen Stoffgröße, Stellgröße und Zustandsgröße in Bezug auf den Fertigungsprozess und die Prozesskette

4.1.4 Zusammenfassung in Produktionsmodell

Mit den vorgelagert spezifizierten Informationen und Rahmenbedingungen kann das Produktionsmodell abgeleitet werden (vgl. Abbildung 36). Im Produktionsmodell werden die Spezifikation des Bauteils, das Produktionsumfeld sowie die bauteilrelevanten Zielgrößen und Einflussgrößen der Bauteilqualität gebündelt strukturiert.

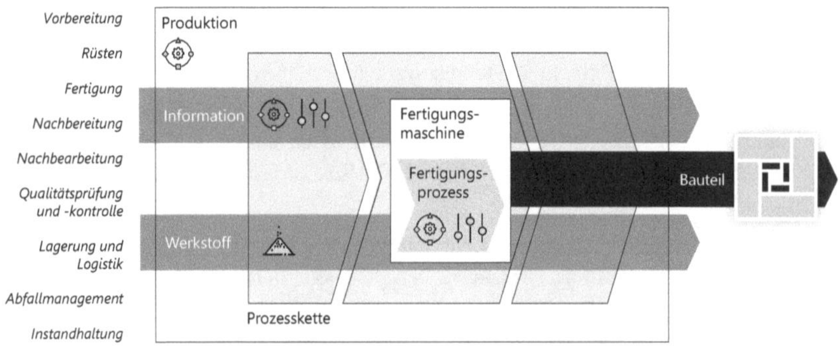

Abbildung 36: Produktionsmodell mit Einflussgrößen

4.2 Entwicklung eines mathematischen Modells zur qualitativen Determinierung des Qualitätsaufwands

Die qualitative Determinierung des Qualitätsaufwands erfolgt auf Basis des Ansatzes der Prozesskostenrechnung. Dieser Ansatz wird praktikabel weit verbreitet eingesetzt, um die Qualitätskosten zu bestimmen [VOE12, SCH10, SCH18b, S. 55]. Demzufolge soll dieser Ansatz als Grundlage für das mathematische Modell zur qualitativen Determinierung des Qualitätsaufwands dienen. Für die Betrachtung des Qualitätsaufwandes qualitätssichernder Maßnahmen für das PBF-LB/M muss der Prozesskostenrechnungsansatz erweitert werden. Grund hierfür ist, dass für die Vorbereitung, Durchführung sowie Auswertung qualitätssichernder Maßnahmen insbesondere beim PBF-LB/M ein gewisser zeitlicher Aufwand aufgrund manueller Tätigkeiten und fragmentierter QS-Technologien verbunden ist (vgl. Abschnitt 1.2) [CAV17, S. 26, WIT20, S. 23, WOH21, S. 187]. Darüber hinaus ist in Bezug auf die pulver- und schmelzmetallurgischen Prozesse und Effekte beim PBF-LB/M für die Nutzbarmachung qualitätssichernder Maßnahmen ein gewisses Prozessverständnis sowie Qualifikationen und Erfahrungen notwendig (vgl. Abschnitt 1.2 und Kapitel 0) [PER19, S. 15, YAD20]. Daher wird der Ansatz der Prozesskostenrechnung in der vorliegenden Arbeit um eine zeitliche und qualifikatorische Komponente ergänzt. Der Qualitätsaufwand umfasst daher die Ressourcen des

- monetären Aufwands (Kostenaufwand), des
- zeitlichen Aufwands (Zeitaufwand), sowie des
- qualifikatorischen Aufwands (Wissensaufwand).

Wissen beinhaltet im Rahmen dieses mathematische Modell zum einen das formalisierte und dokumentierte explizite Wissen von Mitarbeitenden, welches insbesondere über Medien und Schulungen gespeichert ist. Zum anderen wird das implizite Wissen von Mitarbeitenden eingeschlossen, das subjektive Handlungsweisen und Intuition sowie Erfahrung der Mitarbeitenden einschließt. [POL09, REH96, S. 7, NON95, S. 8]

Der Wissensaufwand ist insbesondere im Kontext der qualitätssichernden Maßnahmen für das PBF-LB/M relevant, da diese Maßnahmen sich durch eine hohe Komplexität und manuellem Auswerteaufwand auszeichnen. Daher sind hierfür erweitertes Prozesswissen und Qualifikationen notwendig. Weiterhin umfassen die in der vorliegenden Arbeit betrachteten Qualitätsaufwände von qualitätssichernden Maßnahmen die Phasen des QM der Qualitätsprüfung, Qualitätssteuerung und Qualitätskontrolle nach ISO 9001:2015 [DIN15b].

Zur qualitativen Determinierung des Qualitätsaufwands qualitätssichernder Maßnahmen in der Prozesskette des PBF-LB/M wird ein mathematisches Modell entwickelt. Diese Modellbildung ist für die unternehmensspezifische Überführung der qualitativen Ergebnisse dieses Modells in quantifizierte Daten notwendig. Darüber hinaus stellt ein möglichst allgemeingültiges Modell die Anwendbarkeit auch bei unternehmensspezifischen Prozessketten sicher.

4.2.1 Mathematische Modellierung

Zur Verallgemeinerung und damit hohen Anwendbarkeit insbesondere bei KMU, muss die Prozesskette in ein allgemeines und modulares Qualitätsaufwandsmodell überführt werden (vgl. Abbildung 37). Dazu werden die einzelnen Prozesse in der Prozesskette in die folgenden vier Arten von Prozessen unterteilt:

- Kernprozesse (KP) sind zur Bauteilfertigung unmittelbar notwendig.
- Qualitätsprozesse (QP) sind zur Sicherstellung der Bauteilqualität notwendig.
- Unterstützungsprozesse (UP) sind zur Unterstützung des Fertigungsablaufs und der Sicherstellung der Bauteilqualität notwendig.

Dabei sind die einzelnen Prozesse in einer systematischen Reihenfolge miteinander verknüpft und ergeben die Prozesskette.

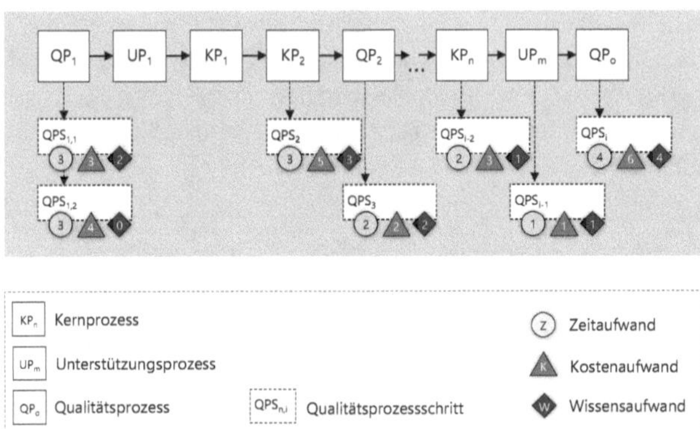

Abbildung 37: Allgemeines und modulares Qualitätsaufwandsmodell

Wie in Abbildung 37 schematisch dargestellt ist, werden bei einzelnen aufgeführten KP_n, UP_m und QP_o qualitätssichernde Maßnahmen durchgeführt. Dies wird im Qualitätsaufwandsmodell durch einen dem jeweiligen Prozess untergeordneten Qualitätsprozessschritt QPS gekennzeichnet. Der QPS kann dabei in allen Prozessarten ausgeführt werden. Bei jedem einzelnen QPS_i tritt in der Vorbereitung und Durchführung der qualitätssichernden Maßnahmen ein gewisser Qualitätsaufwand in Form des Zeitaufwands $A_{Z,j}$, Kostenaufwands $A_{K,j}$ und Wissensaufwands $A_{W,j}$ auf. Dabei nehmen die Qualitätsaufwände Punktwerte (Dimension ‚Pkt.') von 1 bis 5 auf einer Ordinalskala an (vgl. Abschnitt 4.2.2). Diese einzelnen Qualitätsaufwände setzen sich dabei wie folgt zusammen:

$$A_{Z,j} = A_{Z,j,Vorbereitung} + A_{Z,j,Durchfuehrung} + A_{Z,j,Auswertung} + A_{Z,j,Pruefkoerper} \tag{4-1}$$

$$A_{K,j} = A_{K,j,Messmittel,Invest} + A_{K,j,Messmittel,laufend} + A_{K,j,Messmittel,Betrieb} + A_{K,j,Vorbereitung} + A_{K,j,Pruefkoerper} + A_{K,j,Auswertung} \tag{4-2}$$

Die laufenden und Betriebskosten für das Messmittel beziehen sich auf den Betrachtungszeitraum von einem Jahr, da dies eine qualitative Determinierung unabhängig von der Nutzungsintensität der qualitätssichernden Maßnahme ermöglicht.

$$A_{W,j} = A_{W,j,Vorbereitung} + A_{W,j,Durchfuehrung} + A_{W,j,Auswertung} \tag{4-3}$$

mit

$$A_{Z/K/W,Pruefkoerper} = A_{Z/K/W,Pruefkoerperfertigung} + A_{Z/K/W,Pruefkoerperpraeparation} \tag{4-4}$$

Werden einzelne qualitätssichernde Maßnahmen nicht für jedes Bauteil oder jedes Los durchgeführt, können diese Qualitätsaufwände mit dem Stichprobenfaktor *SPF* multipliziert werden. Somit werden die betreffenden Qualitätsaufwände um den Kehrwert der Stichprobengröße *n* reduziert (Gleichung 4-5).

$$SPF = \frac{1}{n} \tag{4-5}$$

Mathematisch formulieren lässt sich somit der Gesamt-Zeitaufwand A_Z, der Gesamt-Kostenaufwand A_K und der Gesamt-Wissensaufwand A_W durch die Summation der Zeit-, bzw. Kosten- und Wissensaufwände jedes QPS_i (Gleichungen 4-6).

$$A_Z = \sum_{j=1}^{x} A_{Z,j} \qquad A_K = \sum_{j=1}^{y} A_{K,j} \qquad A_W = \sum_{j=1}^{z} A_{W,j} \tag{4-6}$$

Zur besseren Veranschaulichung ist in Abbildung 38 der Zuwachs der Qualitätsaufwände im Verlauf einer exemplarischen Prozesskette des PBF-LB/M grafisch dargestellt.

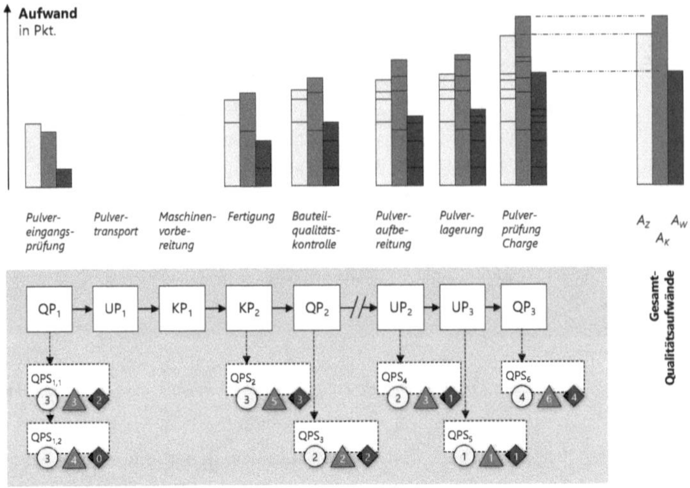

Abbildung 38: Veranschaulichung des Zuwachses der Qualitätsaufwände über den Verlauf entlang der Prozesskette, in Anlehnung an [SCH18b, S. 58]

4.2.2 Qualitativer Qualitätsaufwand ausgewählter Prozesse

Die qualitative Bewertung basiert auf einer für alle Bewertungskriterien ordinalen Fünf-Punkte-Bewertungsskala [BRE97, S. 45]. Dabei werden den Bewertungszahlen Zeit- bzw. Kostenbereiche zugeordnet. Die Zeit- und Kostenbereiche sind dabei so gewählt, dass die betreffenden Qualitätsaufwände typischer qualitätssichernder Maßnahmen in der Prozesskette des PBF-LB/M differenziert bewertet werden können (Tabelle 11). Die Bewertung des Wissens erfolgt in Anlehnung an die Kompetenzstufen nach *Dreyfus* [DRE80].

Tabelle 11: Bewertungsskala des Qualitätsaufwands

Bewertung	Zeit	Kosten	Wissen
1	< 1 min	< 1.000 €	Anfänger, kein bis wenig Wissen
2	< 10 min	< 5.000 €	Fortgeschrittener Anfänger mit Grundlagenwissen
3	< 30 min	< 10.000 €	Kompetenter Akteur mit technisch-physikalisch-chemisch erweitertem Wissen
4	< 60 min	< 50.000 €	Gewandter Experte mit fachkundigem Wissen
5	≥ 60 min	≥ 50.000 €	Geübter Meister mit erweitertem Expertenwissen

In Tabelle 12 sind auf Basis dieser Bewertungsskala Qualitätsaufwände ausgewählter Erfassungsmethoden von Stoffgrößen der Prozesskette des PBF-LB/M qualitativ bewertet. Die Zeitbewertung bezieht sich auf die Erfassung der Stoffgröße einer Pulverprobe. Die Kostenbewertung basiert auf Listenpreisen. Die Datengrundlage sind Literaturquellen, Informationen der Systemanbieter und eigene Erhebungen.

Tabelle 12: Qualitative Qualitätsaufwände ausgewählter Erfassungsmethoden von Stoffgrößen

		Zeitaufwand A_Z in Pkt.			**Kostenaufwand** A_K in Pkt.					**Wissensaufwand** A_W in Pkt.			
Stoffgröße	**Erfassungsmethode**	Vorbereitung	Durchführung	Auswertung	Messmittel, Investition	Messmittel, laufend	Messmittel, Betrieb	Vorbereitung	Auswertung	Vorbereitung	Durchführung	Auswertung	Quellen
chemische Zusammensetzung	Röntgenfloureszenzspektroskopie	3	4	4	5	1	1	1	0	4	4	2	1; 2; 3; 4; 5
	Energiedispersive Röntgenspektroskopie	3	4	4	5	1	1	1	0	4	4	4	1; 6
Fließfähigkeit	Durchflussmessung (Hall flowmeter)	2	3	2	1	0	0	0	0	4	3	4	1; 7
	Powder Analyzer	3	4	4	4	1	1	1	0	4	5	4	1; 8
Partikelgrößenverteilung/ Morphologie	Rasterelektronenmikroskop	5	5	5	5	2	2	1	1	5	5	5	1
	Dynamische Bildanalyse	2	3	4	5	2	2	1	1	4	4	4	1; 9; 10; 11
Pulverfeuchtigkeit	Thermogravimetrie	3	5	4	4	1	1	1	1	3	4	4	1; 10; 12

1 [SEY18]; 2 [VDI17a]; 3 [WEL21]; 4 [TOR17]; 5 [WS17]; 6 [SPE19] 7 [SCH19b]; 8 [MET16]; 9 [MIR21]; 10 [ISO21]; 11 [RET12]; 12 [THÄ19]

4.2.3 Anwendung des mathematischen Modells

Das vorgestellte mathematische Modell kann als qualitative Determinierung des Qualitätsaufwandes angewendet werden. Dabei kann sich die prozessketten- und unternehmensspezifische Schwerpunktsetzung hinsichtlich Zeit-, Kosten- oder Qualitätsaufwand unterscheiden. Dieser Umstand kann durch die Multiplikation der Qualitätsaufwände A_Z, A_K und A_W mit dimensionslosen Gewichtungsfaktoren δ bzw. ε und φ in die Bewertung berücksichtigt werden. Diese Gewichtungsfaktoren können dabei Zahlenwerte zwischen 0 und 1 annehmen und werden prozessketten- und unternehmensspezifisch festgelegt.

Daneben können die qualitativ determinierten Qualitätsaufwände A_Z und A_K monetär quantifiziert werden. Dies ermöglicht eine anwendbare und vorstellbare Einschätzung der Qualitätsaufwände. Der Qualitätsaufwand A_W, der explizites und implizites Wissen einschließt, kann nicht oder nur schwer quantifiziert werden, da hierfür grobe Abschätzungen insbesondere in Bezug auf implizites Wissen notwendig sind [REH96, S. 13, STR82, S. 75, PIE04, S. 14]. Daher bleibt A_W im Rahmen dieser Arbeit eine qualitative Kenngröße. Die monetäre Quantifizierung von A_Z und A_K erfolgt über das Kostenäquivalenzintervall der Zeit K_Z (Dimension ‚min') bzw. der Kosten K_K (Dimension ‚€') auf Basis anhand der vorgestellten Fünf-Punkte-Bewertungsskale (vgl. Tabelle 11). Mittels des K_Z bzw. K_K kann somit dem qualifizierten Qualitätsaufwand ein Zeit- bzw. Kostenbereich zugeordnet werden (Gleichungen 4-7 und 4-8). So beträgt bspw. das Kostenäquivalenz-intervall der Zeit-Bewertung 1 $K_{Z,1} = [0; 1[$ min und das der Zeit-Bewertung 4 $K_{Z,4} = [30; 60[$ min. Dabei ist zu beachten, dass sich K_Z auf jede Durchführung der Messung und K_K auf einen Zeitraum von sechs Jahren bezieht, in welchem typischerweise die Messgeräte abgeschrieben werden [BMF01].

$$A_{Z,quant} = \sum_{j=1}^{y} A_{Z,j} \cdot K_{Z,j} \tag{4-7}$$

$$A_{K,quant} = \sum_{j=1}^{y} A_{K,j} \cdot K_{K,j} \tag{4-8}$$

Für den Zeitaufwand A_Z wird dazu ein monetärer Wertsatz W_Z in der Dimension ‚€/Zeiteinheit' eingeführt, der den monetären Wert jeder Zeiteinheit für die erforderliche Personalkraft wiedergibt (bspw. Personalstundensatz für Anlagenbedienende 50 €/h). Dieser monetäre Wertsatz W_Z kann ein unternehmens- und prozessspezifischen Wissensaufschlag inkludiert werden, wenn besondere Qualifikationen für die qualitätssichernde Maßnahme notwendig ist. Somit kann der Wissensaufwand indirekt mit dem Zeitaufwand quantifiziert werden.

Durch die Gewichtungsfaktoren der Zeit δ und der Kosten ε können unternehmensspezifische Schwerpunkte der Qualitätsaufwände gesetzt werden und damit die jeweiligen Qualitätsaufwände erhöht werden. Die prozessketten- und unternehmensspezifische Gewichtung und Quantifizierung führt zu gewichteten und quantifizierten Qualitätsaufwänden $A_{Z,gew,quant}$ und $A_{K,gew,quant}$ (Gleichungen 4-9 und 4-10).

$$A_{Z,gew,quant} = \delta \cdot W_Z \cdot A_{Z,quant} \tag{4-9}$$

$$A_{K,gew,quant} = \varepsilon \cdot A_{K,quant} \tag{4-10}$$

4.3 Aufwand-Nutzen-Analyse von Prozessüberwachungssystemen

Nach der Entwicklung eines mathematischen Modells zur qualitativen Determinierung des Qualitätsaufwands wird in diesem Abschnitt analysiert, mit welchem Aufwand welcher Nutzen bei Systemen der Prozessüberwachung bei PBF-LB/M erzielt werden kann. Dabei liegt der Fokus auf der Erfassung und Überwachung von Prozesssignaturen während des Fertigungsprozesses. Die Prozessüberwachung im Fertigungsprozess findet mittels Prozessüberwachungssystem (PüS) statt. Diese PüS werden mit dem Ziel eingesetzt, die Bauteilqualität während des Fertigungsprozesses mittels bestimmter Indikatoren festzustellen, diese nutzbar zu machen und damit umsetzungskonkrete Maßnahmen zur Sicherstellung und Steigerung der Bauteilqualität abzuleiten.

Im Rahmen der Aufwand-Nutzen-Analyse dieser Arbeit sollen PüS in deren Beschaffung, Implementierung, dem Betrieb und der Nutzung wirtschaftlich und technisch miteinander verglichen werden (vgl. Abbildung 39). Dies dient einer technisch-wirtschaftlichen Bewertung von Investitionsentscheidungen [WÖH13]. Damit wird eine Vergleichbarkeit von Alternativen hergestellt und relevante Informationen für die Entscheidungsfindung aufbereitet [WIN14, S. 108]. In bisherigen Analysen der PüS als Zielsystem in der Wissenschaft wurden die PüS für das PBF-LB/M hinsichtlich deren wirtschaftlichen Potentiale zur frühzeitigen Fehlererkennung untersucht und Ansätze zur Quantifizierung entwickelt [KRA16, S. 167]. Eine systematische Determinierung des monetären und ressourcentechnischen Aufwands erfolgte bisher nicht.

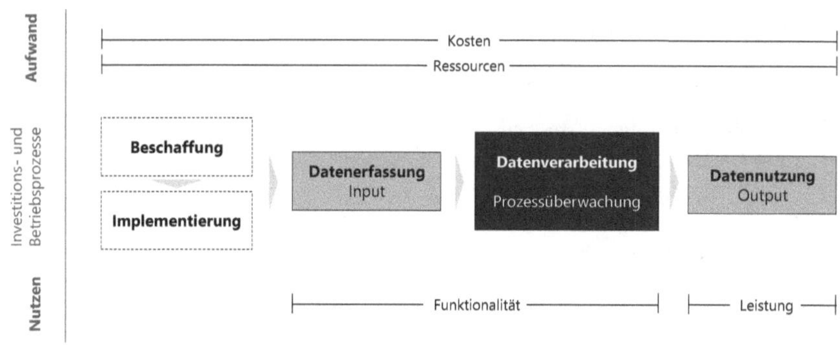

Abbildung 39: Schematische Darstellung des Aufwands und des Nutzens eines Prozessüberwachungssystems

Die monetäre Bewertung des Nutzens ist nur bedingt umsetzbar und fehleranfällig, da hierfür stark subjektive Annahmen getroffen werden müssen und ein monetärer Gegenwert nicht konkret greifbar und quantifizierbar ist [BUS15, S. 308].

Die Bewertung und Quantifizierung des Nutzens wird daher in zwei Teilbewertungen zerlegt (vgl. Abbildung 39):

- In der Teilbewertung *Funktionalität* erfolgt die technische Bewertung der Funktionsfähigkeit in Anlehnung an die Technikbewertung nach VDI 3780:2000 [VDI00].
- In der Teilbewertung *Leistung* erfolgt die technische Bewertung des Vorteils und Wertzuwachses der Nutzung des PüS, wie bspw. Qualitätsverbesserung, Kostensenkung, Produktivitätssteigerung und Flexibilitätserhöhung [HOF08, S. 26]. Dies ist ein nicht-monetärer Nutzen, der nur mittelbar einen wirtschaftlichen Beitrag und ein wirtschaftliches Potential zugewiesen werden kann [HAL02, S. 35].

Dieser Zielerfüllung in der PüS steht ein gewisser Aufwand gegenüber (vgl. Abbildung 39). Der Aufwand wird dabei nach *Westkämper* als Werteverzehr (alle verbrauchten Güter und Dienste) pro Abrechnungsperiode definiert, der sich üblicherweise auf die Kosten bezieht [WES06, S. 78]. DIN 69901-5:2009 erweitert diesen Begriff auf alle eingesetzten und nötigen Ressourcen für einen bestimmten Zweck. Er gibt an, welcher Mitteleinsatz für einen bestimmten Nutzen aufgebracht werden muss [DIN09c]. Zur Quantifizierung des Aufwands wird die Bewertung in zwei Teilbewertungen zerlegt (vgl. Abbildung 39):

- In der Teilbewertung *Kosten* erfolgt die wirtschaftliche Bewertung der PüS im Rahmen der Wirtschaftlichkeitsbetrachtung auf Basis von monetär quantifizierbaren Bewertungskriterien [VDI00].
- In der Teilbewertung *Ressourcen* werden alle nicht-monetären Bewertungskriterien im Rahmen einer technischen Bewertung analysiert.

4.3.1 Methodik zur Aufwand-Nutzen-Analyse

Die Methodik der Aufwand-Nutzen-Analyse ist an die technisch-wirtschaftliche Bewertung nach VDI 2225:1998 sowie *Vahs und Burmester* angelehnt (vgl. Abbildung 40) [VAH05, S. 189]. Die Basis der Bewertung bildet die Kostenwirksamkeitsanalyse nach *Quade* und *Haberfellner et al.* [REC70, S. 235, VOI78, S. 422, HAB19, S. 242]. Mittels dieser Analyse wird untersucht, ob der zu erwartende *Nutzen* einer Maßnahme den zu erwartenden *Aufwand* rechtfertigt. Dabei werden gezielt die monetären Effekte in die Lösungsfindung einbezogen [GER21, A-66]. Die Aufwand-Nutzen-Analyse ist dabei in zwei getrennte Teilberechnungen gegliedert. In der wirtschaftlichen Teilberechnung werden die aufzuwendenden Kosten für die PüS mittels Kostenvergleichsrechnung ermittelt [BUS15, S. 22, MEN02, S. 44]. In einer technischen Teilberechnung wird der nicht-monetär quantifizierbare *Aufwand* und *Nutzen* ermittelt. Dies erfolgt als analytische Punktebewertung in Form einer Nutzwertanalyse nach VDI 3780:2000 und *Zangemeister* [ZAN14, VDI00]. Damit ist es möglich, den *Aufwand* und *Nutzen* eines Systems in monetären und nicht-monetären Einheiten nachvollziehbar zu bewerten und deren Vergleichbarkeit zu erzielen [BUS15, S. 308, HOF08, S. 279]. Das Ergebnis der Aufwand-Nutzen-Analyse ist der **Kosten-Effektivitäts-Index (KE-Index)**. Dieser gibt die Kosten für einen Punkt der technischen Bewertung an (Dimension ‚€/Pkt.') und ermöglicht so eine technisch-wirtschaftliche Priorisierung der Bewertungsalternativen [HAB19, S. 243].

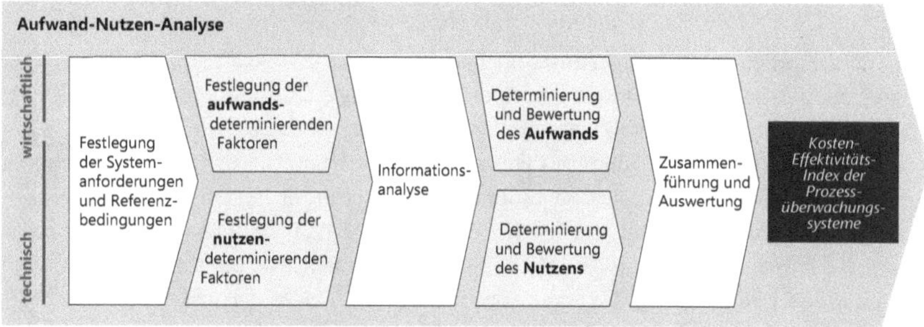

Abbildung 40: Methodik der Aufwand-Nutzen-Analyse von Prozessüberwachungssystemen

Informationsanalyse

Die Informationsanalyse erfolgt als Teil der qualitativen Datenanalyse.

- Literaturrecherche/Erhebung über den Stand der Technik über Broschüren, technische Datenblätter, Systemdokumentation der Systemanbieter zur Erfassung und Analyse allgemeiner Informationen als Basis der Informationsanalyse
- Befragungen von Systemanbietern zur Erfassung von spezifischen Informationen, die mittels vorangegangener Literaturrecherche nicht erfasst werden können
- Befragungen von Anwendern und Experten im Rahmen von Experteninterviews und Fragebögen zur Erfassung konkreter Informationen und Verifizierung der vorangegangenen spezifischen Befragung der Systemanbieter
- Analogiebildung bei nicht zu schließenden Informationslücken von anderen Technologien und Systemen (konkrete Informationsgewinnung) mit nachgelagerter Plausibilitätsprüfung [DIN09b]

Abbildung 41 zeigt die schematisch die Informationsdichte und das Informationsbild über die vier Stufen der Informationsanalyse. Mögliche Lücken von Informationen können in nachgelagerten Stufe geschlossen werden kann, sodass sich nach Abschluss der Informationsanalyse ein geschlossenes und umfängliches Informationsbild ergibt.

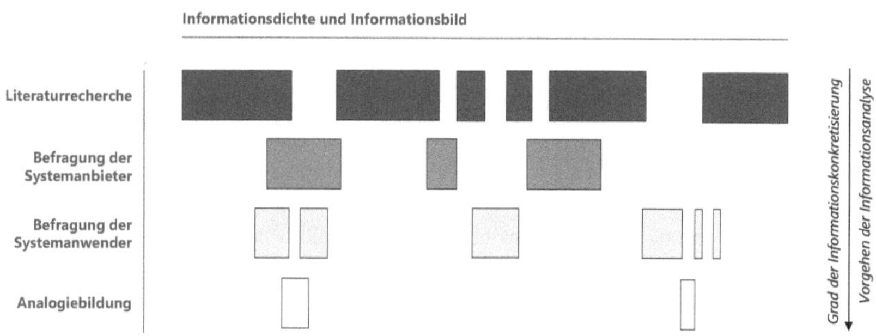

Abbildung 41: Schematische Darstellung der Informationsdichte und des Informationsbildes über die Stufen der Informationsanalyse

Wirtschaftliche Bewertung des Aufwands (Kosten)

Die wirtschaftliche Determinierung und Bewertung des *Aufwands* erfolgt anhand der Kosten der PüS in Form einer Kostenvergleichsrechnung auf Gesamtkostenbasis [HOF08, S. 51]. Dabei werden keine kalkulatorischen Kosten berücksichtigt. Die Basis der Kostenvergleichsrechnung bilden quantitative Bewertungsverfahren. Mittels dieser können Alternativen anhand numerisch bestimmbarer Bewertungskriterien entlang einer eindeutigen Rangfolge bewertet werden [HEE09, S. 112]. Als Instrument der wirtschaftlichen Bewertung dient der Ansatz der Lebenszyklusbetrachtung (Life Cycle Costing, LCC) aus VDI 2884:2005 entlang des Implementierungs- und Nutzungsprozesses eines PüS. Dabei werden folgende Stufen analysiert [VDI05, HOF12, S. 68]:

- Anforderungsidentifikation und Auswahl des Systems (Beschaffung)
  - Anforderungserfassung, -bewertung und -dokumentation
  - Recherche zu Funktionalitäten der PüS (Informationsanalyse)
  - Vorbereitung der Beschaffung und Implementierung
- Einführung des Systems (Implementierung)
  - Investition (betriebswirtschaftlich-organisatorisch)
  - Einrichtung und Inbetriebnahme (technologisch-infrastrukturell)
  - Mitarbeiterschulung
- Einsatz des Systems (Betrieb)
  - Betrieb des Systems
  - Betrieb der Unterstützungssysteme (Datenspeicherung und -verwaltung)
  - Wartung und Instandhaltung des Systems
- Auswertung und Dokumentation der durch das System generierten Informationen (Nutzung)
  - Datenvisualisierung
  - Datenverarbeitung
  - Datenauswertung

Entlang des Implementierungs- und Nutzungsprozesses eines PüS treten verschiedene Teilkosten TK_i auf. Diese werden in der wirtschaftlichen Bewertung anhand der Faktoren der Kosten f_K als Bewertungskriterien analysiert und dokumentiert. Die Gesamtkosten GK werden durch Addition aller Teilkosten TK_i ermittelt (Gleichung 4-11).

$$GK = \sum_{i=1}^{f_K} TK_i \tag{4-11}$$

Der Ansatz des LCC basiert auf der Annahme einer Nutzungsdauer des PüS von sechs Jahren. Diese Nutzungsdauer wird auf der Dauer der kalkulatorischen Abschreibung von elektronischen Mess- und Regeleinrichtungen für den Wirtschaftszweig „Maschinenbau" zurückgeführt [BMF01]. Es sei angemerkt, dass im Kontext der additiven Fertigung kurze Innovationszyklen industrietypisch sind.

Technische Bewertung des Aufwands und Nutzens

Die technische Bewertung der PüS erfolgt in den einzelnen Teilbewertungen. Die Bewertung des *Aufwands* erfolgt mittels Determinierung der *Ressourcen* und die Bewertung des *Nutzens* erfolgt mittels Determinierung der *Funktionalität* sowie der *Leistung.*

Die technische Bewertung wird in Form einer Nutzwertanalyse in Punkten (Pkt.) durchgeführt. Die Nutzwertanalyse dient dabei der systematischen Bewertung von Zielsystemalternativen innerhalb eines Entscheidungsprozesses auf Basis nicht-monetärer Bewertungskriterien [HAL02, S. 57]. In der Nutzwertanalyse werden als semi-quantitatives Bewertungsverfahren die Bewertungskriterien mit Werturteilen (Punktwerte) versehen und eine Rangfolge auf Basis von Gesamtpunktwerten gebildet [WIN14, S. 111]. Für diese Werturteile werden den einzelnen Bewertungskriterien quantitativ-objektive und qualitativ-subjektive dimensionslose Bewertungszahlen zugewiesen, was eine Pseudo-Objektivität suggeriert [HEE09, S. 110]. Auf diese Weise lassen sich verschiedenartige und unterschiedlich dimensionierte Bewertungskriterien in einer Bewertung aggregieren und es kann eine Gesamtbewertung vorgenommen werden. Aufgrund dieser semi-quantitativen Bewertung ist eine quantitative Aussage der Bewertung der Zielsysteme mittels Nutzwertanalyse nur eingeschränkt möglich [HOF08, S. 279].

In der Nutzwertanalyse wird der Grad der Zielerreichung in den Teilbewertungen *Ressourcen (R), Funktionalität (F)* und *Leistung (L)* analysiert und den einzelnen Zielsystemen als Punktwerte[11] gegenübergestellt. Dabei dienen die aufwands- und nutzendeterminierenden Faktoren als Bewertungskriterien. Die Bewertung basiert auf einer für alle Bewertungskriterien einheitlichen Fünf-Punkte-Bewertungsskala und ist an die Ausführungen von *Feldmeth* und VDI 2225-3:1998 angelehnt [FEL21, S. 83, VDI98].

Tabelle 13: Ausprägungen und entsprechende Punktwerte der technischen Bewertung

Ausprägung	**Punktwert**
sehr gut (ideal)	$P_i = 5$ Pkt.
gut	$P_i = 4$ Pkt.
ausreichend	$P_i = 3$ Pkt.
gerade noch tragbar	$P_i = 2$ Pkt.
unbefriedigend	$P_i = 1$ Pkt.

Wenn ein PüS einen Faktor in dem Maße erfüllt, dass es (nahezu) eine Ideallösung darstellt, so ist diese Ausprägung als ‚sehr gut' zu bewerten und mit dem Punktwert $P_i = 5$ Pkt. zu belegen. Für eine unbefriedigende Ausprägung wird der Punktwert $P_i = 1$ Pkt. vergeben. Dabei verhält sich die Bewertungsskala der *Ressource* (Aufwand) und der *Funktionalität* sowie *Leistung* (Nutzen) invers. Ein hoher Punktwert der *Ressource* liegt vor, wenn die entsprechende Ausprägung minimal wird, während ein hoher Punktwert der *Funktionalität* und der *Leistung* vorliegt, wenn die Ausprägung maximal

[11] Entsprechend der Terminologie der Nutzwertanalyse werden die Bewertungsalternativen anhand deren Nutzwerte gegenübergestellt. Aufgrund der begrifflichen Überschneidung des Nutzwertes mit der technischen Bewertung des *Nutzens* wird im Rahmen dieser Arbeit anstatt dem Nutzwert der Punktwert berechnet.

wird. Die Einteilung in technische Bewertungskomponenten unterstützt somit den Bewertungsprozess, indem die gegensätzlichen Bewertungsrichtungen separat bewertet werden.

Nach der Bewertung der Ausprägung jedes Faktors f_i und der Festlegung der einzelnen Punktwerte P_i in den einzelnen technischen Bewertungskomponenten, erfolgt die mathematische Ableitung der Gesamtbewertung der PüS. Dies erfolgt durch Addition aller Punktwerte jeder Teilbewertung zum Teilpunktwert $TPW_{R/F/L}$[12] (Gleichung 4-15). Eine Untergewichtung der einzelnen Faktoren f_i und deren korrespondierende Punktwerte P_i erfolgt nicht, da dies auf die qualitative Angabe des Aufwand-Nutzen-Index einen untergeordneten Einfluss hat. Um diese Teilpunktwerte in Bezug auf die Anzahl der jeweiligen Faktoren zu normieren ($TPW_{R/F/L,no}$), werden die Teilpunktewerte $TPW_{R/F/L}$ durch die Anzahl der jeweiligen Faktoren $f_{R/F/L}$ dividiert. Damit kann der Einfluss der Anzahl der Faktoren eliminiert werden. Anschließend werden die normierten Teilpunktwerte $TPW_{R/F/L,no}$ mit deren Gewichtungsfaktoren α, β *und* γ multipliziert. Ausgehend von der Aufteilung der Teilbewertungen wird

- den *Ressourcen* der Gewichtungsfaktor $\alpha = 0{,}5$,
- der *Funktionalität* der Gewichtungsfaktor $\beta = 0{,}15$ und
- der *Leistung* der Gewichtungsfaktor $\gamma = 0{,}35$

zugewiesen, sodass die Summe der Gewichtungsfaktoren den Wert 1 beträgt (Gleichung 4-13). Zur Bestimmung des Verhältnisses aus *Aufwand* und *Nutzen* in der technischen Bewertung werden die *Ressourcen* zum einen und die *Funktionalität* und *Leistung* zum anderen gleich gewichtet (Gleichung 4-12). Die Bewertung der *Leistung* geht dabei im Vergleich zur *Funktionalität* mit einer Gewichtung von 2/3 (0,35 gegenüber 0,15) in die Teilbewertung des *Nutzens* ein, da die *Leistung* die primäre Zielstellung der PüS ist (vgl. Abschnitt 0).

$$\alpha = \beta + \gamma \qquad (4\text{-}12)$$

$$\alpha + \beta + \gamma = 1 \qquad (4\text{-}13)$$

Für die Berechnung des Gesamtpunktwerts *GPW* werden die gewichteten und normierten Teilpunktwerte der *Ressourcen*, *Funktionalität* und *Leistung* addiert und mit der Gesamtfaktorenanzahl *F* (Gleichung 4-17) multipliziert (Gleichung 4-14).

[12] Die Indexnotation $X_{R/F/L}$ ist die verkürzte Schreibweise für X_R, X_F und X_L einer Variablen X

Folglich ergibt sich der Gesamtpunktwert:

$$GPW = [(TPW_{R,no} \times \alpha) + (TPW_{F,no} \times \beta) + (TPW_{L,no} \times \gamma)] \times F \tag{4-14}$$

mit

$$TPW_{R/F/L} = \sum_{i=1}^{f_{R/F/L}} P_i \tag{4-15}$$

$$TPW_{R/F/L,no} = \frac{TPW_{R,F,L}}{f_{R,F,L}} \tag{4-16}$$

$$F = f_R + f_F + f_L \tag{4-17}$$

Somit liefert die durch den Gesamtpunktwert *GPW* repräsentierte technische Bewertung des *Aufwands* (*Ressourcen*) und des *Nutzens* (*Funktionalität* und *Leistung*) eine sachliche und nachvollziehbare Beurteilung auf Grundlage einheitlicher Maßstäbe.

Zusammenführung und Auswertung mittels Kosten-Effektivitäts-Index

Um eine qualitative Aussage treffen zu können, welche Kosten welche Auswirkungen in Bezug auf einzusetzende *Ressourcen* sowie erwartbarer *Funktionalität* und *Leistung* gegenüberstehen, werden die jeweiligen Ergebnisse der wirtschaftlichen und technischen Bewertung im *KE-Index* zusammengeführt [HAL02, S. 59, WIN14, S. 142]. Der *KE-Index* ergibt sich dabei aus dem Quotienten aus Gesamtkosten *GK* und Gesamtpunktwert *GPW* (Gleichung 4-18).

Damit ist der *KE-Index* eine Kennzahl, die die monetäre Wertigkeit eines Punktes der technischen Bewertung angibt [HAB19, S. 243]. In der Rangordnung der *KE-Indizes* wird das PüS mit dem geringsten *KE-Index* am höchsten gelistet. Auf Basis dieser Rangordnung kann der *KE-Index* zum Vergleich verschiedener PüS im Rahmen der Investitionsentscheidung herangezogen werden.

$$KE\text{-}Index = \frac{GK}{GPW} \tag{4-18}$$

Für den Fall zweier identischer oder nur geringfügig abweichender *KE-Indizes* kann zwischen zwei Heuristiken gewählt werden. Die Heuristik der Nutzenmaximierung priorisiert die technische Bewertung, bei der das PüS höher einzustufen ist, welches die höhere *GPW* der technischen Bewertung besitzt. Die Heuristik der Kostenminimierung priorisiert unter Berücksichtigung nur begrenzt verfügbaren Kapitals die wirtschaftliche

Bewertung, bei der das PüS höher einzustufen ist, welches die geringeren *GK* trägt. Beiden Heuristiken sind Grenzen in der Anwendbarkeit gesetzt. Die Heuristik der Kostenminimierung ist anwendbar, wenn die geforderten Spezifikationen des PüS erfüllt sind. Die Heuristik der Nutzenmaximierung kann durch Kostenbudgets limitiert sein.

Sensitivitätsanalyse

Die technische Bewertung des *Aufwands* und des *Nutzens* der Zielsysteme im Rahmen der Nutzwertanalyse basiert auf subjektiven Einschätzungen der *Ressourcen*, der *Funktionalität* und der *Leistung* der PüS [HOF08, S. 279]. Daher sind die Bewertungsergebnisse mit einer gewissen Subjektivität und damit mit einer Unsicherheit behaftet [HOF08, S. 187]. Um diese Unsicherheit quantifizieren zu können, wird eine Sensitivitätsanalyse durchgeführt. Mittels dieser kann bewertet werden, wie empfindlich eine Zielgröße gegenüber der Variation einzelner ungewisser Einflussgrößen und deren Kriterienausprägung ist [ADA00, S. 102, BUS15, S. 195]. Im Rahmen der Arbeit wird mittels der Sensitivitätsanalyse untersucht, welche Auswirkungen die Veränderung der Bewertung der aufwands- und nutzendeterminierenden Faktoren auf den *KE-Index* hat. Dies erfolgt mittels Berechnung der Schwankungsbereiche des maximalen Fehlers (Fehlerunschärfe).

Für die Berechnung der Fehlerunschärfe $\Delta S^{\pm}$ um die einzelnen *GPW* werden die einzelnen Punktwerte P_i um den Wert 1 erhöht bzw. erniedrigt (Gleichung 4-20). Dies bedeutet, dass eine maximale subjektive Fehleinschätzung der Bewertung der P_i um den Wert 1 realistisch ist [CLA20, S. 17]. Dabei werden $P_i = 5$ nicht erhöht bzw. $P_i = 1$ nicht erniedrigt, da in der gewählten Bewertungsskala keine Punktwerte größer als 5 bzw. kleiner als 1 zulässig sind. Es wird angenommen, dass die Hälfte der bewerteten Faktoren einen Fehler enthält (Fehlerquote von 50 %).

Damit ergibt sich mit Gleichung 4-14 für die Fehlerunschärfe $\Delta S^{\pm}$um die *GPW* (Gleichung 4-19 bis Gleichung 4-21):

$$\Delta S^{\pm} = [(\Delta S^{\pm}{}_{R,no} \times \alpha) + (\Delta S^{\pm}{}_{F,no} \times \beta) + (\Delta S^{\pm}{}_{L,no} \times \gamma)] \times F \times 0{,}5 \tag{4-19}$$

mit $min(P_i) = 0$ und $max(P_i) = 5$ sowie Gleichung 4-15, 4-16 und 4-18:

$$\Delta S^{\pm}{}_{R/F/L} = \sum_{i=1}^{f_{R,F,L}} P_i \pm 1 \tag{4-20}$$

$$\Delta S^{\pm}{}_{R/F/L,no} = \frac{\Delta S^{\pm}{}_{R/F/L}}{f_{R/F/L}} \tag{4-21}$$

Somit ergibt sich für den erhöhten bzw. erniedrigten *KE-Index* bezogen auf die Fehlerunschärfe $KE\text{-}Index^{\pm}$ (Gleichung 4-22):

$$KE\text{-}Index^{\pm} = \frac{GK}{\Delta S^{\pm}} \qquad (4\text{-}22)$$

4.3.2 Systeme der Prozessüberwachung

Zur vergleichbaren Bewertung der PüS werden einheitliche Systemanforderungen und Referenzbedingungen in Bezug auf die Fertigungsmaschine sowie die organisatorischen Rahmenbedingungen gelegt.

Systemanforderungen und Referenzbedingungen

Entsprechend der Methodik der Aufwand-Nutzen-Analyse (vgl. Abbildung 40) erfolgt im ersten Schritt die Festlegung der Systemanforderungen und Referenzbedingungen als Basis der Aufwand-Nutzen-Analyse. Die Systemanforderungen und Rahmenbedingungen orientieren sich dabei an einem fiktiven Anwendungsfall eines KMU.

Systemanforderungen

- Inline-Überwachung des Prozesses des PBF-LB/M für Beschichtung und Belichtung
- Detektion von Prozesssignaturen
- Grafische und analytische Auswertung mittels Software
- Dokumentation und Protokollierung der erhobenen Daten mit Exportmöglichkeit
- Betrieb als private Cloud-Lösung oder lokal (on-premise) für sechs Jahre
- Laufende Softwareaktualisierungen für vier Jahre
- Offene Datenschnittstelle zur Anbindung eines eigenen Datenverarbeitungssystems (bspw. OPC-UA/umati, Profinet [ALT21])

Referenzbedingungen

- Fertigungsmaschine zum PBF/LB-M mit Bauraum-Ø 300 mm oder 250 mm Bauraum-Kantenlänge
- Single-Laser mit mind. 400 W
- Werkstoff Ti6Al4V und SS 316L
- Zielgrößen der Bauteilqualität: Oberflächenqualität, relative Dichte, Form- und Maßhaltigkeit, Zugfestigkeit

Kommerziell erhältliche und analysierte Prozessüberwachungssysteme

Die analysierten PüS lassen sich in kommerziell erhältliche maschinenspezifische Systeme der Hersteller der PBF-LB/M-Maschinen (vgl. Tabelle 14) und in kommerziell erhältliche maschinenunabhängige Systeme von Drittanbietern (nachrüstbar) in Tabelle 15 unterscheiden. Eine detaillierte Beschreibung der Systeme ist im Anhang zu finden.

Tabelle 14: Übersicht der analysierten maschinenspezifischen Prozessüberwachungssysteme (alphabetisch)

Prozessüberwachungssystem PüS		**System-kategorie**	**Sensor-technologien**	**erfassbare Prozesssignaturen**
EOS **EOSTATE** (EOS) [EOS20b, EOS20c, EOS21, SPE16, WOH21]	**PowderBed**	off-axis optisch	CCD-Kamera (VIS)	Beschichtungsfehler, Poren
	Meltpool	on-axis optisch	Photodioden, CMOS-Kamera (NIR)	Schmelzbadstabilität
	Exposure OT	off-axis optisch	CMOS-Kamera (NIS)	Bauteilfehler, Prozessanomalien
GE Additive **QM** (GEA) [CON17, SPE16, CL 15, WOH21]	**coating**	off-axis optisch	CMOS-Kamera	Beschichtungsfehler
	meltpool 3D	on-axis optisch	CMOS-Kamera, Photodiode	Schmelzbadintensität, Schmelzbadgeometrie
	fiber power	on-axis optisch	Photodiode	Laserleistung
Renishaw **InfiniAM Spectral** (REN) [REN17, COL20b, WOH21, TOE16]	**MeltVIEW**	on-axis optisch	Photodioden (NIR, VIS)	Schmelzbadintensität, Prozessanomalien
	LaserVIEW	on-axis optisch	Photodioden	Laserleistung und -position
SLM Solutions **Monitoring** (SLM) [SLM21, ALB16, SPE16]	**Layer Control System**	off-axis optisch	CMOS-Kamera	Beschichtungsfehler, Pulverbettebenheit, Schichtrauheit
	Melt Pool Monitoring	on-axis optisch	Photodioden (NIR)	Schmelzbadstabilität, Überhitzung
	Laser Power Monitoring	on-axis optisch	Photodioden (NIR)	Laserleistung
TRUMPF **Truprint** (TRU) [MUE21, TRU20]	**Powder Bed Monitoring**	off-axis optisch	CMOS-/CCD-Kamera (VIS)	Beschichtungsfehler, Schichtrauheit, Defekte am Beschichter
	Melt Pool Monitoring	on-axis optisch	Photodioden (NIR, VIS)	Schmelzbadintensität, Laserzustand und -position

Tabelle 15: Übersicht der analysierten maschinenunabhängigen Systeme zur Prozesskontrolle des Schmelzbades (alphabetisch)

Prozessüberwachungssystem PüS		System-kategorie	Sensor-technologien	erfassbare Prozesssignaturen
Additive Assurance **AMiRIS** (ADA) [ADD21a, ADD21b]		off-axis optisch	CMOS-Kameras (NIR, VIS)	Delamination, Beschichtungsfehler, Schmelzbademission, Schmelzbadgeometrie, Prozessstabilität
OpenAdditive **AMSENSE** (OPA) [OPE21a, OPE21b]	**Recoat**	off-axis optisch	CMOS-Kamera (VIS)	Beschichtungsfehler, Pulverbettebenheit, Delamination
	Thermal		CMOS-Kamera (NIR)	Schichtrauheit, Thermische Eigenspannungen
	Spatter		CMOS-Kamera (NIR)	Schmelzbadgeometrie, Spratzen
Sigma Labs **PrintRite3D** Pro (SIL) [SIG21a, SIG20, SPE16]		on-axis optisch	Photodioden (NIR, VIS)	Abkühlverhalten, Porengröße, Schmelzbadintensität, Schmelzbadtemperatur, Beschichtungsfehler, Spritzer

4.3.3 Determinierung des Aufwands

Die Determinierung und Bewertung des Aufwands der PüS orientiert sich an einer technisch-wirtschaftlichen Bewertung nach VDI 3780:2000 [VDI00]. Ihr liegt eine qualitative Datenanalyse zugrunde, mit welcher Datenquellen methodisch strukturiert, sowie deren Daten kategorisiert werden. Das Ergebnis ist die Interpretation von Erkenntnissen und Folgerungen. [FLI14, S. 5]

Aufwandsdeterminierende Faktoren der Kosten für die wirtschaftliche Bewertung

Zur Analyse und Bewertung des *Aufwandes* zur Beschaffung, Implementierung und zum Betrieb der Systeme werden aufwandsdeterminierende Faktoren[13] herangezogen (vgl. Abschnitt 4.3.1). Im Rahmen der wirtschaftlichen Bewertung werden nur aufwandsdeterminierende Faktoren, die direkt kostenbezogen sind, betrachtet. Diese Einteilung orientiert sich an *Feldmeth*, der für die Bewertung von Fertigungssystemen eine Einteilung in monetär quantifizierbare und monetär nicht quantifizierbare Kriterien vornimmt [FEL21, S. 76]. *Aufwände*, die indirekt kostenbezogen oder nicht quantifizierbar kostenbezogen sind, werden nach VDI 2225-3:1998 in der technischen Bewertung als *Ressourcen* berücksichtigt [VDI98].

Bei der Beschaffung von PüS handelt sich um einen Investitionsgüterkauf, da die Maschine für das PBF-LB/M sowie deren PüS dauerhaft als Produktionsmittel dient (Prozessüberwachung). Daher müssen neben den Investitionskosten die Folgekosten der

[13] Zur Verbesserung der Lesbarkeit wird den folgenden Tabellen anstatt „nutzendeterminierende Faktoren" und „aufwandsdeterminierende Faktoren" die Kurzform „Faktoren" verwendet.

Investitionsentscheidung (Nutzungskosten) im Rahmen einer Lebenszykluskostenrechnung beachtet werden [HOF12, S. 67, VDI05]. Die betrachteten Kostenpositionen der wirtschaftlichen Bewertung gliedern sich in die folgenden Kostenarten [MEN02, S. 45]:

- Investitionskosten (Anschaffungskosten)
- Fixe Betriebs- und Nutzungskosten (unabhängig vom Ausmaß der Nutzung)
- Variable Betriebs- und Nutzungskosten (abhängig vom Ausmaß der Nutzung)

In der wirtschaftlichen Bewertung werden die PüS entsprechend der Faktoren der *Kosten* bewertet (vgl. Tabelle 16). Zur Kategorisierung der Faktoren werden die folgenden Dimensionen (Dim.) eingeführt. Diese Kategorisierung wird in der technischen Bewertung fortgeführt:

- System (S): materielle Faktoren mit Bezug auf die Hard- und Software des PüS
- Infrastruktur (I): materielle Faktoren mit Bezug auf die notwendige bauliche und mediale Infrastruktur (u. a. Druckluft, Strom, Schutzgas) der PüS sowie der umgebenden Nebenprozesse und Nebenaggregate
- Personal (P): immaterielle Faktoren mit Bezug auf die Maschinen- und Systembedienenden sowie der datenauswertenden Personen
- Recht (R): immaterielle Faktoren mit Bezug auf betrieblichen Regularien und branchentypischen Zertifizierungen

Tabelle 16: Aufwandsdeterminierende Faktoren der Kosten für die wirtschaftliche Bewertung

LCC-Stufe	Faktoren der *Kosten*	Abk.	Dim.
Beschaffung	**Investition oder Miete Systemhardware**	K-InSy	S
	Investition oder Lizenzierung Systemsoftware	K-InSo	S
	Investition oder Lizenzierung IT-Infrastruktur	K-InIT	I
Implementierung	**Inbetriebnahme System und Nebenprozesse/-aggregate**	K-IbSy	S, I
Betrieb	**Schulungen**	K-Schu	P
	Wartung und Instandhaltung bzw. Service	K-Wart	S

In der Stufe der Beschaffung fallen einmalige Kosten als **Investition oder Miete für die Systemhardware** des PüS an. Die Systemhardware ist dabei über die jeweils eingesetzte Sensortechnologie determiniert und umfasst alle Hardware-Komponenten. Dies kann als einmalige Investition oder als Mietmodell erfolgen.

Neben der Systemhardware fallen Kosten für die Software der Datenerfassung und Datennutzung an. Die Software kann abhängig vom Lizenzmodell des Anbieters mittels Einmalzahlung für die gesamte Nutzungsdauer oder Software-Abonnement erworben werden (**Investition oder Lizenzierung Systemsoftware**). Bei letzterem fallen turnusmäßige (zeitlich oder nutzungsabhängig determinierte) Zahlungen in Form von Lizenzgebühren an. Folglich müssen neben den Kosten in absoluter Höhe auch die Häufigkeit und Intervalle der anfallenden Zahlungen einbezogen werden. Demnach fallen Kosten beispielsweise monatlich, quartalsweise oder jährlich an.

Zur Messdatenspeicherung und -verwaltung sowie als Anwendungsinfrastruktur für die verarbeitende Software ist eine leistungsadäquate Rechnerhardware bzw. Informationstechnologie (IT) nötig. Diese kann sich entweder als Standalone-Lösung direkt in oder an der Maschine zum PBF-LB/M befinden. Daneben können mittels Cloud-Computing externe IT-Infrastruktur und -Kapazitäten genutzt werden. Hierfür ergeben sich Investitionskosten sowie laufende Kosten in Form von Lizenzgebühren (**Investition oder Lizenzierung IT-Infrastruktur**).

Im Zuge der Implementierung des Systems fallen Kosten für die **Inbetriebnahme System und Nebenprozesse/-aggregate** an, wobei sich hierunter Kosten für Servicetechniker des Herstellers für den Einbau und die Kalibrierung sowie korrespondierende Reisekosten zusammenfassen lassen. Angemerkt sei an dieser Stelle, dass bei Aufrüstung bestehender Maschinen zum PBF-LB/M dieser Posten höher ausfällt als bei werksseitig ausgestatteten Erstanbietersystemen.

Das Bedienpersonal der Maschine zum PBF-LB/M und die zuständigen Personen aus der QS müssen systemspezifisch geschult werden. Diese **Schulungen** erfolgen in der Regel durch den Systemanbieter gegen Gebührenerhebung.

In der Stufe des Betriebs fallen Kosten für die **Wartung und Instandhaltung bzw. Service** des PüS an. Diese beziehen sich primär auf die Wartung der Hardwarekomponenten und sekundär auf den Service der Software. Vor dem Hintergrund der maßgeblichen Beeinflussung der Leistungsfähigkeit durch die Software kommt dem Softwareservice in Form von Softwareupdates bzw. -upgrades sowie Fehlerbehebungen eine hohe Bedeutung zu. Kosten für die Energie beim Betrieb der PüS sind dahingegen vernachlässigbar gering.

Aufwandsdeterminierende Faktoren der Ressourcen für die technische Bewertung

Zur Analyse und Bewertung des *Aufwandes* zur Beschaffung, Implementierung, Betrieb und Nutzung der Systeme werden aufwandsdeterminierende Faktoren der *Ressourcen* als Bewertungskriterien des *Aufwands* herangezogen. Diese orientieren sich wie bei der wirtschaftlichen Bewertung am Implementierungs- und Nutzungsprozess der PüS (LCC-Stufe) in den Dimensionen System (S), Infrastruktur (I), Personal (P) und Recht (R). In Tabelle 17 sind die aufwandsdeterminierenden Faktoren der Ressourcen aufgeführt und beschrieben.

Tabelle 17: Aufwandsdeterminierende Faktoren der Ressourcen für die technische Bewertung

LCC-Stufe	Faktoren der *Ressourcen*	Beschreibung	Abk.	Dim.
Beschaffung	**Arbeitssicherheit**	CE, Maschinenrichtlinie, Unternehmensstandards etc.	R-ArSi	R
	Import	Einfuhr des Systems in dt. Markt	R-Impo	R
Implementierung	**Installationsaufwand an PBF-LB/M-Maschine**	Integrierbarkeit des Systems in PBF-LB/M-Maschine	R-Inst	S
	Kalibrierung System und PBF-LB/M-Maschine	Ermittlung und Ausgleichung von Abweichungen	R-Kali	S
	Veränderung der PBF-LB/M-Maschine	Technische Veränderung, Rückbaubarkeit des Systems in Maschine	R-Rück	S
	Integration in Unternehmens-IT-Infrastruktur	Möglichkeit der Einbindung des Systems und der Nebenaggregate im Firmennetz	R-InIT	I
	Arbeitsschutz	Gefährdungen durch offenen Laser, etc.	R-ArSc	I
	Schulung für Bedienung und Auswertung	Qualifizierung von Maschinenbediener, Analyst, QM-Spezialist	R-Schu	P
	Personalbedarf Installation	Arbeitsdurchführung	R-PIns	P
Betrieb	**Nutzungsdauer und Reinvestition**	Risiko für veraltete Technologie (Hard- und Software)	R-Lebe	S
	Datenspeicherung Rohdaten	Speicherung der dokumentierten Rohdaten	R-RohD	S
	Datenstrom während Fertigungsprozess	Zu erfassender und verarbeitender Datenstrom (manuell oder automatisch) während Fertigungsprozess	R-DaSt	S
	Cloudspeicherung oder lokale Speicherung der Daten	Firmennetzwerk, externe Datenspeicherung	R-ITSi	I
	Medienverbrauch	Strom, Schutzgas, Druckluft	R-Medi	I
	Flächenbedarf	Platzbedarf für System und Nebenaggregate	R-Fläc	I
	IT-Infrastruktur	Computer, Server, Vernetzung	R-ITIn	I
	Verlängerung Prozesszeit	Durch optische Aufnahmen und Steuerungslatenz	R-VerP	S
Nutzung	**zusätzliche Auswertesysteme und -software**	Systeme und Software zur Weiterverarbeitung und Prozesssteuerung und -regelung	R-Aus	S
	Datenspeicherung verarbeiteter Daten	Datensatzgröße nach Auswertung (Dokumentation)	R-verD	S
	vorweisbare Qualifizierung und Erfahrung	Wissen/Empirie zur Ableitung von Zusammenhängen und Maßnahmen	R-Qua	P
	manuelle Auswertung durch Personal	Arbeitsdurchführung zur Ableitung von Maßnahmen	R-manA	P

Ergebnisse der Aufwandsdeterminierung

In der wirtschaftlichen Bewertung der PüS werden die Gesamtkosten *GK* für die in Tabelle 16 gelisteten Teilkosten ermittelt. Dabei handelt es sich um Listenpreise ohne Rabatt entsprechend der definierten Systemanforderungen (vgl. Abschnitt 4.3.2). In Tabelle 18 sind Gesamtkosten *GK* der PüS gelistet. Die Teilkosten TK_i sind im *Anhang* dokumentiert.

Tabelle 18: Wirtschaftliche Bewertung der Kosten der Prozessüberwachungssysteme

PüS/ Kosten	EOS	GEA	REN	SLM	TRU	ADA	OPA	SIL
GK in €	**155.250**	**175.875**	**206.625**	**113.375**	**154.250**	**307.180**	**101.717**	**186.995**
Quellen	[EOS20b, EOS20c, EOS21]	[CON17, CL 15, CON20, TOE16]	[REN21a, REN21b]	[SLM21, ALB16, ZEI21]	[MUE21, TRU20f]	[MON21, ADD21a, BRI21]	[OPE21a, OPE21b, SPE21]	[SIG21b, SIG20, SIG21a]

Im Rahmen der technischen Bewertung der PüS wird der Teilpunktwert der *Ressourcen* TPW_R für die in Tabelle 17 dargestellten 21 aufwandsdeterminierenden Faktoren der *Ressourcen* ($f_R = 21$) ermittelt. In Tabelle 19 sind die ermittelten Teilpunktwerte der Ressourcen TPW_R zusammengefasst. Die Beschreibungen der einzelnen Punktwerte für die technische Bewertung der *Ressourcen* sind im Anhang gelistet.

Tabelle 19: Technische Bewertung der Ressourcen der Prozessüberwachungssysteme

PüS/ Faktoren der *Ressourcen*	EOS	GEA	REN	SLM	TRU	ADA	OPA	SIL
R-ArSi	5	5	5	5	5	3	3	3
R-Impo	5	5	4	5	5	3	3	3
R-Inst	5	5	5	5	5	2	3	3
R-Kali	4	4	4	3	4	1	5	4
R-Rück	4	4	4	4	4	5	2	2
R-InIT	3	5	4	5	5	5	3	4
R-ArSc	5	5	5	5	5	5	3	2
R-Schu	3	3	3	3	2	2	1	2
R-PIns	4	2	4	2	5	3	3	4
R-Lebe	3	3	2	2	3	5	2	2
R-RohD	2	2	2	3	3	3	3	3
R-DaSt	3	2	3	3	3	4	3	3
R-ITSi	2	2	2	2	5	3	5	5
R-Medi	3	3	3	3	3	4	4	3
R-Fläc	4	4	4	4	5	4	5	3
R-ITIn	5	5	5	5	5	4	4	4
R-VerP	2	2	2	2	1	4	4	4

PüS/ Faktoren der *Ressourcen*	**EOS**	**GEA**	**REN**	**SLM**	**TRU**	**ADA**	**OPA**	**SIL**
R-Aus	4	4	3	2	2	5	2	2
R-verD	2	2	2	2	3	4	3	3
R-Qua	3	2	3	2	2	3	1	3
R-manA	2	3	2	1	3	4	2	4
Teilpunktwert der *Ressourcen* TPW_R in Pkt.	**78,21**	**77,14**	**76,07**	**72,93**	**82,50**	**82,50**	**68,57**	**70,71**
Quellen	[EOS20b, EOS20c, EOS21, WOH21]	[CON17, CL 15, CON20, WOH21]	[REN21a, REN21b, WOH21]	[SLM21, ALB16, ZEI21, WOH21]	[MUE21, TRU20f]	[JUR20, MON21, ADD21a, ADD21b, BRI20, BRI21, WOH21]	[OPE21a, OPE21b, SPE21, WOH21]	[SIG21b, SIG20, SIG21a, WOH21]

Es zeigt sich, dass das PüS von OPA den geringsten TPW_R aufweist. Die PüS von ADA und TRU werden mit den höchsten TPW_R bewertet. Dies ist insofern bemerkenswert, da ADA ein maschinenunabhängiges und TRU ein maschinenabhängiges PüS ist.

4.3.4 Determinierung des Nutzens

Neben der Determinierung des *Aufwands* wird in der Aufwand-Nutzen-Analyse der Nutzen der analysierten PüS untersucht (vgl. Abbildung 40 in Abschnitt 4.3.1). Dabei gehen die Teilbewertungen *Funktionalität* und *Leistung* in die technische Bewertung des *Nutzens* ein.

Nutzendeterminierende Faktoren der Funktionalität und Leistung für die technische Bewertung

Zur Analyse und Bewertung des *Nutzens* der PüS werden aufwandsdeterminierende Faktoren der *Funktionalität* und *Leistung* herangezogen. In Tabelle 20 sind die nutzendeterminierenden Faktoren der *Funktionalität* aufgeführt und beschrieben. Alle Faktoren sind dabei in der Dimension des Systems (S) enthalten.

Tabelle 20: Nutzendeterminierende Faktoren der Funktionalität für die technische Bewertung

Faktoren der *Funktionalität*	Beschreibung	Abk.
Multifunktionalität der Systemkategorien	Diversität der Systemarchitektur (on-axis und off-axis)	F-SysK
Multifunktionalität der Sensortechnologien	Diversität der genutzten Sensortechnologien und der damit erfassbaren Messgrößen	F-SenT
räumliche Auflösung und Abtastrate (Frequenz)	Messgenauigkeit und Detaillierungsgrad des Datenoutputs; jedoch Erhöhung der Größe des Datenoutputs	F-Aufl
Upgradefähigkeit des Systems und der Infrastruktur	Erweiterbarkeit, Aufrüstung und Zugänglichkeit von Sensorik (Hardware), Software und IT-Infrastruktur für sich ändernde Anforderungen	F-Upgr
Nachträgliche Integrierbarkeit in PBF-LB/M-Maschine	Nachrüstbarkeit (Retrofit) von PBF-LB/M-Maschinen mit PüS, Zugänglichkeit des Systems in Maschine	F-Retro
Überwachung von Prozessen mit verschiedenen Werkstoffen	Machbarkeit der Überwachung verschiedener Werkstoffe, Anpassbarkeit des Systems auf Werkstoffwechsel, Parametrierung des Systems für neue Werkstoffe	F-Werk
Adaptierbarkeit auf weitere PBF-LB/M-Maschinen verschiedener Maschinenhersteller	Systemkompatibilität des Dateninputs und Datenoutputs mit anderen Systemen	F-Adap
Systemrobustheit und -stabilität	Fehleranfälligkeit der Sensortechnologien (Hardware), Software sowie Infrastruktur	F-Robu
Metriken der Analysesoftware	Wandlung der Messwerte in Prozesssignaturen, Ableitung von Korrelationen und Kausalitäten	F-Metr
Flexibilität und Offenheit des Systems	Konfigurierbarkeit sowie Parametrierung, Programmierung und Datenausgabe	F-Offe
Ausgabe und Auswertung der analysierten Daten	Echtzeitnahe Warnsignale, Handlungsempfehlungen, Datenoutput in industriegängigen Datensatz-, Dokument- und Bildformaten (bspw. CSV, JPEG, PDF)	F-Ausg
Schnittstelle Inline-/Outline-Datenexport	Inline- und Outline-Datenoutput in parametriertem und weiterverarbeitbarem Datenaustauschformat (bspw. OPC-UA, umati)	F-Expo
Zugriff und Nutzungsmöglichkeit und Export der erfassten Rohdaten	Exportmöglichkeit und Langzeitarchivierung (bis Ende der Dokumentationspflicht)	F-RohD
Datenkorrelation	Korrelierung der erfassten Daten mit Baujobdaten und Stellgrößen in Auswertung	F-Kore
Weiterverarbeitungsmöglichkeit der Daten	Export in eigenem Baujobreport und Dokumentation	F-WeiD
Sicherheit der Datenspeicherung	Speicherung der erfassten und ausgewerteten Daten im Unternehmen oder auf externem Server	F-SiSp
Automatisierbarkeit der Datenerfassung und -auswertung	Automatisierte Zusammenstellung und visuelle Aufbereitung der Messdaten, Ableitung von Kausalitäten und Handlungsempfehlungen der Maschinensteuerung	F-Auto
Benutzerfreundlichkeit	Betrieb und Datenauswertung mittels grafischer Benutzeroberfläche, Handhabung der Hard- und Software	F-Benu
Gewährleistung und Arbeitssicherheit der PBF-LB/M-Maschine	Veränderung der Maschine bei Retrofit-Installation sowie Arbeitssicherheit und Betriebsanweisungen	F-Gewä

Neben den Faktoren der *Funktionalität* werden die PüS hinsichtlich der Faktoren der *Leistung* analysiert und bewertet. Die Leistung als qualitativ, nicht-monetärer Nutzen, bewirkt mittelbar einen wirtschaftlichen Effekt und wirtschaftlichen Erfolg [HAL02, S. 35, KRA16, S. 168]. Die Leistung ist demnach höher, je höher dieser nutzenstiftende Effekt ausfällt. Die Qualifizierung dessen erfolgt in Anlehnung an das Wirkungsdreieck der Produktion mittels der nutzendeterminierenden Faktoren der Leistung für die technische Bewertung der PüS (vgl. Tabelle 21) [KRA16, S. 167, EVE95, S. 27].

Tabelle 21: Nutzendeterminierende Faktoren der Leistung für die technische Bewertung

Faktoren der *Leistung*	Beschreibung	Abk.
Erwartete Auswirkungen auf Kosten	Kostensenkung durch Reduzierung des Ausschussanteils, des Aufwands der Qualitätskontrolle etc.	L-AusK
Erwartete Auswirkungen auf Bauteilqualität	Qualitätsverbesserung durch Erhöhung des Prozessverständnisses, inline-regelungstechnischer Eingriff in die Prozessregelung sowie Sensibilität für Maßnahmen des Qualitätsmanagements	L-AusQ
Erwartete Auswirkungen auf Zeit	Erhöhung der Produktivität und Flexibilität der Produktion sowie Reduzierung des manuellen Eingriffs in Prozesse	L-AusZ
Erfassbare und auswertbare Prozesssignaturen und Bauteileigenschaften	Leistungsfähigkeit des Systems zur Nutzbarmachung von Datenoutput	L-ProS
Regelungsfähigkeit des Systems und Datenoutputs	In-Situ-Optimierung des laufenden Fertigungsprozesses durch erfasste und analysierte Daten	L-Rege

Die **erwarteten Auswirkungen auf die Kosten** gehen mit der Reduzierung der Qualitätskosten einher. Durch die Nutzung von PüS lassen sich Kosten der Fehlerverhütung, Fehlerüberprüfung und Fehlerkosten reduzieren [DIN09a]. Die Reduzierung der Fehlerkosten können insbesondere über die antizipierte Reduzierung des Ausschussanteils abgeschätzt werden [COL20b, S. 25]. Auf diese Weise lassen sich die von einem PüS ausgeschöpften Potentiale berücksichtigen und in die technische Bewertung einbeziehen [LAN19, S. 401]. Darüber hinaus kann während des Fertigungsprozesses die Bauteilqualität abgeschätzt und die Einflussgrößen dokumentiert werden, sodass der personelle und technische Aufwand für eine nachgelagerte Qualitätskontrolle der Bauteile reduziert werden kann. Kann aufgrund mangelnder Prozesstransparenz keine Abschätzung der Bauteilqualität während des Fertigungsprozesses erfolgen, kann bei Überschreiten der Toleranz- und Grenzwerte bestimmter Einflussgrößen frühzeitig ein Abbruch des Fertigungsprozesses erfolgen. Damit können vermeidbare Kosten bei frühzeitig erkannter ungenügender Bauteilqualität minimiert werden [KRA16, S. 167].

Als weiteres Potential der Prozessüberwachung ist das gesteigerte Prozessverständnis bzw. die -transparenz, die mit ihr einhergeht, zu bewerten [KRA16, S. 168]. Prozessverständnis manifestiert sich vor allem dann, wenn ausgehend vom Datenoutput zurückliegender Fertigungsprozesse Optimierungen der Einflussgrößen für künftige

Fertigungsprozesse abgeleitet werden können. Daneben kann echtzeitnah während eines laufenden PBF-LB/M-Fertigungsprozesses beispielsweise Inhomogenitäten im Pulverbett erfasst werden, die durch eine automatisch geregelte nochmalige Beschichtung des Pulverbettes ausgeglichen werden kann. Dies hat einen direkten positiven Effekt auf die Reproduzierbarkeit und damit Prozessstabilität der Maschinen und Prozesse und damit eine zu **erwartete Auswirkung auf die Bauteilqualität**. [GRA17, S. 2, BAY21, SPE16, S. 2]

Die Reduzierung des personellen und technischen Aufwands der Fehlerverhütung (Qualitätssteuerung der Prozesse), Fehlerüberprüfung (Qualitätskontrolle der Bauteile) und Fehlerkompensierung (Nachbearbeitung der Bauteile) geht mit einer Steigerung der Produktivität und Flexibilität der Prozesse und Wertschöpfungskette einher. Dies bedeutet kürzere Bearbeitungs-, Durchlauf- sowie Kontrollzeiten, was aus Kundensicht zu einer Verkürzung der Lieferzeiten der Bauteile führt [ZOL11, S. 87]. Darüber hinaus können Produktentwicklungszeiten und Markteinführungszeiten reduziert werden [KRA16, S. 168]. Dies resultiert in einer **erwarteten Auswirkung auf die Zeit**, die in der technischen Bewertung der PüS berücksichtigt wird.

Der Faktor **erfassbare und auswertbare Prozesssignaturen und Bauteileigenschaften** beschreibt die grundlegende Leistungsfähigkeit des Systems. Das funktionale Ziel der PüS liegt, wie in Abschnitt 4.3 beschrieben, in der Nutzbarmachung von erfassten Daten während des Fertigungsprozesses. Durch die gezielte Auswahl und Kombination sowie Entwicklung der Hard- und Software der PüS können aus erfassten Messwerten Kausalitäten und Korrelationen in Bezug auf die Zielgrößen der Bauteilqualität sowie Einflussgrößen auf derselben abgeleitet werden.

Die **Regelungsfähigkeit des Systems und des Datenoutputs** berücksichtigt, ob ausgehend von den Auswerteergebnissen des PüS Regelungsimpulse an die PBF-LB/M-Maschine weitergegeben werden. Regelungsimpulse dienen dann der Behebung oder Prävention von Qualitätsabweichungen, indem aktiv und automatisch in die Fertigungsprozessschritte der Beschichtung oder Belichtung eingegriffen wird [COL20b, CRA10, S. 508].

Dieses funktionale Ziel der PüS lässt sich in wirtschaftliche Effekte transformieren. Die echtzeitnah erhobenen Daten während des Prozesses können für die Regelung von laufenden Prozessen genutzt werden. Weiterhin ermöglicht dies die Steuerung von nachgelagerten Prozessen und damit für die Optimierung der unternehmerischen Geschäfts- und Produktionsprozessen. Daneben ermöglicht die Nutzung von PüS die echtzeitnahe Dokumentation von Verläufen von Einflussgrößen während des Fertigungsprozesses. Mit diesen Informationen kann die Nachweispflicht der Prozesse insbesondere in qualitätskritischen Branchen wie der Luft- und Raumfahrt sowie der Medizintechnik umgesetzt werden. [KRA16, S. 168, SPE16, S. 11]

Ergebnisse der Nutzendeterminierung

Im Rahmen der technischen Bewertung der PüS wird der Teilpunktwert der *Funktionalität* TPW_F für die in Tabelle 20 dargestellten 19 aufwandsdeterminierenden Faktoren der *Funktionalität* (f_F = 19) ermittelt. Die TPW_F ergeben sich durch Addition der einzelnen Punktwerte P_i (vgl. Gleichung 4-15). In Tabelle 22 sind die ermittelten Teilpunktwerte der *Funktionalität* TPW_F zusammengefasst. Die Beschreibungen der einzelnen Punktwerte für die technische Bewertung der *Funktionalität* werden im Anhang erläutert.

Tabelle 22: Technische Bewertung der Funktionalität der Prozessüberwachungssysteme

PüS/ Faktoren der *Funktionalität*	**EOS**	**GEA**	**REN**	**SLM**	**TRU**	**ADA**	**OPA**	**SIL**
F-SysK	4	3	3	4	4	2	2	3
F-SenT	5	5	4	4	4	3	3	4
F-Aufl	4	4	4	3	4	3	3	3
F-Upgr	1	1	1	1	1	5	5	2
F-Retro	1	1	1	4	2	5	5	5
F-Werk	3	3	3	3	5	4	4	4
F-Adap	1	1	1	1	1	5	5	5
F-Robu	4	4	3	2	4	2	2	4
F-Metr	5	4	4	4	4	4	4	3
F-Offe	3	3	3	3	3	5	2	5
F-Ausg	5	4	3	2	4	4	3	4
F-Expo	5	5	3	2	4	2	5	4
F-RohD	5	5	3	5	5	3	5	5
F-Kore	4	4	4	2	4	1	1	1
F-WeiD	3	3	3	1	3	1	5	4
F-SiSp	5	5	5	5	5	4	5	5
F-Auto	4	3	2	2	4	4	2	4
F-Benu	5	4	4	3	5	4	4	4
F-Gewä	5	5	5	5	5	5	3	1
Teilpunktwert der *Funktionalität* TPW_F in Pkt.	**25,93**	**23,80**	**20,61**	**20,61**	**25,22**	**23,45**	**24,16**	**24,87**
Quellen	[EOS20b, EOS20c, EOS21, GRA17, SPE16, YAD20, WOH21]	[CON17, CL 15, CON20, GRA17, SPE16, YAD20, CON15]	[REN21a, REN21b, YAD20, MCC21, WOH21]	[SLM21, ALB16, ZEI21, GRA17, SPE16, YAD20, WOH21]	[MUE21, TRU20f, YAD20]	[JUR20, MON21, ADD21a, ADD21b, BRI20, BRI21, WOH21]	[OPE21a, OPE21b, SPE21, MCC21, WOH21]	[SIG21b, SIG20, SIG21a, GRA17, SPE16, YAD20, WOH21]

Aus Tabelle 22 wird ersichtlich, dass die TPW_F der PüS von EOS, GEA, TRU, ADA, OPA und SIL geringe Unterschiede aufweisen und mit einer maximalen Streuung von 4,6 % um den Mittelwert von 24,45 Pkt. schwanken. Die PüS von REN und SLM liegen um 15,7 % bzw. 18,6 % darunter.

Im Rahmen der technischen Bewertung der PüS wird der Teilpunktwert der *Leistung* TPW_L für die in Tabelle 21 dargestellten 5 aufwandsdeterminierenden Faktoren der *Leistung* ($f_L = 5$) ermittelt. Die TPW_L ergeben sich durch die Addition der einzelnen Punktwerte P_i (vgl. Gleichung 4-15). In Tabelle 23 sind die ermittelten Teilpunktwerte der *Leistung* TPW_L zusammengefasst. Die Beschreibungen der einzelnen Punktwerte für die technische Bewertung der *Leistung* werden im Anhang erläutert.

Tabelle 23: Technische Bewertung der Leistung der Prozessüberwachungssysteme

PüS/ Faktoren der *Leistung*	**EOS**	**GEA**	**REN**	**SLM**	**TRU**	**ADA**	**OPA**	**SIL**
L-AusK	4	4	4	2	4	3	2	2
L-AusQ	3	3	3	2	3	4	2	4
L-AusZ	3	3	3	3	4	3	3	3
L-ProS	3	3	4	3	4	4	3	4
L-Rege	1	1	1	3	2	1	1	2
Teilpunktwert der *Leistung* TPW_L in Pkt.	**44,10**	**44,10**	**47,25**	**40,95**	**53,55**	**47,25**	**34,65**	**47,25**
Quellen	[EOS20b, EOS20c, EOS21, YAD20, WOH21]	[CON17, CL 15, CON20, YAD20, CON15]	[REN21a, YAD20, MCC21, WOH21]	[SLM21, ALB16, ZEI21, WOH21]	[MUE21, TRU20f, YAD20]	[JUR20, MON21, ADD21a, ADD21b, BRI20, BRI21]	[OPE21a, OPE21b, SPE21, MCC21, WOH21]	[SIG21b, SIG20, SIG21a, YAD20, WOH21]

Das PüS von TRU weist eine signifikant höhere Leistung als die anderen PüS auf. Den geringsten TPW_L erfüllt das PüS von OPA mit einem relativen Unterschied zum PüS von TRU von 35,3 %. Die TPW_L der PüS von EOS, GEA und SLM sowie die TPW_L der PüS von REN, ADA und SIL unterscheiden sich jeweils nur geringfügig bzw. sind identisch.

4.3.5 Zusammenführung und Auswertung in Kosten-Effektivitäts-Index

Die getrennte wirtschaftliche und technische Bewertung des Aufwands und des Nutzens mündet zur Ermittlung des *KE-Index* in eine Systemmatrix (vgl. Tabelle 24). Für einen qualitativen Vergleich der PüS können deren *KE-Indizes* auf den minimalen *KE-Index* (100 %) normiert werden:

Tabelle 24: Systemmatrix zur Ermittlung des KE-Index der Prozessüberwachungssysteme

PüS/ Bewertung	EOS	GEA	REN	SLM	TRU	ADA	OPA	SIL
GK in Tsd. €	155,3	175,9	206,6	115,4	154,3	307,2	101,7	187,0
TPW_R in Pkt.	78,21	77,14	76,07	73,93	82,50	82,50	68,57	70,71
TPW_F in Pkt.	25,93	23,80	20,61	20,61	25,22	23,45	24,16	24,87
TPW_L in Pkt.	44,10	44,10	47,25	40,95	53,55	47,25	34,65	47,25
GPW in Pkt.	148,25	143,93	135,48	135,48	161,27	153,20	127,38	142,83
KE-Index in €/Pkt.	**1.047**	**1.213**	**1.436**	**852**	**956**	**2.005**	**799**	**1.309**
$KE\text{-}Index_{norm}$	131 %	152 %	180 %	107 %	120 %	251 %	**100 %**	164 %

Die ermittelten *KE-Indizes* mit deren Fehlerunschärfen $\Delta S^{\pm}$ als Fehlerindikatoren werden in Abbildung 42 als Säulen dargestellt.

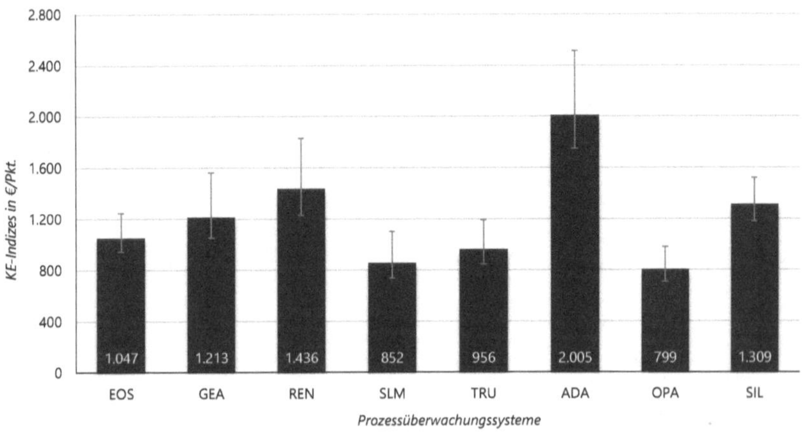

Abbildung 42: Gegenüberstellung der KE-Indizes der PüS mit deren Fehlerunschärfe $\Delta S^{\pm}$

Aufgrund der teilweisen Überlagerung der Fehlerunschärfe der einzelnen *KE-Indizes* ist die Priorisierung der PüS nur eingeschränkt robust. Mittels der Darstellung der *KE-Indizes* in Abbildung 42 können qualitative Aussagen abgeleitet werden [WEI14, S. 193, CLA20, S. 21]. Je geringer der *KE-Index* ist, desto besser wird das PüS bewertet. Dabei bestätigen die qualitativen Aussagen die Plausibilität der Berechnung der *KE-Indizes* und deren Ergebnisse:

- Das PüS von OPA weist den geringsten *GPW* sowie geringsten *GK* und damit den geringsten *KE-Index* auf. Da sich die Bereiche der Fehlerunschärfe der PüS von OPA und SLM überlagern, werden beide PüS derselben Prioritätsgruppe zugeordnet.
- Die PüS von EOS, GEA, REN, TRU und SIL bilden eine weitere Prioritätsgruppe. Das PüS von TRU erfüllt dabei den besten *GPW* aller analysierten PüS.
- Das PüS von ADA wird mit dem höchsten *KE-Index* (Faktor 2,5 gegenüber OPA) bewertet. Dies ist in den hohen monatlichen Lizenzgebühren für das Messsystem und der Software begründet. Gleichzeitig weist das PüS von ADA einen verhältnismäßig hohen *GPW* auf. Die Fehlerunschärfe des *KE-Index* dieses PüS überlagern sich mit keinem anderen, weshalb diese Aussage als robust eingeschätzt werden kann.

Ein weiterer Ansatz zur Priorisierung der PüS ist die visuelle Gegenüberstellung der einzelnen *GPW* über den *GK* der PüS. Dies führt zum PüS-Portfoliodiagramm (vgl. Abbildung 43).

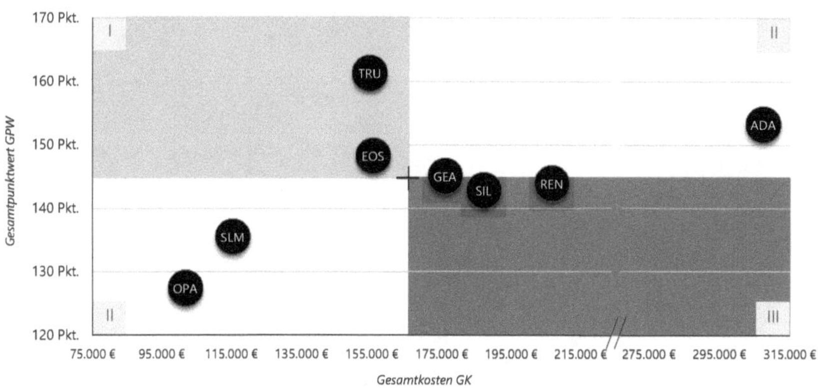

Abbildung 43: Darstellung der Gesamtpunktwerte GPW gegenüber den Gesamtkosten GK der Prozessüberwachungssysteme (PüS-Portfoliodiagramm)

Zur vergleichenden Bewertung der PüS kann das PüS-Portfoliodiagramm in drei Felder der Rangordnung unterteilt werden. Der Schnittpunkt der Felder, welcher in Abbildung 43 durch ein Kreuz markiert ist, ist dabei durch die Mediane aller *GK* und *GPW* definiert. Die PüS von TRU und EOS in Feld I zeichnen sich durch geringe *GK* bei gleichzeitig hohem *GPW* aus und sind daher in der Rangordnung hoch zu priorisieren. Die PüS in Feld III (SIL und REN) sind verhältnismäßig kostenintensiv bei gleichzeitig geringem *GPW*, weshalb diese PüS in der Rangordnung gering zu priorisieren sind. Eine mittlere Priorisierung weisen die PüS von OPA, SLM, GEA und ADA in Feld II auf. Diese PüS können als gleichwertig bewertet werden [HAB19, S. 244, BRÜ15b, S. 26].

4.4 Zwischenfazit

Das entwickelte Produktionsmodell ermöglicht auf Basis der erfassten und analysierten Anforderungen die Spezifizierung des Bauteils und die systematische Gestaltung des Produktionsumfelds. Auf dieser Basis können qualitätssichernde Maßnahmen im Produktionsumfeld abgeleitet werden. Dabei liegt der Fokus auf einer wirtschaftlich, zeitlich und qualifikatorisch verhältnismäßigen Anwendung der qualitätssichernden Maßnahmen. Die qualitative Determinierung des hierfür notwendigen Qualitätsaufwands kann mittels des entwickelten mathematischen Modells erfolgen. Ferner kann zur Bewertung des Einsatzes von PüS für das QM eine Aufwand-Nutzen-Betrachtung als Entscheidungsunterstützung genutzt werden. Hierzu erfolgte die Bewertung der marktverfügbaren PüS hinsichtlich der Bestimmung der Kosteneffizienz. Mittels dieses *KE-Index* können der verwertbare Nutzen dem einzusetzenden Aufwand verschiedener PüS gegenübergestellt werden und ermöglichen so eine insbesondere wirtschaftlich verhältnismäßige Anwendung der PüS als qualitätssichernde Maßnahme.

5 Zusammenführung zu einer Methodik

Aufbauend auf den in den vorangegangenen Kapiteln entwickelten Methoden und Modellen werden diese in eine Methodik für ein anforderungsdeterminiertes und aufwandsorientiertes QM für die additive Fertigung überführt. Hierfür werden zunächst die für die Methodik geltenden Anforderungen erläutert. Anschließend werden die einzelnen Module der Methodik detailliert vorgestellt und Anwendungsempfehlungen vorgenommen.

5.1 Konzeptionierung der Methodik

Zielgruppe dieser Methodik sind Anwender in der Planung und Umsetzung der additiven Fertigung und im Speziellen des PBF-LB/M. Dabei wird ein besonderer Fokus auf die Anforderungen und Rahmenbedingungen der KMU (vgl. Kapitel 3) gelegt. Die Methodik soll den Anwender unterstützen, konkrete technische, strategische und organisationbezogene QM-Maßnahmen für die eigene Produktion abzuleiten. Dies erfolgt unter der Prämisse eines maßvollen Aufwand-Nutzen-Verhältnisses der QM-Maßnahmen. Dabei werden die spezifischen Rahmenbedingungen und Anforderungen von KMU an die Produktion, die Prozesskette, den Prozess und die Bauteile berücksichtigt.

Die Methodik ist eingebettet in die Struktur und Empfehlungen der internationalen technischen Standards der ISO 9001:2015 und konkretisiert diese gleichzeitig in Bezug auf die Anforderungen und Rahmenbedingungen der Produktion und Prozesskette der additiven Fertigung und im Speziellen des PBF-LB/M [DIN15a, S. 8].

5.1.1 Anforderungen an die Methodik

Die Methodik muss entsprechend der Zielsetzung zuverlässige und gleichzeitig spezifisch anwendbare Ergebnisse liefern. Dazu werden folgende Anforderungen an die Methodik gestellt:

Allgemeine Anforderungen

- **Anwendbarkeit der Methodik**: Die Methodik hat den Anspruch der Anwendung in realen und industrietypischen Fallbeispielen.
- **Umsetzbarkeit der Ergebnisse**: Die mit der Methodik abgeleiteten QM-Maßnahmen müssen konkret genug sein, um einen Mehrwert gegenüber Standards und Normen, wie beispielsweise ISO 9001:2015 oder DIN SPEC 17071:2019, liefern zu können.
- **Unabhängigkeit der Module**: Teile der Methodik müssen unabhängig voneinander anwendbar sein.
- **Ermöglichung einer kreativen Lösungsfindung** für die Erfassung, Strukturierung und Dokumentation von Informationen und der Ableitung von QM-Maßnahmen.

Spezifische Anforderungen zur Eignung der Anwendung und Umsetzung in KMU

Für die Zielgruppe (KMU) können spezifische Anforderungen formuliert werden:

- **Adaptierbarkeit der Methodik**: Die Methodik muss auf verschiedene sich über die Zeit und die Anwendungsfälle verändernde Rahmenbedingungen adaptierbar sein. Anforderungen und Priorisierungen müssen in der Methodik veränderbar sein.
- **Komplexität der Methodik**: Die Akzeptanz und Umsetzbarkeit der Methodik hängt stark von der Komplexität derselben ab. Daher ist eine geringe – für KMU handhabbare – Komplexität und gleichzeitig hohe Transparenz des Vorgehens gefordert.
- **Verhältnismäßigkeit der Ergebnisse**: Spezifische Lösungen für KMU in Bezug auf QM zeichnen sich durch eine einfache Umsetzbarkeit aus. Daher muss die Methodik mit moderater Wissensbasis ohne erweitertes Expertenwissen anwendbar und die Verhältnismäßigkeit von Aufwand zu Nutzen sichergestellt sein.

5.1.2 Grundstruktur der Methodik des Qualitätsmanagements

Die Umsetzung dieser Zielsetzung erfolgt entlang der Grundstruktur der Methodik (vgl. Abbildung 44), die in vier Module und einem Querschnittsmodul unterteilt ist. Die Methodik definiert dabei die Vorgehensweise zur Abfolge der Schritte, welche zur Erfüllung der zu Beginn dieser Arbeit genannten Zielsetzung – die Entwicklung einer aufwandsorientierten und anforderungsdeterminierten Methodik für das QM der additiven Fertigung – zu durchlaufen sind. Gleichzeitig können erzielte Erfahrungen in Bezug auf neue Anforderungen, konkretisierte Anforderungen und Veränderungen an den abgeleiteten QM-Maßnahmen in vorgelagerte Module zurückgeführt werden.

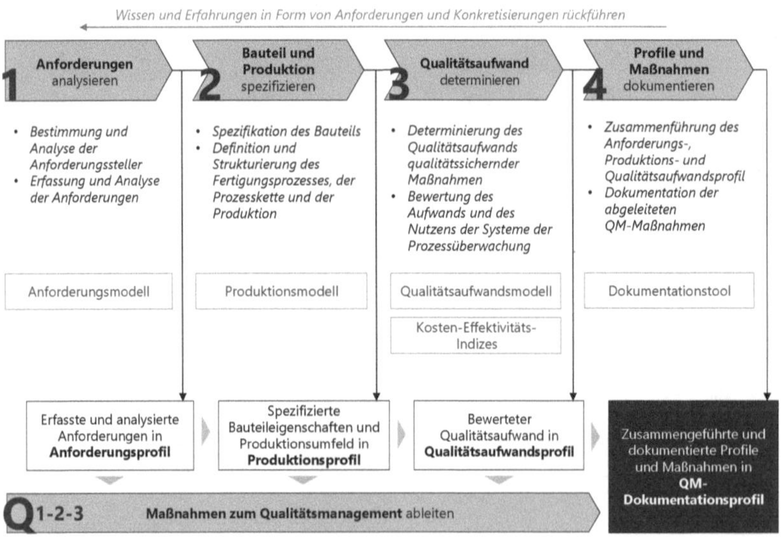

Abbildung 44: Module der Methodik des anforderungsdeterminierten und aufwandsorientierten Qualitätsmanagements für die additive Fertigung

5.2 Detaillierung der Methodik

5.2.1 Modul 1: Anforderungen analysieren

Einer der Grundbausteine des QM ist nach ISO 9001:2015 die Qualitätsplanung. Dabei ist die Qualitätsplanung die „Festlegung der Qualitätsziele und der notwendigen Ausführungsprozesse sowie der zugehörigen Ressourcen zum Erreichen der Qualitätsziele" [DIN15a, S. 25]. Dies beinhaltet in einem prozessorientierten Ansatz das Kennen, Verstehen und Anwenden der Anforderungen verschiedener Anforderungssteller im primären Bezug auf das Bauteil.

Im Rahmen der entwickelten Methodik kann dazu die Anforderungsanalyse in Bezug auf das QM angewendet werden. Diese Anforderungsanalyse als Kernelement des Modul 1 bildet gleichzeitig den Startpunkt des Vorgehensmodells der entwickelten Methodik. Für die Anforderungsanalyse zur Erfassung und Priorisierung verschiedener Anforderungen kann das entwickelte **Anforderungsmodell** genutzt werden (vgl. Abschnitt 3.1.3) erfolgen. Die analysierten Anforderungen werden in ein unternehmens- und bauteilspezifisches **Anforderungsprofil** (vgl. Abbildung 45) überführt. Dieses Anforderungsprofil dient der Dokumentation der analysierten Anforderungen und gleichzeitig der Vorbereitung derselben für die Überführung in konkrete QM-Maßnahmen (vgl. Querschnittsmodul 1-2-3).

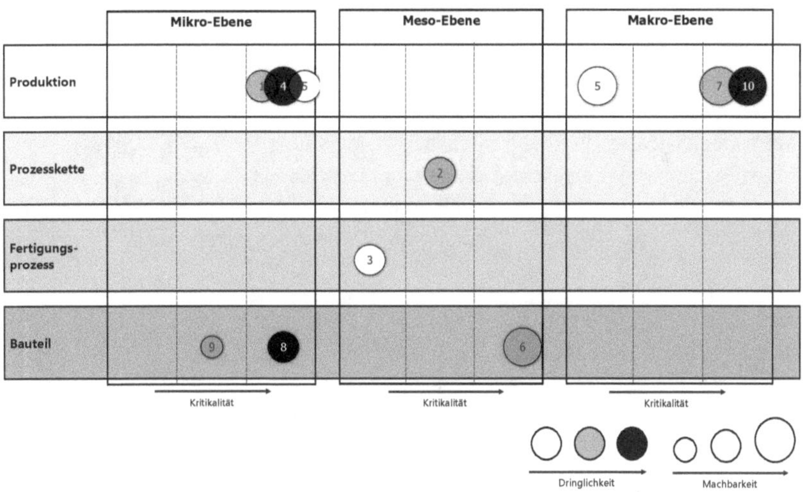

Abbildung 45: Beispielhaftes Anforderungsprofil auf Basis des entwickelten Anforderungsmodells

5.2.2 Modul 2: Bauteil und Produktion spezifizieren

Die analysierten und dokumentierten Anforderungen aus Modul 1 bilden die Basis der Definition der Spezifikation des Bauteils in Bezug auf die Bauteilqualität. Von dieser Spezifikation lassen sich im nächsten Schritt das **Produktionsmodell** (vgl. Abschnitt 4.1) mittels Struktur- und Funktionsanalyse ableiten. Diese Struktur- und Funktionsanalyse erfolgt nach dem Vorbild der System- und Prozess-FMEA [BRÜ15a, S. 758, VDA12a, S. 33]. Daraus können weitere Anforderungen für das QM abgeleitet werden oder bereits in der Anforderungsanalyse dokumentierte Anforderungen konkretisiert und priorisiert werden. Abgeschlossen wird das Modul 2 von der Zusammenführung und Dokumentation der spezifizierten und definierten Informationen im **Produktionsprofil** zur Vorbereitung der Ableitung von QM-Maßnahmen im Querschnittsmodul 1-2-3.

Strukturanalyse

Die Strukturanalyse dient der Identifikation und Bewertung von Prozessen und Abläufe zur Fertigung der Bauteile als sogenannte *Strukturelemente der Produktion*. Dies erfolgt über die modellhafte Nachbildung und Darstellung der einzelnen Strukturelemente. Durch die Strukturanalyse der Prozessketten verschiedener Bauteile können gleiche Strukturelemente als allgemeines Strukturelement (bspw. Pulverlagerung und Fertigung) und unterschiedliche Strukturelemente als prozesskettenspezifisches Strukturelement (bspw. Oberflächenstrahlen und Qualitätskontrolle) definiert werden. Dies ermöglicht die Ableitung von allgemeinen und spezifischen Anforderungen für das QM und die Konkretisierung bereits analysierter Anforderungen aus Modul 1.

Für die Strukturanalyse kann das entwickelte Produktionsmodell als Basis der Systemstruktur dienen (vgl. Abbildung 34). Dabei werden die einzelnen Prozesse und deren Prozessschritte mit den Bauteil-, Werkstoff- und Informationsflüssen strukturiert erfasst und deren Abläufe beschrieben. Die Prozess- und Ablaufbeschreibung kann dabei mittels folgender Methoden erfolgen:

- Funktionsübergreifendes Prozessablaufdiagramm (oder Funktionsblockdiagramm) als modellhafte Beschreibungsmethode, vgl. Abbildung 46 [DIN83, VDA12a]
- Prozesslandkarte (modellhafte Darstellung) [BAY13, S. 37]
- Analytische Prozesstabelle als tabellarisch-vertikales Flowchart [KOC11]

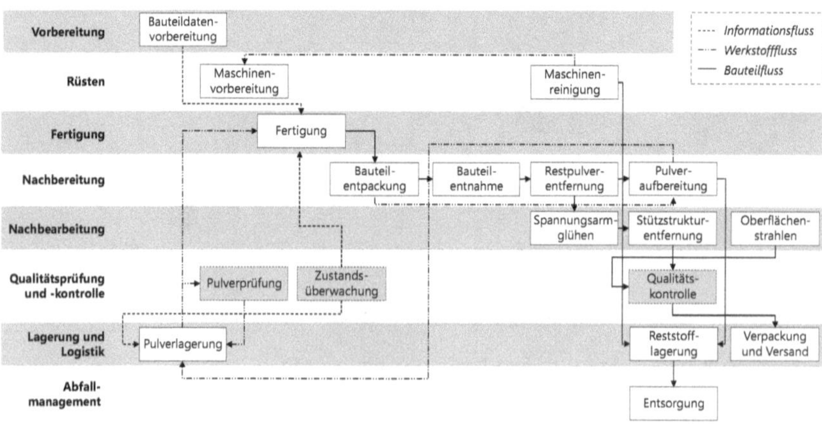

Abbildung 46: Beispielhaftes Produktionsprofil mit Bauteil-, Werkstoff- und Informationsflüssen

Für die computergestützte Umsetzung der Strukturanalyse können beispielhaft folgende Software und digitale Tools genutzt werden:

- Kostenfreie Online-Software, bspw. *moqups*[14], *GitMind*[15]
- Kostenpflichtige Offline-Software, bspw. *Microsoft Visio*[16], *Lucidchart*[17]

Funktionsanalyse

Die mittels Strukturanalyse erarbeitete Systemstruktur sowie die strukturierte Prozess- und Ablaufbeschreibung dient als Voraussetzung für die Identifikation der Funktionen der einzelnen Systemelemente. Hierzu können die Systemelemente in die bereits vorgestellten Prozessarten aus Abschnitt 4.2.1 genutzt werden. Dabei werden diese Prozessarten im Rahmen dieser Funktionsanalyse um die Organisationsprozesse ergänzt:

- Anforderungen der Kernprozesse (KP) und der davon abgeleiteten QM-Maßnahmen werden mit der Priorität 1 bewertet.
- Die Priorisierung der Anforderungen und QM-Maßnahmen der Qualitätsprozesse (QP) liegt bei 2.
- Unterstützungsprozesse (UP) werden mit der Priorität 3 bewertet.
- Prozessoptimierungen und Automatisierung können diese Organisationsprozesse (OP) substituieren, weshalb die Anforderungen und QM-Maßnahmen der OP mit der Priorität 4 bewertet werden.

Auf Basis der gewählten Methode der strukturierten Prozess- und Ablaufbeschreibung und der in der Funktionsanalyse ergänzten Funktionen und Prozessarten kann ein Produktionsprofil erarbeitet werden. Dieses Produktionsprofil bildet die Struktur der Produktion mit deren Prozessketten, Prozessen und Prozessschritten ab und beschreibt die damit verbundenen Funktionen.

[14] *https://moqups.com*, zuletzt geprüft am 10.01.2022
[15] *https://gitmind.com*, zuletzt geprüft am 10.01.2022
[16] *https://www.microsoft.com/de-de/microsoft-365/visio/flowchart-software*, zuletzt geprüft am 10.01.2022
[17] *https://www.lucidchart.com*, zuletzt geprüft am 10.01.2022

Tabelle 25: Beispielhaftes Produktionsprofil auf Basis einer Prozesstabelle zur Prozess- und Ablaufbeschreibung

Prozess	Prozess-art	Funktion	Prozessschritt	Anforderung
Pulver-lagerung	UP	Lagerung von Pulver unter bestimmten Zustandsgrößen • Luftfeuchte • Temperatur • Luftdruck	Einlagern	A#15: klare Zuordnung des Pulver und der Pulverchargen
			Verbleib	A#16: Konditionierung und Überwachung
			Auslagern	
...				
Maschinen-vorberei-tung	KP	Rüsten der Maschine, reproduzierbares Einbringen der Betriebs-, Produktions- und Hilfsmittel sowie Reinigung der Komponenten	Pulverbefüllung	A#17: kein Kontakt von Pulver zu Luft A#18: kein Ausstauben von Pulver (Sicherheit)
			Beschichter-lippe einbrin-gen und kalib-rieren	
			Bauplattform einbringen	A#19: richtige Spezifi-kation der Bauplatte
...			...	

5.2.3 Modul 3: Qualitätsaufwand determinieren

Auf Basis der erfassten und analysierten Anforderungen in Modul 1 sowie der Spezifizierung des Bauteils wurde in Modul 2 das Produktionsumfeld definiert. Dies schließt die Ableitung von Maßnahmen zum QM und zur technischen Umsetzung im QS ein. Um einen verhältnismäßigen Einsatz qualitätssichernder Maßnahmen beim PBF-LB/M für produzierende Unternehmen zu erreichen, wird mittels des in Abschnitt 4.2 entwickelten mathematischen **Modells der Qualitätsaufwand** qualitativ determiniert. Dies soll eine Komplexitätsbeherrschung zur Priorisierung von abgeleiteten Maßnahmen im Rahmen der Methodik ermöglichen. Gleichzeitig bietet es den Anwendern des mathematischen Modells die Möglichkeit, die Qualitätsaufwände einer anforderungs- und bauteilspezifischen Prozesskette für die Kunden-Lieferanten-Interaktion zu bestimmen. Weiterhin können Hotspots des Qualitätsaufwands (qualitätssichernde Maßnahmen mit hohem Qualitätsaufwand) entlang der Prozesskette des PBF-LB/M identifiziert werden, um die Effizienz der Prozesskette zu steigern. Diese Determinierung des Qualitätsaufwands erfolgt im ersten Schritt qualitativ. Der Anwender der Methodik kann im nächsten Schritt die qualitative Determinierung in eine monetär quantitative Determinierung überführen.

Auf Basis des in Abschnitt 4.3 entwickelten und vorstellten **Aufwand-Nutzen-Analyse** können PüS charakterisiert und mittels des *KE-Index* deren Aufwand-Nutzen-Verhältnis verglichen werden. Diese vorgestellten Ergebnisse können durch den Anwender der Methodik auf Basis der produktionstechnischen Rahmenbedingungen adaptiert und spezifiziert werden. Damit dient die Aufwand-Nutzen-Analyse der Investitionsentscheidung des Einsatzes eines PüS, der Priorisierung der Auswahl potentieller PüS sowie der Ableitung von QM-Maßnahmen.

Der bewertete Qualitätsaufwand der qualitätssichernden Maßnahmen sowie die Ergebnisse der Aufwand-Nutzen-Analyse der PüS können in einem **Qualitätsaufwandsprofil** zusammengefasst und dokumentiert werden und so für Modul 4 vorbereitet werden.

5.2.4 Querschnittsmodul 1-2-3: Qualitätsmanagement-Maßnahmen ableiten

Auf Basis den in den Modulen 1, 2, und 3 erarbeiteten und determinierten Anforderungen, Spezifikationen und Qualitätsaufwände werden im Querschnittsmodul 1-2-3 in konkrete QM-Maßnahmen überführt. Damit werden für das Querschnittsmodul 1-2-3 folgende Ziele verfolgt:

- Zusammenfassung der Anforderungen, Spezifikationen und Qualitätsaufwände aus den Modulen 1, 2 und 3
- Ableitung von QM-Maßnahmen auf Basis der erarbeiteten Informationen
- Priorisierung der QM-Maßnahmen für die Umsetzungsplanung und -kontrolle auf Basis der Eigenschaften Kritikalität, Machbarkeit und Dringlichkeit (vgl. Abschnitt 3.4)

Die Erarbeitung der QM-Maßnahmen auf Basis der Anforderungen erfolgt aufbauend auf der Struktur- und Funktionsanalyse aus Modul 2 (vgl. Tabelle 26).

Tabelle 26: Beispielhafte QM-Maßnahmen auf Basis der Struktur- und Funktionaanalyse sowie der abgeleiteten Anforderungen an das QM

Prozess	Prozessschritt	QM-Maßnahme	Bezug zu A#
Pulverlagerung	Einlagern	Chargierung mittels E-Ink-Displays und QR-Codes (M#1)	A#16
	Verbleib	Erfassung und Kontrolle der Temperatur und Luftfeuchte (M#2)	A#15; A#16
	Auslagern		
Maschinen-vorbereitung	Pulverbefüllung	Kontakt von Pulver zu Atmosphäre (Sauerstoff, Feuchtigkeit) unterbinden durch geschlossenen Schüttvorgang (M#3) Sicherstellung der Arbeitssicherheit durch geschlossenen Schüttvorgang (M#3)	A#17; A#18
	Beschichterlippe einbringen und kalibrieren		
	Bauplatte einbringen	Rückverfolgbarkeit der Bauplatte, deren Eigenschaften und Wiedernutzung durch QR-Code auf Bauplatte sicherstellen (M#4)	A#19
...	...		

Eine alternative Darstellung der QM-Maßnahmen zur Priorisierung derselben mittels der Eigenschaften Kritikalität (Kr), Machbarkeit (Ma) und Dringlichkeit (Dr) erfolgt in Tabelle 27.

Tabelle 27: Beispielhafte QM-Maßnahmen und deren Eigenschaften

M#	QM-Maßnahme	Kr	Ma	Dr	Bezug zu A#
1	Chargierung mittels E-Ink-Displays und QR-Codes	2	2	2	A#16
2	Erfassung und Kontrolle der Temperatur und Luftfeuchte	3	1	3	A#15; A#16
3	Geschlossenen Schüttvorgang bei Pulverbefüllung	3	3	3	A#17; A#18
4	QR-Code auf Bauplatte	1	2	1	A#19
...					

5.2.5 Modul 4: Profile und Maßnahmen dokumentieren

In Modul 4 erfolgt die Zusammenstellung, Dokumentation und Verfügbarmachung der abgeleiteten Erkenntnisse und Maßnahmen aus den vorangehenden Modulen. Die Motivation hierfür ist an ISO 9001:2015 angelehnt, nach welcher die Informationen in Bezug auf das QM dokumentiert und in einen Umsetzungsprozess überführt werden müssen [DIN15b]. Daher werden in Modul 4 die erzielten qualitätsbezogenen Informationen und Ergebnisse aus den vorangehenden Modulen 1, 2 und 3 sowie dem Querschnittsmodul 1-2-3 im **QM-Dokumentationsprofil** zusammengeführt und dokumentiert. Dieses QM-Dokumentationsprofil beinhaltet

- die erfassten und analysierten Anforderungen im Anforderungsprofil,
- die definierten Bauteilspezifikationen und das davon abgeleitete Produktionsmodell im Produktionsprofil,
- die determinierten Qualitätsaufwände der qualitätssichernden Maßnahmen
- die Eigenschaften und Bewertung der PüS sowie
- die abgeleiteten und priorisierten QM-Maßnahmen.

Für die Zusammenführung und Dokumentation der Informationen zur Erstellung des QM-Dokumentationsprofils kann ein **Dokumentationstool** verwendet werden. Mittels dieses Dokumentationstool werden auf Basis der in der Industrie gebräuchlichen Software *Microsoft Excel* niedrigschwellig das Anforderungsprofil aus Modul 1, das Produktionsprofil aus Modul 2 sowie das Qualitätsaufwandsprofil aus Modul 3 erstellt werden. Die relevanten Daten können hieraus zur Ableitung und Priorisierung der QM-Maßnahmen im Querschnittsmodul 1-2-3 genutzt werden. Die generierten Informationen können im Dokumentationsprofil zusammenführt und dokumentiert werden.

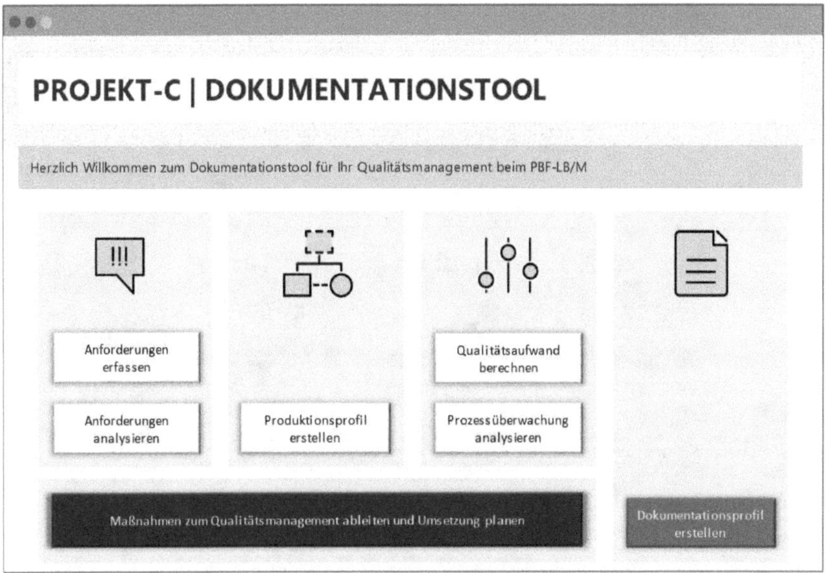

Abbildung 47: Landingpage des entwickelten Dokumentationstools für die entwickelte Methodik mit der Übersicht der Funktionen

In Abbildung 48 ist ein Auszug eines beispielhaften QM-Dokumentationsprofils dargestellt. Dieses QM-Dokumentationsprofil dient der priorisierten Umsetzung der abgeleiteten QM-Maßnahmen, der stetigen Kontrolle der Umsetzung und Einhaltung sowie dem kontinuierlichen Verbesserungsprozess. Weiterhin bildet das QM-Dokumentationsprofil in Anlehnung an ISO 9001:2015 die Basis für eine langfristige und niedrigschwellige Verstetigung des Wissens durch die komprimierte und visuelle Darstellung relevanter Informationen, die Rückverfolgbarkeit sowie Verfügbarkeit am Ort, wo sie benötigt werden [DIN15b, S. 20]. Mittels dieser zusammengeführten und dokumentierten Informationen kann die Umsetzungsplanung und -kontrolle der abgeleiteten QM-Maßnahmen umgesetzt werden. Zur besseren Visualisierung und Steigerung der Anwendbarkeit des QM-Dokumentationsprofils wird der Grad der Eigenschaften in sogenannten *Harvey-Balls*[18] widergegeben.

[18] Harvey-Balls sind Ideogramme, mit denen quantitative Daten einfach veranschaulicht werden können [ZAB21].

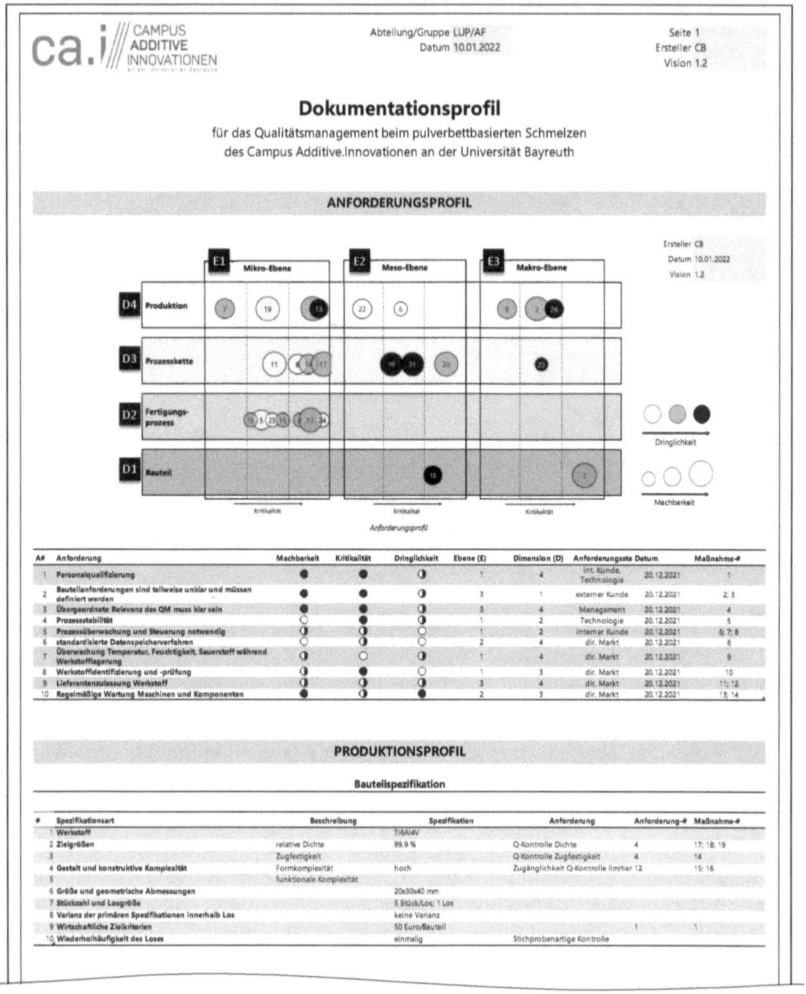

ca.i CAMPUS ADDITIVE INNOVATIONEN

Abteilung/Gruppe LUP/AF
Datum 10.01.2022

Seite 1
Ersteller CB
Vision 1.2

Dokumentationsprofil

für das Qualitätsmanagement beim pulverbettbasierten Schmelzen des Campus Additive.Innovationen an der Universität Bayreuth

ANFORDERUNGSPROFIL

A#	Anforderung	Machbarkeit	Kritikalität	Dringlichkeit	Ebene (E)	Dimension (D)	Anforderungsste	Datum	Maßnahme-#
1	Personalqualifizierung	●	●	◐	1	4	int. Kunde, Technologie	20.12.2021	1
2	Bauteilanforderungen sind teilweise unklar und müssen definiert werden	●	●	◐	3	1	externer Kunde	20.12.2021	2; 3
3	Übergeordnete Relevanz des QM muss klar sein	●	●	◐	3	4	Management	20.12.2021	4
4	Prozessstabilität	○	●	◐	1	2	Technologie	20.12.2021	5
5	Prozessüberwachung und Steuerung notwendig	◐	◐	○	1	2	interner Kunde	20.12.2021	6; 7; 8
6	standardisierte Datenspeicherverfahren	○	◐	○	2	4	dir. Markt	20.12.2021	6
7	Überwachung Temperatur, Feuchtigkeit, Sauerstoff während Werkstofflagerung	◐	○	◐	1	4	dir. Markt	20.12.2021	9
8	Werkstoffidentifizierung und -prüfung	◐	●	○	1	3	dir. Markt	20.12.2021	10
9	Lieferantenzulassung Werkstoff	◐	◐	◐	3	4	dir. Markt	20.12.2021	11; 12
10	Regelmäßige Wartung Maschinen und Komponenten	●	◐	●	2	3	dir. Markt	20.12.2021	13; 14

PRODUKTIONSPROFIL

Bauteilspezifikation

#	Spezifikationsart	Beschreibung	Spezifikation	Anforderung	Anforderung-#	Maßnahme-#
1	Werkstoff		Ti6Al4V			
2	Zielgrößen	relative Dichte	99,9 %	Q-Kontrolle Dichte	4	17; 18; 19
3		Zugfestigkeit		Q-Kontrolle Zugfestigkeit	4	14
4	Gestalt und konstruktive Komplexität	Formkomplexität	hoch	Zugänglichkeit Q-Kontrolle limitier	12	15; 16
5		funktionale Komplexität				
6	Größe und geometrische Abmessungen		20x30x40 mm			
7	Stückzahl und Losgröße		5 Stück/Los; 1 Los			
8	Varianz der primären Spezifikationen innerhalb Los		keine Varianz			
9	Wirtschaftliche Zielkriterien		50 Euro/Bauteil		1	1
10	Wiederholhäufigkeit des Loses		einmalig	Stichprobenartige Kontrolle		

Abbildung 48: Auszug aus dem Dokumentationsprofil für das Qualitätsmanagement beim pulverbettbasierten Schmelzen

5.3 Anwendungsempfehlung der Methodik

Für die Anwendung der Methodik werden zusätzlich folgende Schritte empfohlen:

QM-Maßnahmen planen

Im QM-Dokumentationsprofil sind alle abgeleiteten QM-Maßnahmen zusammengeführt und dokumentiert. Dies bildet den Abschluss der entwickelten Methodik. Im Kontext der

Anwendbarkeit für KMU folgt als nächster Schritt die Planung der Anwendung der abgeleiteten QM-Maßnahmen. Dies kann mittels Zuhilfenahme bekannter und bewährter Methoden des Projektmanagements erfolgen. Beispielhaft sei die visuell unterstützte zeitliche Planung der Anwendung genannt [HAC10, S. 48]. Die Vorgehensweise kann sich am bewährten PDCA-Zyklus orientieren.

Iterative und bidirektionale Anwendung der Methodik

Die bidirektionale Grundstruktur ermöglicht die Rückführung von Erkenntnissen und Erfahrungen in Form von neuen oder präzisierten Anforderungen in vorhergehende Phasen der Methodik über die Schnittstellen der Module.

Kontinuierliche Durchführung

Es wird empfohlen, die einzelnen Module der Methodik nicht nur einmalig beim Aufbau der Prozesskette, sondern regelmäßig durchzuführen. Dies ermöglicht die Etablierung eines kontinuierlichen Verbesserungsprozesses (KVP) [LIN18, S. 650]. Gleichzeitig kann durch die regelmäßige Überprüfung und Implementierung des gegenwärtigen Standes der Wissenschaft und Technik sowie des Marktes für die Prozesskette des PBF-LB/M ein nachhaltiger Unternehmenserfolg in Bezug auf die Bauteilqualität und Wirtschaftlichkeit der Prozesskette gestaltet werden.

Konkretisierung für spezifische unternehmerische Verantwortungsbereiche

Zur Umsetzung und Kontrolle der erarbeiteten Informationen und abgeleiteten QM-Maßnahmen können diese für verschiedene unternehmerische Verantwortungsbereiche (bspw. Prozessmanagement, QM, Vertrieb) konkretisiert und strukturiert aufgearbeitet werden. Dies kann bis zur spezifischen Mitarbeitendenebene erfolgen. Hierzu wird die Nutzbarmachung der erarbeiteten Informationen und abgeleiteten QM-Maßnahmen über ein sogenanntes *QM-Maßnahmen-Canvas* (vgl. Abbildung 49) empfohlen.

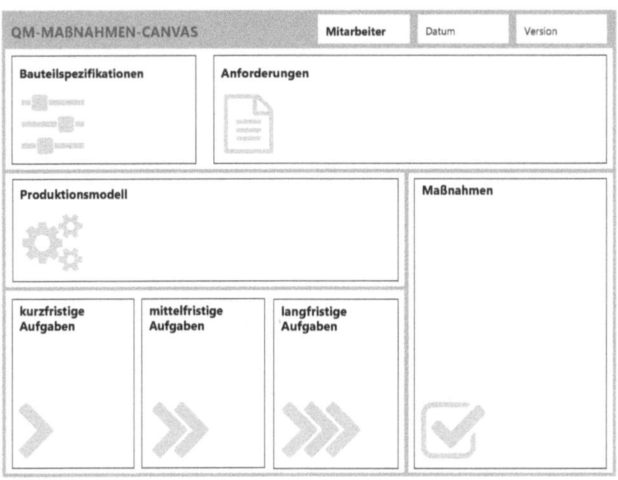

Abbildung 49: QM-Maßnahmen-Canvas

6 Praktische Erprobung der Methodik

In diesem Kapitel wird die praktische Erprobung der entwickelten Methodik im industriellen Umfeld beschrieben. Zunächst werden im Rahmen des Modul 1 der entwickelten Methodik die Anforderungen an das QM allgemein erfasst und analysiert. Anschließend erfolgen auf dieser Grundlage die spezifische Anforderungsanalyse und die Anwendung der Module 2, 3 und 4 der entwickelten Methodik anhand zwei spezifischer Fallstudien. Durch die praktische Erprobung sollen die Wirksamkeit und die Anwendungseignung der entwickelten Methodik unter verschiedenen anwendungsnahen Rahmenbedingungen sichergestellt werden.

6.1 Allgemeine Anforderungsanalyse für das Qualitätsmanagement

Zunächst werden die allgemeinen Anforderungen an das QM für das PBF-LB/M erfasst und analysiert. Diese Anforderungen bilden die Basis für die unternehmensspezifische Anforderungsanalyse.

6.1.1 Anforderungserfassung und -strukturierung

Die Erfassung der allgemeinen Anforderungen an das QM für das PBF-LB/M erfolgte mittels einer qualitativen Forschungsstudie. Die qualitative Forschungsstudie wurde als empirisches Untersuchungsmethode gewählt, da der Fokus auf den zu erfassenden Inhalten und nicht auf belastbaren Fallzahlen liegt [MAT04, S. 421].

Die Zielsetzung der qualitativen Forschungsstudie ist dabei wie folgt: Erfassung des Status Quo der Umsetzung des QM beim PBF-LB/M industrieller Anwender und Beschreibung der momentanen Herausforderungen und zukünftiger Erwartungen in Form von Anforderungen verschiedener Anforderungssteller. Dabei stehen die folgenden Leitfragen im Fokus:

***Leitfrage 1**: Wie wird das QM beim PBF-LM/M in der industriellen Praxis umgesetzt?*

***Leitfrage 2**: Welche Erfahrungen sind damit verbunden und welche Stärken und Schwächen treten auf?*

***Leitfrage 3**: Welche technologischen Limitationen sind mit dem PBF-LB/M und dem QM verbunden, die die Bauteilqualität einschränken und die Anwendung eines QM für das PBF-LB/M hemmen?*

Zur Beantwortung dieser Leitfragen und damit die Erfüllung der Zielsetzung der qualitativen Forschungsstudie, wurden 13 Anwender des PBF-LB/M mittels Online-Erhebung befragt. Aufgrund der Tatsache, dass der vorliegende Forschungsgegenstand keine direkte Beobachtung des Forschungsobjekts zulässt, wurde eine schriftliche Befragung gewählt. Dabei lag der Schwerpunkt der Befragten auf Geschäftsführer, Abteilungsleiter sowie Entwickler in KMU und großen Unternehmen. Die befragten Unternehmensvertreter sind primär der Automobil- und Maschinenbaubranche zuzuordnen.

Für die qualitative Forschungsstudie wurde folgendes Studiendesign gewählt:

- Im ersten Teil wurden Hypothesen in Bezug auf die beschriebenen Leitfragen überprüft (konfirmatorisches Studiendesign) [BAC16, S. 24]. Dies erfolgte durch eine geschlossene Fragestellung [KRE14, S. 79]. Die Befragten wurden nach spezifischen Gründen für Problemstellungen befragt. Daneben erfolgte eine Befragung nach dem Grad der Zustimmung zu den Hypothesen basierend auf der Likert-Skala[19].
- Der zweite Teil wurde explorativ gestaltet und erlaubt damit offene Fragestellungen. Diese Fragestellungen wurden gewählt, um den Betrachtungsraum der Befragten nicht einzuschränken und Suggestionen von Antworten zu vermeiden. Weiterhin erlauben offene Fragestellungen umfangreiche und differenzierte Antworten [BAU14, S. 713]. Hiermit wurden insbesondere die Leitfrage 3 adressiert.

Der Erhebungsbogen der qualitativen Forschungsstudie ist im Anhang abgedruckt.

Anforderungsstrukturierung

Die erfassten Informationen der qualitativen Forschungsstudie wurden computergestützt ausgewertet. Aus den ausgewerteten Informationen konnten allgemeine Anforderungen verschiedener Anforderungssteller abgeleitet werden. Dies erfolgte bei den Fragen des ersten Teils direkt aufgrund der geschlossenen Fragestellungen. Im zweiten Teil der Forschungsstudie wurden die natürlichsprachlich formulierten Informationen formalisiert sowie hierarchisiert und homogenisiert, um ein gleichmäßiges Detaillierungsniveau der Anforderungen zu erhalten.

6.1.2 Anforderungsverständigung und -dokumentation

Die Priorisierung der abgeleiteten Anforderungen in der Phase der Anforderungsverständigung erfolgte mittels der Bewertung der Eigenschaften Kritikalität, Machbarkeit und Dringlichkeit. Diese Eigenschaften wurden in der qualitativen Forschungsstudie nicht direkt erfasst. Die Priorisierung der erfassten Anforderungen in diesen Eigenschaften des Anforderungsprofils wurde daher mittels des Grades der Zustimmung zu den Hypothesen im ersten Teil der Forschungsstudie sowie mittels der erfassten Informationen der offenen Fragestellungen im zweiten Teil der Forschungsstudie durchgeführt.

Im Anhang sind die Anforderungen aus der allgemeinen Anforderungsanalyse gelistet.

[19] Die Likert-Skala ist die am weitesten verbreitete Skalierungsmethode in der empirischen Forschung und geht von „Trifft zu" bis zu „Trifft nicht zu" mit äquidistanter Skalierung [LIK32].

In Abbildung 50 sind die Anforderungen entsprechend deren Eigenschaften im Anforderungsmodell zusammengeführt und visualisiert. Die Zahlen der Anforderungen entsprechen dabei der laufenden Nummer der Anforderungen (A#).

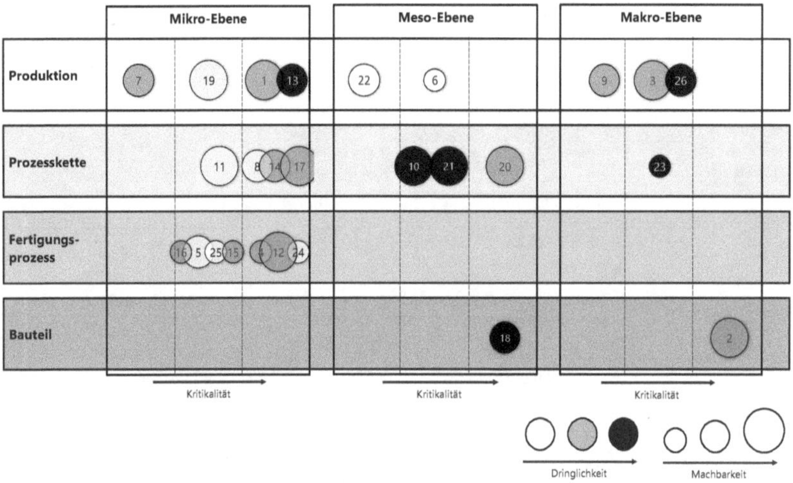

Abbildung 50: Anforderungsprofil der allgemeinen Anforderungsanalyse

Mit den erfassten und dokumentierten Anforderungen im Anforderungsprofil werden QM-Maßnahmen abgeleitet. Dabei werden die Anforderungen mit hoher Kritikalität, Dringlichkeit und Machbarkeit priorisiert.

Tabelle 28: Abgeleitete QM-Maßnahmen in der allgemeinen Anforderungsanalyse

Maßnahmen-kategorie	QM-Maßnahme	M#
Standardisierung	Standardisierung von Prozessarbeitsschritten durch Arbeitsanweisungen und Fertigungsbeschreibungen	1
	Regelmäßige Wartung der Maschinen und Anlagen (Kontrolle mittels digitalem Wartungsplan und Erinnerungsmails)	2
	Standardisierte Qualitätskontrolle	3
Personal	Regelmäßige Personalqualifizierung für Prozesssteuerung, Materialhandling und Qualitätsmanagement	4
	Sensibilisierung des Personals bzgl. übergeordneter Relevanz des QM, Reproduzierbarkeit und menschlicher Einfluss auf Bauteilqualität	5
	Aufbau und Etablierung von Werkzeugen zum unternehmensinternen Wissensmanagement und Wissenstransfer	6

Maßnahmen-kategorie	QM-Maßnahme	M#
Technologie-einsatz	Überwachung der Klimabedingungen in der Fertigungsumgebung und Dokumentation in Produktionsdatenbank	7
	Teilautomatisierte und digital unterstützte Auswertung der erfassten Prozessdaten durch Prozess- und Zustandsüberwachung	8
	Wahl der Stichprobengröße der Qualitätskontrolle auf Nichtkonformität entsprechend Anwendungsfall	9
Kunden- und Lieferanten-interaktion	Identifikation von wirklich bestehenden Bauteilanforderungen durch Kundengespräche und standardisierte Formulare und Methoden	10
	Lieferantenqualifikation und regelmäßige Überprüfung	11
	Etablierung Qualitätssicherungsvereinbarung mit Kunde	12
Dokumentation	Dokumentation der Spezifikation des Bauteils sowie der Datenvorbereitung durch Speicherung des Slicing-Datensatzes	13
	Dokumentation der Pulverchargen und Werkstoffrückverfolgbarkeit mittels QR-Code und digitalem Materialmanagementsystem	14
	Dokumentation der Log-Daten der Fertigungsmaschine (Maschinenstellgrößen, Zustandsgrößen in Maschine) in Maschinendatensatz	15

6.2 Fallstudie 1: Praktische Erprobung im Industrieumfeld 1

Die erste Fallstudie im industriellen Umfeld bezieht sich auf ein produzierendes Unternehmen im Maschinen- und Anlagenbau. Zusammen mit diesem Unternehmen wurde die entwickelte Methodik praktisch erprobt. Das Unternehmen ist nach der sogenannten *KMU-Definition* der Europäischen Kommission als großes Unternehmen zu definieren [EUR03].

6.2.1 Rahmenbedingungen und Szenario

Abbildung 51: Auf einer Maschine des PBF-LB/M gefertigte Bauteile und Prüfkörper in Fallstudie 1

Die additive Fertigung wird im Unternehmen sowohl für die Fertigung von individuellen Prototypen und Serienbauteilen für die Eigennutzung als auch für die Fremdfertigung genutzt. Am zentralen Produktionsstandort der additiven Fertigung verfügt das Unternehmen über eine Maschinenausstattung des PBF-LB/M von vier Fertigungsmaschinen mit Bauvolumina von etwa (100×100×100) mm^3 bis zu (400×400×400) mm^3. Dabei sind drei dieser Fertigungsmaschinen eines Maschinenherstellers und eine von einem anderen Maschinenhersteller. Als Werkstoffe finden insbesondere Edelstähle (bspw. AISI 316 L) und Nickelbasis-Legierungen (bspw. AISI Alloy 59) Anwendung (vgl. Abbildung 51). In Tabelle 29 erfolgt die Typologisierung der Fallstudie 1.

Tabelle 29: Typologisierung der Fallstudie 1

Typologisierungsmerkmal	**Ausprägung des Typologisierungsmerkmals**			
Unternehmensgröße	Klein	Mittel		Groß
Bauteillosgrößen	Einzelstück	Kleinstserie	Kleinserie	Serie
Bauteilanwendung	Luft- und Raumfahrt	Maschinenbau	Automobilbau	
Maschinenhersteller	Ein Maschinenhersteller	Verschiedene Maschinenhersteller		

Das Unternehmen verfügt über Expertise über das strategische und taktische QM in der Produktion. Dieses Wissen soll für den sich im langfristigen Aufbau und Ausbau befindlichen Produktionsbereich der additiven Fertigung adaptiert werden. Dabei liegt der Fokus des Unternehmens auf dem additiven Fertigungsverfahren PBF-LB/M (vgl. Produktionsprofil in Abbildung 54). Weiterhin erfolgt zum gegenwärtigen Zeitpunkt eine Sondierung weiterer Märkte und ein Ausbau der Geschäftsmodelle in Bezug auf die additive Fertigung. In diesem Kontext wird vom Unternehmen eine Qualitätsführerschaft als Alleinstellungsmerkmal (engl. Unique Selling Proposition, USP) angestrebt.

Die entwickelte Methodik zum anforderungsdeterminierten und aufwandsorientierten QM in der additiven Fertigung soll im Unternehmen angewendet werden, um die bereits existierende Wissensbasis weiter zu systematisieren und somit die Entscheidungsgrundlage in der Prozessentwicklung und des Prozessmanagements sowie im QM zu festigen. Zusätzlich soll durch die Methodikanwendung die Wirtschaftlichkeit und Qualität von zukünftigen Kundenfertigungsprojekten und internen Prozessoptimierungsprojekten gesteigert werden.

6.2.2 Anwendung der Methodik

Für die vorliegende Fallstudie 1 wurde, wie in der entwickelten Methodik vorgesehen, die Module 1, 2 und 3 sowie das Querschnittsmodul 1-2-3 zur Erarbeitung der QM-Maßnahmen durchgeführt. Die Ergebnisse des Querschnittsmoduls 1-2-3 finden sich in den einzelnen Modulen wieder.

Modul 1: Spezifische Anforderungsanalyse

Die Anforderungserfassung als erste Phase der spezifischen Anforderungsanalyse erfolgte mit dem leitenden Projektingenieur im Rahmen von Experteninterviews (geführte Befragung). Diese Experteninterviews wurden ergänzt durch eine Prozess- und Tätigkeitsanalyse. Dazu wurde das vorgestellte **Dokumentationstool** für *Microsoft Excel* verwendet. Die Erfassung der Anforderungen erfolgt dabei mittels vorgestellter *Requirement-Card* als Eingabemaske (vgl. Abbildung 52).

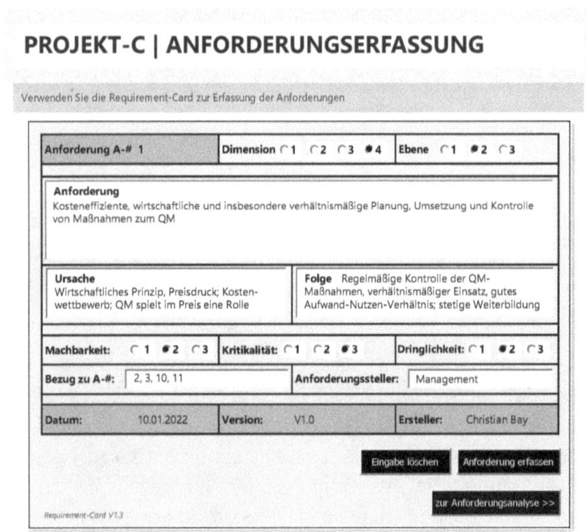

PROJEKT-C | ANFORDERUNGSERFASSUNG

Verwenden Sie die Requirement-Card zur Erfassung der Anforderungen

Anforderung A-# 1 | Dimension ○1 ○2 ○3 ●4 | Ebene ○1 ●2 ○3

Anforderung
Kosteneffiziente, wirtschaftliche und insbesondere verhältnismäßige Planung, Umsetzung und Kontrolle von Maßnahmen zum QM

Ursache
Wirtschaftliches Prinzip, Preisdruck; Kostenwettbewerb; QM spielt im Preis eine Rolle

Folge Regelmäßige Kontrolle der QM-Maßnahmen, verhältnismäßiger Einsatz, gutes Aufwand-Nutzen-Verhältnis; stetige Weiterbildung

Machbarkeit: ○1 ●2 ○3 | Kritikalität: ○1 ○2 ●3 | Dringlichkeit: ○1 ●2 ○3

Bezug zu A-#: 2, 3, 10, 11 | Anforderungssteller: Management

Datum: 10.01.2022 | Version: V1.0 | Ersteller: Christian Bay

Eingabe löschen | Anforderung erfassen

zur Anforderungsanalyse >>

Requirement-Card V1.3

Abbildung 52: Beispielhafte Anforderungserfassung mittels Requirement-Card im programmierten Dokumentationstool für Microsoft Excel

Die Anforderungsstrukturierung und Anforderungsverständigung erfolgte auf Basis der in der Phase Anforderungserfassung beschriebenen Eigenschaften für jede Anforderung.

In Tabelle 30 sind die verschriftlichten und analysierten Anforderungen für Fallstudie 1 gelistet. Es zeigt sich, dass durch die Unternehmensstruktur und -größe maßgebliche innerbetriebliche Vorgaben zum QM bestehen (bspw. A#1, A#4, A#19). Hier wird der Fokus sowohl bei wirtschaftlichen Anwendung von QM-Maßnahmen als auch in der Kundenkommunikation auf das Personal und dessen Qualifikation gelegt (bspw. A#7, A#10, A#11). Der Einsatz von Technologien für die Bauteilfertigung und das QM insbesondere bei der Prozessüberwachung wird herstellerunabhängig und prozessoffen gestaltet (bspw. A#8, A#9).

Tabelle 30: Erfasste und analysierte Anforderungen für Fallstudie 1

A#	Anforderung	Kr	Ma	Dr	Ebe	Dim	Anforderungs-steller
1	Kosteneffiziente, wirtschaftliche Umsetzung des QM (Mindestmaß und verhältnismäßiger Einsatz)	2	3	2	2	4	Management
2	Konfigurierbare Systeme und Prozesse zur Prozessadaptierung	2	2	2	3	3	Management
3	Robuste und qualitätsfähige Prozesse	2	1	1	1	2	dir. Markt
4	Zertifizierung nach ISO 9001, allgemeine QM-Normen	3	3	3	1	4	ext. Kunde, Markt
5	Zertifizierung nach spezifischen Branchennormen wird angestrebt	2	1	1	3	4	ext. Kunde
6	Bauteilanforderungen mindern sich in der Kunden-kommunikation	3	3	2	3	1	ext. Kunde
7	Eigenverantwortliche Umsetzung des QM und Ableitung der QM-Maßnahmen auf Personalebene	2	3	2	1	4	Management
8	Unabhängigkeit von Maschinen-OEM und System-anbietern wird angestrebt	2	3	3	1	1	int. Kunde
9	Adaptierung auf neue Technologien und Maschi-nengenerationen muss möglich sein	1	2	2	1	1	Management
10	Spezifisches QM- und Prozessknowhow der Mitarbeitenden wird gepflegt und fokussiert	2	3	3	3	4	int. Kunde
11	Regelmäßige und eigenverantwortliche Fort- und Weiterbildung werden gefordert	1	3	2	3	4	Management
12	Robuste Prozessgestaltung auf Basis des unterneh-merischen Knowhow	3	3	3	1	2	Management
13	Spezialisierung auf Nischen (Kunden und Anwen-dungen) und spezifische Normen	3	1	2	2	4	Management
14	Nachhaltiger Ressourcenverbrauch, Nachweis der Nachhaltigkeit über Audits und Lieferantenqualifi-zierungen	2	3	2	3	3	externe Kunde
15	Zertifiziertes Umweltmanagement nach ISO 14000	3	2	2	2	4	externe Kunde
16	Resiliente Kunden- und Lieferantenbeziehung	3	2	2	3	4	externe Kunde
17	Bereitstellung von Monitoring-Daten zur Q-Dokumentation	2	1	1	1	2	Management
18	In-Situ-Messung von Fehlern und Prozessanoma-lien wünschenswert zur Substitution von kostenin-tensiver Q-Kontrolle	2	1	2	1	2	Management
19	Einhaltung Unternehmensnormen (Laborprüfung, Lieferantenqualifizierung)	1	3	3	1	3	Management
20	Bauteilanforderungen für jeden Teilprozess (AF, Nachbearbeitung) selbst kontrollieren	2	1	1	1	3	Management
21	Weitergabe von erfassten Qualitätsdaten während Prozess	3	1	1	1	2	Management
22	PüS sind fehleranfällig in der Dateninterpretation sowie Steuerung und Regelung der Prozesse	1	2	1	1	2	Technologie
23	Kosten-Nutzen von Schmelzbadüberwachung nicht wirtschaftlich umsetzbar	1	1	1	2	2	direkter Markt
24	Exakte Einhaltung der vorgegebenen Bauteil-anforderungen und Prozessvorgaben	1	2	2	1	1	direkter Markt
25	100 %-Qualitätskontrolle der Bauteile am Ende nicht nötig	2	3	3	1	1	direkter Markt
26	Sicherstellung der Reproduzierbarkeit der Bauteilqualität	2	3	2	2	4	Management

Kr: Kritikalität; **Ma**: Machbarkeit; **Dr**: Dringlichkeit;

Ebe: Ebene (sek. Teilmodell); **Dim**: Dimension (tert. Teilmodell)

Abschließend wurden die erfassten und beschriebenen Anforderungen in einem Matrix-Anforderungsprofil dokumentiert und für die Erarbeitung der QM-Maßnahmen vorbereitet. Abbildung 53 zeigt die analysierten Anforderungen für die Fallstudie 1 in einem Matrix-Anforderungsprofil. Die verschriftlichten Anforderungen werden im Anhang gelistet.

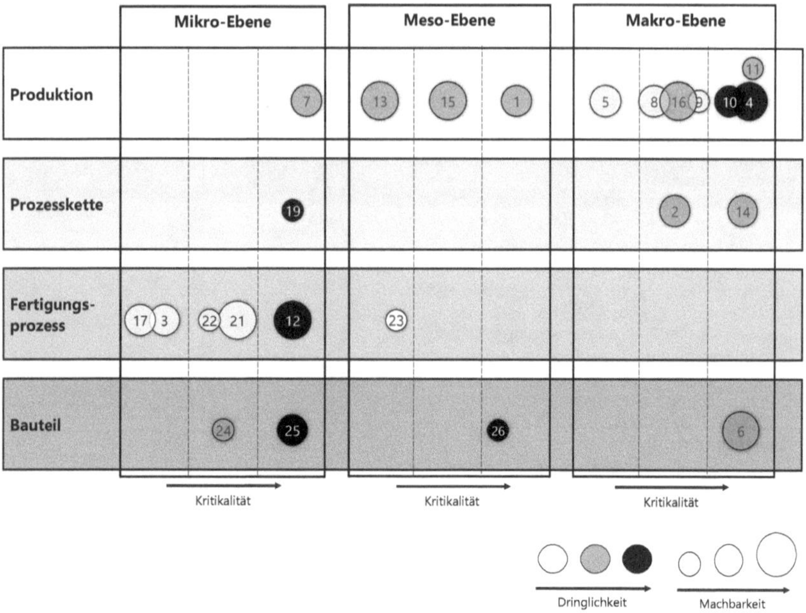

Abbildung 53: Anforderungsprofil für die Fallstudie 1

Aus dem Anforderungsprofil kann gefolgert werden, dass sich die Mehrheit der erfassten Anforderungen in der strategieorientiert-planerischen *Makro-Ebene* mit hoher Dringlichkeit und gleichzeitig hoher Kritikalität befinden. Dies lässt den Rückschluss zu, dass sich das Unternehmen in der Fallstudie 1 primär mit Anforderungen mit langfristigen Wirkungszeitraum des QM befasst. Zusätzlich wird ersichtlich, dass sich die Anforderungen in organisationsorientiert-taktischen *Meso-Ebene* insbesondere in der Dimension der Produktion befinden. Dies bestätigt die Plausibilität der Anforderungen und deren Eigenschaften, da sich Anforderungen in Bezug auf die Wirtschaftlichkeit (*Meso-Ebene*) weniger aus den Prozessen, sondern aus den übergelagerten Zusammenhängen, ableiten lassen.

Auf Basis des Anforderungsprofils wurden im Querschnittsmodul 1-2-3 konkrete QM-Maßnahmen abgeleitet.

Diese können in die folgenden Maßnahmenkategorien untergliedert werden:

- **Technologische Qualitätssicherung** (u. a. A#2, A#9, A#10): Prozess- und Zustandsüberwachung der Prozesse und Prozesskette
- **Personalqualifizierung und -management** (u. a. A#8, A#11, A#12): QM-Maßnahmen für die Aus- und Weiterbildung von Hard und Soft Skills
- **Wirtschaftlichkeit und Produktmanagement** (u. a. A#1, A#10, A#11): Strategische und taktische QM-Maßnahmen für einen nachhaltigen Unternehmenserfolg
- **Kundenkommunikation und -interaktion** (A#6, A#26, A#29): QM-Maßnahmen für die starke Integration des Kunden in Prozessgestaltung
- **Zertifizierung und Normung** (u. a. A#4, A#5, A#24): QM-Maßnahmen für die Erarbeitung sowie Einhaltung externer und interner allgemeiner Standards

Tabelle 31: Abgeleitete QM-Maßnahmen auf Basis des Anforderungsprofils in Fallstudie 1

Maßnahmen-kategorie	QM-Maßnahme	Kr	Ma	Dr	M#	A#
Technologische Qualitäts-sicherung	Zustandsüberwachung im Fertigungsprozess T, rF	3	2	3	16	2; 9; 10; 27; 28
	Anbieterunabhängigkeit der Systeme (Hard- und Software)	2	3	1	17	
	Offene Systeme der Prozess- und Zustandsüberwachung für neue Maschinengenerationen	2	3	1	18	
Personal-qualifizierung und -manage-ment	Regelmäßige Aus- und Weiterbildung zur Stärkung der technischen Hard-Skills und organisatorischen und strategischen Soft-Skills	3	2	2	19	7; 8; 10; 11, 12
	Stärkung des eigenverantwortlichen Handelns im Qualitätsmanagement beim Personal	2	2	1	20	
	Stichprobenartige Überprüfung der manuellen Tätigkeiten auf Einhaltung der Arbeitsanweisungen	2	3	1	21	
Wirtschaftlich-keit und Produkt-management	Regelmäßige Kontrolle/Wartung der Prozesse und Systeme durch Wartungsplan	2	3	1	22	1; 10; 11; 16; 19
	Erhöhung der Resilienz der Prozesse und Systeme durch Lieferanten- und Kundenunabhängigkeit	2	3	1	23	
	Etablierung von USP zu Prozessknowhow, Nischenprodukten und nachhaltigen Produkten zur Steigerung der Wettbewerbsfähigkeit	2	2	1	24	
Kunden-kommunikation und -interaktion	Starke Integration des Kunden in Prozessgestaltung durch standardisierte Vertriebsprozesse	3	2	2	25	6; 26; 29
	Aufklärung der Kunden über Prozesse und Zusammenhänge der Fertigung	2	3	2	26	
	Prozessmonitoring nicht nur auf Qualitätskontrolle beschränken, sondern Schaffen von Vertrauen (Qualitätssicherung)	3	1	2	27	
Zertifizierung und Normung	Prüfung der Relevanz und Einhaltung externer und interner allgemeiner Zertifizierungen	3	2	3	28	4; 5; 13; 24
	Stärkere Fokussierung auf Spezialisierung auf branchenspezifische Normen	2	2	2	29	
	Einbringung in Normungs- und Gremienarbeit zur aktiven Gestaltung und frühzeitigen Nutzbarmachung von Normen und Zertifizierungen	1	2	2	30	

Modul 2: Produktionsprofil

Nach der Anforderungsanalyse und der Erarbeitung der damit in Bezug stehenden QM-Maßnahmen wurden für die Fallstudie die Bauteilspezifikation definiert. Dies erfolgt in Fallstudie 1 anhand eines für das Unternehmen typischen Anwendungsfalls. Für diesen Anwendungsfall werden die Bauteilspezifikationen in Tabelle 32 definiert.

Tabelle 32: Bauteilspezifikation der Fallstudie 1

primäre und sekundäre Spezifikationen		Wert bzw. Eigenschaft
Werkstoff		316 L
Zielgrößen	relative Dichte	99,0 %
	Zugfestigkeit	640 ± 50 MPa (*x*,*y*) 540 ± 55 MPa (*z*)
	Anwendung Bauteil	Prototypenfertigung im Maschinenbau
Gestalt und Komplexität	Formkomplexität	hoch
	funktionale Komplexität	mittel
Größe und geometrische Abmessungen		$(20 \times 30 \times 40)\ mm^3$
Stückzahl und Losgröße		5 Stück/Los; 1 Los
Varianz der primären Spezifikation innerhalb Fertigungsauftrag		keine Varianz
Wirtschaftliche Zielkriterien		50 €/Bauteil
Wiederholhäufigkeit des Bauteils und Loses		einmalig bis zweimalig

Auf Basis der definierten Bauteilspezifikation wird für die Fallstudie 1 das Produktionsprofil definiert. Hierfür wird das entwickelte Produktionsmodell angewandt und die Prozesse, Prozesskette und das Produktionsumfeld definiert. Abbildung 54 zeigt das Produktionsprofil für die Fallstudie 1 anhand eines modellhaften Flussdiagramms.

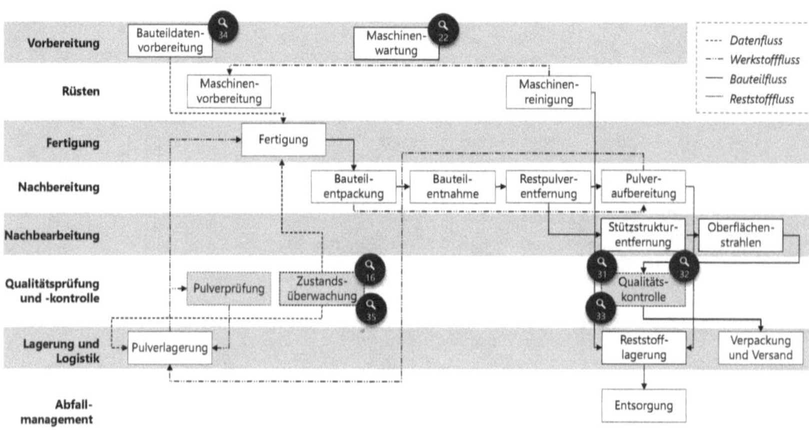

Abbildung 54: Produktionsprofil der Fallstudie 1

Die mittels des Produktionsprofils im nächsten Schritt (im Querschnittsmodul 1-2-3) abgeleiteten QM-Maßnahmen werden in Abbildung 54 in den farbigen Kreisen unter Nennung der fortlaufenden Nummerierung der QM-Maßnahmen (M#) gekennzeichnet. Die Auflistung dieser mit den zusätzlichen Eigenschaften der Kritikalität, Machbarkeit und Dringlichkeit sind in Tabelle 33 gelistet.

Tabelle 33: Abgeleitete QM-Maßnahmen auf Basis des Produktionsprofils in Fallstudie 1

Maßnahmen-kategorie	QM-Maßnahme	Kr	Ma	Dr	M#
Qualitätskontrolle Zielgrößen	Q-Kontrolle Dichte	3	2	3	31
	Q-Kontrolle Zugfestigkeit	3	2	3	32
	Stichprobenartige Qualitätskontrolle aufgrund Anwendungsfall Protoyping ausreichend (n=5)	3	3	3	33
Bauteildaten-vorbereitung	Komplettes Los auf einer Bauplatte verteilt mit großem Randabstand	3	3	3	34
Maschinen-überwachung	Maschinenüberwachung und -regelung von Pulverbett (Beschichtung)	3	3	2	35

Modul 3: Qualitätsaufwand

Auf Basis der erfassten und analysierten Anforderungen konnten für die Fallstudie 1 folgende qualitätssichernde Maßnahmen abgeleitet werden (vgl. Tabelle 34):

Tabelle 34: Qualitätssichernde Maßnahmen für Fallstudie 1

Prozess	Qualitätsprozessschritt QPS	Erfassungsmethode
Pulvereingangs-prüfung	Messung der Partikelgröße, der Partikelgrößenverteilung und der Partikelmorphologie	Dynamische Bildanalyse
	Messung des Fließverhaltens	Powder Analyzer
Pulverlagerung	Zustandsüberwachung Temperatur	Temperaturfühler
	Zustandsüberwachung Feuchtigkeit	Klimafühler
Fertigungs-prozess	Zustandsüberwachung Temperatur, Sauerstoffgehalt, Druck	in Fertigungsmaschine integrierte Klimasensor, Sauerstoffsensor und Barometer
Qualitätskon-trolle Bauteile (SPF = 0,2)	Messung der Zugfestigkeit	Zugprobenversuch
	Messung der Oberflächengüte	3D-Scanning
Maschinen-wartung	Messung der Laserleistung und Laserkaustik	Ophir BeamWatch AM

Unter Anwendung des entwickelten mathematischen Modells des Qualitätsaufwands kann der qualitative Qualitätsaufwand für die Zeit, die Kosten und das Wissen berechnet werden. Für den Vergleich der qualitativen Qualitätsaufwände der vorgestellten Fallstudien sei auf Abschnitt 6.4.1 verwiesen. Werden die qualitativen Qualitätsaufwände monetär quantifiziert, ergeben sich folgende quantifizierten Qualitätsaufwände (Annahme: W_Z = 50 €/h und *SPF* = 0,2; vgl. Tabelle 35). Da die Bewertungsstufe 5 nach oben offene Kosten- und Zeitintervalle aufweist (vgl. Tabelle 11), erfolgt die Angabe der monetär quantifizierten Zeit- und Kostenaufwände mit einer Mindest-Angabe (vgl. Tabelle 35).

Tabelle 35: Monetär quantifizierte Qualitätsaufwände der Zeit und der Kosten sowie qualitativer Qualitätsaufwand des Wissens für Fallstudie 1

Qualitätsaufwand	Kennwert	
$A_{Z,quant}$	151 € - mind. 335 €	pro Messung
$A_{K,quant}$	155.800 € - mind. 397.100 €	pro sechs Jahre
	25.967 € - mind. 66.183 €	pro Jahr
A_W	41 von maximal 120 Pkt. (34 %)	für die Messung

Prozessüberwachung

Nach der analysierten Anforderung A#18 ist der Einsatz einer Prozessüberwachung aus wirtschaftlichen Gesichtspunkten anzustreben, da die hohen monetären und personellen Aufwände der Qualitätskontrolle von Bauteilen oder Begleitproben reduziert werden könnten. Aufgrund der erfassten und analysierten Anforderungen A#22 und A#23 besteht zum gegenwärtigen Zeitpunkt kein dringender und kritischer Umsetzungsbedarf der Anwendung von PüS zur Schmelzbadüberwachung, da diese Systeme in Bezug auf die Rahmenbedingungen vom Unternehmen als fehleranfällig angesehen werden.

Für maschinenspezifische PüS der bei Unternehmen vorhandenen Fertigungsmaschinen ergibt sich ein *KE-Index* von 1.260 bzw. 1.047. Ein maschinenunabhängiges PüS – bei welchem die erfassten Daten extern auf den Servern der Systemanbieter analysiert und gespeichert werden – ist für das Unternehmen nicht umsetzbar, da die erfassten und analysierten Daten des Fertigungsprozesses aufgrund unternehmerischer Leitlinien nicht an betriebsfremde Server übertragen werden dürfen. Daraus ergibt sich für die Fallstudie 1 die QM-Maßnahme M#36, dass ausschließlich das PüS zur Pulverbettüberwachung eingesetzt wird, da dies prozessstabiler im Vergleich zur Schmelzbadüberwachung eingesetzt werden kann.

Aus dem Qualitätsaufwandsprofil lassen sich die in Tabelle 36 weiteren QM-Maßnahmen in Fallstudie 1 ableiten.

Tabelle 36: Abgeleitete QM-Maßnahmen auf Basis des Qualitätsaufwandsprofils in Fallstudie 1

Maßnahmen-kategorie	QM-Maßnahme	Kr	Ma	Dr	M#	A#
Technologische Qualitäts-sicherung	Nur Anwendung Pulverbettüberwachung; Schmelzbadüberwachung wenig robust und hoher KE-Index	1	3	2	36	18; 22; 23
Qualitätsprüfung	Qualitätsprüfung der Partikelgrößen-verteilung/Pulvermorphologie	3	3	2	37	4; 19; 21
	Qualitätsprüfung des Fließverhaltens	3	3	2	38	

Modul 4: Qualitätsdokumentation

Nachdem alle vorangehenden Module 1, 2 und 3 sowie parallel das Querschnittsmodul 1-2-3 angewendet wurde, werden die dort erarbeiteten Ergebnisse und Informationen für die Umsetzungsplanung und -kontrolle dokumentiert und damit nutzbar gemacht.

In Abbildung 55 ist ein Ausschnitt des QM-Dokumentationsprofils für die Fallstudie 1 dargestellt. Im Anhang befindet sich das vollständige QM-Dokumentationsprofil der Fallstudie 1.

Fazit aus der Fallstudie 1

In der vorgestellten Fallstudie 1 konnten durch Anwendung der entwickelten Methodik die Anforderungen verschiedener Anforderungssteller erfasst und analysiert werden. Weiterhin wurden die Bauteilspezifikation und das Produktionsmodell definiert sowie die für den Anwendungsfall qualitätsrelevanten Einflussgrößen identifiziert. Auf dieser Basis konnten 38 QM-Maßnahmen abgeleitet werden. Diese Ergebnisse wurden im Dokumentationsprofil transparent und übersichtlich zusammengeführt und damit die Planung und Kontrolle der abgeleiteten QM-Maßnahmen ermöglicht.

Für das Unternehmen in Fallstudie 1 konnte durch die Anwendung der Methodik zum anforderungsdeterminierten und aufwandorientierten QM folgender Nutzen erreicht wurde:

- Kompetenzaufbau und Systematisierung des QM mit dem prozessualen Fokus auf die spezifischen Rahmenbedingungen der additiven Fertigung als Vorbereitung der Adaptierung von unternehmerischen strategischen und taktischen QM-Maßnahmen
- Überprüfung und Steigerung der Wirtschaftlichkeit der bisher umgesetzten und zukünftig geplanten QM-Maßnahamen durch Qualifizierung der Qualitätsaufwände und Aufwand-Nutzen-Abwägung von PüS
- Verfügbar- und Nutzbarmachung der Anforderungen verschiedener Anforderungssteller und prozess- und strategiebezogener Informationen im Kontext des QM für allgemeine und branchenspezifische externe Zertifizierungen und Auditierungen nach ISO 9001

Auf Basis der gewonnenen Erkenntnisse erfolgt im Unternehmen der Fallstudie 1 die Planung und Umsetzung der Maßnahmen und Aktivitäten in Bezug auf das QM. Hierzu zählen unter anderem:

- Planung, Umsetzung und Kontrolle der unternehmensspezifisch priorisierten QM-Maßnahmen, die mittels der Methodik abgeleitet wurden
- Überprüfung und Anpassung der bisherigen QM-Maßnahmen auf Wirksamkeit und Wirtschaftlichkeit
- Konzeptionierung eines Beratungsgeschäftsmodells zur Planung, Konzeptionierung und Umsetzung der QS in der additiven Fertigung
- Ehrenamtliche Mitarbeit in Gremien des VDI und DIN zur additiven Fertigung mit dem Fokus auf Werkstoffcharakterisierung und Prozessqualifizierung

ca.i CAMPUS ADDITIVE INNOVATIONEN

Abteilung/Gruppe Unternehmen 2
Datum 20.10.2021

Seite 1
Ersteller CB
Vision 1.2

Dokumentationsprofil

für das Qualitätsmanagement beim pulverbettbasierten Schmelzen
Fallstudie 1

ANFORDERUNGSPROFIL

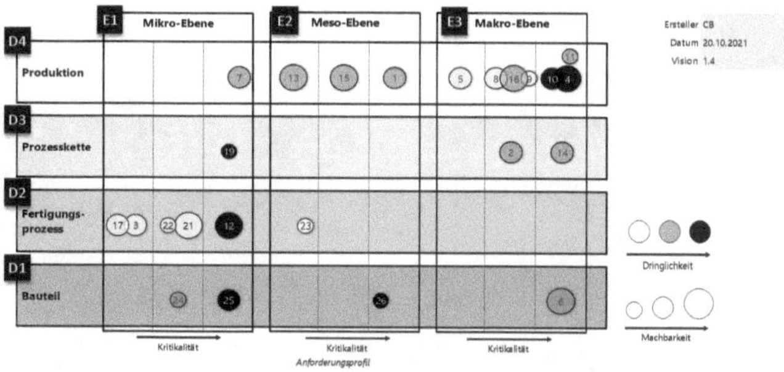

A#	Anforderung	Machbarkeit	Kritikalität	Dringlichkeit	Ebene	Dimension (D)	A-steller 1	A-steller 2	Datum
1	Kosteneffiziente, wirtschaftliche Umsetzung des QM (Mindestmaß und verhältnismäßiger Einsatz)	◑	●	◑	2	4	Management		20.10.2021
2	Konfigurierbare Systeme und Prozesse zur Prozessadaptierung	◑	◑	◑	3	3	Management		20.10.2021
3	Robuste und qualitätsfähige Prozesse	◑	○	○	1	2	Management		20.10.2021
4	Zertifizierung nach ISO 9001, allgemeine QM-Normen	●	●	●	1	4	externe Kunde	direkter Markt	20.10.2021
5	Zertifizierung nach spezifischen Branchennormen wird angestrebt	◑	○	○	3	4	externe Kunde		20.10.2021
6	Bauteilanforderungen mindern sich in der Kundenkommunikation	●	●	◑	3	1	externe Kunde		20.10.2021
7	Eigenverantwortliche Umsetzung des QM und Ableitung von QM-Maßnahmen auf Personalebene	◑	●	◑	1	4	Management		20.10.2021
8	Unabhängigkeit von Maschinen-OEM und Systemanbietern wird angestrebt	◑	●	●	1	1	Management		20.10.2021
9	Adaptierung auf neue Technologien und Maschinengenerationen muss möglich sein	○	◑	◑	1	1	Management		20.10.2021
10	Spezifisches QM- und Prozessknowhow der Mitarbeitenden wird gepflegt und fokussiert	◑	●	●	3	4	Management		20.10.2021
11	Regelmäßige und eigenverantwortliche Fort- und Weiterbildung werden gefordert	○	●	◑	3	4	Management	interner Kunde	20.10.2021
12	Robuste Prozessgestaltung auf Basis des unternehmerischen Knowhows	●	●	●	1	2	direkter Markt		20.10.2021
13	Spezialisierung auf Nischen (Kunden und Anwendungen) und spezifische Normen	●	○	◑	2	4	direkter Markt		20.10.2021
14	Nachhaltiger Ressourcenverbrauch, Nachweis der Nachhaltigkeit über Audits und Lieferantenqualifizierungen	◑	●	◑	3	3	direkter Markt		20.10.2021
15	Zertifiziertes Umweltmanagement nach ISO 14000	●	◑	◑	2	4	direkter Markt		20.10.2021
16	Resiliente Kunden- und Lieferantenbeziehung	●	◑	◑	3	4	Management		20.10.2021
17	Bereitstellung von Monitoring-Daten zur Q-Dokumentation	◑	○	○	1	2	externe Kunde		20.10.2021
18	In-Situ-Messung von Fehlern und Prozessanomalien wünschenswert zur Substitution von kostenintensiver Q-Kontrolle	◑	○	◑	1	2	externe Kunde		20.10.2021
19	Einhaltung Unternehmensnormen (Laborprüfung, Lieferantenqualifizierung)	○	●	●	1	3	interner Kunde		20.10.2021
20	Bauteilanforderungen für jeden Teilprozess (AF, Nachbearbeitung) selbst kontrollieren	◑	○	○	1	3	interner Kunde		20.10.2021
21	Weitergabe von erfassten Qualitätsdaten während Prozess	●	○	○	1	2	interner Kunde		20.10.2021
22	PÜS sind fehleranfällig in der Dateninterpretation sowie Steuerung und Regelung der Prozesse	○	◑	○	1	2	Technologie		20.10.2021
23	Kosten-Nutzen von Schmelzbadüberwachung nicht wirtschaftlich umsetzbar	○	○	○	2	2	Technologie		20.10.2021
24	Exakte Einhaltung der vorgegebenen Bauteilanforderungen und Prozessvorgaben	○	◑	◑	1	1	externe Kunde		20.10.2021
25	100 %-Qualitätskontrolle der Bauteile am Ende nicht nötig	◑	●	●	1	1	externe Kunde	interner Kunde	20.10.2021
26	Sicherstellung der Reproduzierbarkeit und Bauteilqualität	○	●	●	2	1	Technologie		20.10.2021

PRODUKTIONSPROFIL

Bauteilspezifikation

#	Spezifikationsart	Beschreibung	Spezifikation	Anforderung	Anforderung-#	Maßnahme-#
1	**Werkstoff**		316 L			
2	**Zielgrößen**	relative Dichte	99,0	Q-Kontrolle Dichte	4	17; 18; 19
3		Zugfestigkeit	640±50 MPa (x, y) 540±55 MPa (z)	Q-Kontrolle Zugfestigkeit	4	14
4		Anwendung Bauteil	Prototyping	Stichprobenartige Q-Kontrolle		
5	**Gestalt und Komplexität**	Formkomplexität	hoch	Zugänglichkeit Q-Kontrolle limitie	12	15; 16
6		funktionale Komplexität	mittel			
7	**Größe und geometrische Abmessungen**		(20×30×40) mm³			
8	**Stückzahl und Losgröße**		5 Stück/Los; 1 Los			
9	**Varianz der primären Spezifikationen innerhalb Los**		keine Varianz			
10	**Wirtschaftliche Zielkriterien**		50 Euro/Bauteil		1	1
11	**Wiederholhäufigkeit des Loses**		einmalig bis zu zweimalig	Stichprobenartige Kontrolle		

Abbildung 55: Ausschnitt des Dokumentationsprofils für das Qualitätsmanagement beim pulverbettbasierten Schmelzen für die Fallstudie 1

6.3 Fallstudie 2: Praktische Erprobung im Industrieumfeld 2

Die zweite Fallstudie im industriellen Umfeld bezieht sich auf ein Unternehmen, das als Fertigungsdienstleister agiert. Zusammen mit diesem Unternehmen wurde die entwickelte Methodik praktisch erprobt. Das Unternehmen ist nach der sogenannten *KMU-Definition* der Europäischen Kommission als mittleres Unternehmen zu klassifizieren [EUR03].

6.3.1 Rahmenbedingungen und Szenario

Abbildung 56: Produktionshalle für die additive Fertigung des Unternehmens der Fallstudie 2

Die additive Fertigung wird im Unternehmen für die Fertigung von Prototypen und Kleinserienbauteile in der Luft- und Raumfahrt sowie für die Fertigung von Serienbauteilen im Automobilbau genutzt. Am zentralen Produktionsstandort der additiven Fertigung verfügt das Unternehmen über eine Maschinenausstattung des PBF-LB/M von 13 Fertigungsmaschinen mit Bauvolumina von (70×185×122) mm^3 bis zu (800×400×500) mm^3 (vgl. Abbildung 56). Dabei sind alle dieser Fertigungsmaschinen von einem Maschinenhersteller. Als Werkstoffe finden die Titanlegierung TiAl6V4, Edelstahl 316 L und die Aluminiumlegierung AlSi10Mg Anwendung.

In Tabelle 37 erfolgt die Typologisierung der Fallstudie 2.

Tabelle 37: Typologisierung der Fallstudie 2

Typologisierungsmerkmal	**Ausprägung des Typologisierungsmerkmals**			
Unternehmensgröße	Klein	Mittel		Groß
Bauteillosgrößen	Einzelstück	Kleinstserie	Kleinserie	Serie
Bauteilanwendung	Luft- und Raumfahrt	Maschinenbau		Automobilbau
Maschinenhersteller	Ein Maschinenhersteller		Verschiedene Maschinenhersteller	

Das Unternehmen setzt bisher zum QM primär voneinander unabhängige und losgelöste QM-Maßnahmen insbesondere auf prozessualer Ebene ein. Es wird dabei ein systematischer Ansatz des QM angestrebt, sodass eine Zertifizierung nach bspw. ISO 9001 möglich ist. Der Fokus des additiven Fertigungsverfahrens liegt auf dem PBF-LB/M mit den Maschinentechnologien eines Maschinenherstellers (vgl. Produktionsprofil in Abbildung 58). Der Maschinenpark soll strategisch mit Maschinen weiterer Maschinenherstellern erweitert werden.

Die entwickelte Methodik zum anforderungsdeterminierten und aufwandsorientierten QM in der additiven Fertigung soll im Unternehmen angewendet werden, um die bisherigen QM-Maßnahmen zu überprüfen und zu priorisieren. Weiterhin soll ein systematischer Ansatz im Unternehmen etabliert werden, wie Kundenanforderungen spezifischer erfasst werden. Die strategische Entscheidung vom Unternehmen, sich von proprietären Maschinentechnologien zu lösen und zukünftig Maschinentechnologien verschiedener Maschinenhersteller im Unternehmen einzusetzen, bereitet die Anwendung der Methodik einen prozessualen Unterbau. Dies betrifft auch die Funktionalitäten und Leistungen von maschinenunabhängigen PüS.

6.3.2 Anwendung der Methodik

Für die vorliegende Fallstudie 2 wurde, wie in der entwickelten Methodik vorgesehen, die Module 1, 2 und 3 durchgeführt sowie das Querschnittsmodul 1-2-3 zur Erarbeitung der QM-Maßnahmen durchgeführt. Die Ergebnisse des Querschnittsmoduls 1-2-3 finden sich in den einzelnen Modulen wieder.

Modul 1: Spezifische Anforderungsanalyse

Die Anforderungserfassung als erste Phase der spezifischen Anforderungsanalyse erfolgte mit dem Bereichsleiter Projektmanagement und Vertrieb im Rahmen von Experteninterviews (geführte Befragung). Dazu wurde das bereits in Fallstudie 1 vorgestellte Tool für *Microsoft Excel* mit der *Requirement-Card* genutzt.

Die Anforderungsstrukturierung und Anforderungsverständigung erfolgte auf Basis der in der Phase der Anforderungserfassung beschriebenen Eigenschaften für jede erfasste Anforderung.

In Tabelle 38 sind die verschriftlichten und analysierten Anforderungen für Fallstudie 2 gelistet. Es zeigt sich, dass im Anwendungsfall der Fallstudie zwei die Kundenanforderungen hinsichtlich der Bauteile sowie der Prozessgestaltung spezifischer formuliert werden (bspw. A#3, A#8, A#10). Wie in Fallstudie 1 wird damit ein Fokus auf die Kundenkommunikation gelegt, die die wirtschaftliche Anwendung des QM beeinflusst (bspw. A#22, A#23). In Bezug auf die technologische Unterstützung des QM insbesondere bei der Prozessüberwachung bestehen klare Anforderungen hinsichtlich des wirtschaftlichen Einsatzes (bspw. A#2, A#13, A#21).

Tabelle 38: Erfasste und analysierte Anforderungen für Fallstudie 2

A#	Anforderung	Kr	Ma	Dr	Ebe	Dim	Anforderungs-steller
1	Prüfkörper/Begleitproben zur Q-Kontrolle sind notwendig	3	2	3	1	1	ext. Kunde
2	Schmelzbadüberwachung nur eingeschränkt gut, da Prozesszeit verlängert und Mehrnutzen fraglich	1	2	1	1	1	Technologie
3	Pulverqualifizierung für Wareneingang und wiederkehrend bei Chargierung	3	2	2	1	3	int. Kunde
4	Geometriebeständigkeit muss sichergestellt sein für Nachbearbeitung	2	2	3	1	4	int. Kunde
5	Prozessparameter auf Basis von Erfahrung (Prozessknowhow der Mitarbeitenden)	2	2	1	2	4	Technologie
6	Nachweis Umweltzertifikate und Ressourcen-effizienz als Zuschlagkriterium für Aufträge	2	2	1	3	4	ind. Markt
7	Prozessstabilität der Maschinen in letzten Jahren besser, aber immer noch nicht für die Serien-fertigung zufriedenstellend	2	1	1	1	2	Technologie
8	Kunde verlangt Prüfprotokolle für Bemusterung bei Serienteilen in der Automobilbranche	3	2	3	1	4	ext. Kunde
9	Kunde verlangt qualitative Q-Kontrolle bei Prototypen	3	3	3	1	4	ext. Kunde
10	Kunde verlangt Prüfprotokolle für jedes Los bei Kleinstserien Luftfahrt	3	2	3	1	3	ext. Kunde
11	Dokumentation der Pulvereigenschaften	2	2	2	1	3	ext. Kunde
12	Dokumentation der Lagerbedingungen	2	2	2	1	3	ext. Kunde
13	Aufwand-Nutzen für PüS wirtschaftlich unklar	1	1	2	2	2	Technologie
14	Eigenverantwortlichkeit und sinnvolle Verhand-lung mit Kunde für verhältnismäßigen Einsatz von QM-Maßnahmen	2	2	2	4	3	Management
15	Maschinen- und Prozessfähigkeit sicherstellen zur Reproduzierbarkeit der Bauteilergebnisse	2	1	1	1	3	Management
16	Bisher Spezialisierung auf einen Maschinenherstel-ler, zukünftig maschinen- und anlagenoffen	1	3	1	3	4	Management
17	Hohe Anforderung an Personalqualifzierung zur Kundenberatung und Umsetzung QM	3	2	2	2	4	Management
18	Limitierte Produktivität der Systeme und Maschinen	2	1	2	2	3	Technologie
19	Zertifizierung nach ISO 9001 und allgemeine Normen	3	3	3	3	4	dir. Markt
20	Zertifizierung in Branchennormen, Luftfahrt, Medizin, Automobil	3	3	3	3	4	dir. Markt
21	Besseres Aufwand-Nutzen-Verhältnis PüS in Zukunft notwendig zum Einsatz in der Prozess-überwachung	3	1	1	1	2	Management
22	QM ist Verkaufsargument bei Kundenakquisen (Bewerbungsprozess bei Kunde)	1	2	2	3	4	Management
23	Kundengespräche wichtigster Teil des QM für gemeinsame Spezifikation der Anforderungen	1	1	2	3	1	Management
24	Sicherstellung der Pulverchargenreinheit	1	2	2	1	3	ext. Kunde
25	ISO 9001 muss unternehmensspezifisch konkreti-siert werden (mit viel Aufwand und Expertise)	2	3	3	3	4	dir. Markt
26	Für additive Prozessketten muss viel Prozesswis-sen intern aufgebaut werden zur Umsetzung und Konkretisierung ISO 9001	2	3	3	1	3	dir. Markt

Kr: Kritikalität; **Ma**: Machbarkeit; **Dr**: Dringlichkeit;

Ebe: Ebene (sek. Teilmodell); **Dim**: Dimension (tert. Teilmodell)

Abschließend wurden die erfassten und beschriebenen Anforderungen in einem Matrix-Anforderungsprofil dokumentiert und für die Erarbeitung der QM-Maßnahmen vorbereitet. Abbildung 53 zeigt die analysierten Anforderungen für die Fallstudie 1 in einem Matrix-Anforderungsprofil. Die verschriftlichten Anforderungen werden im Anhang gelistet.

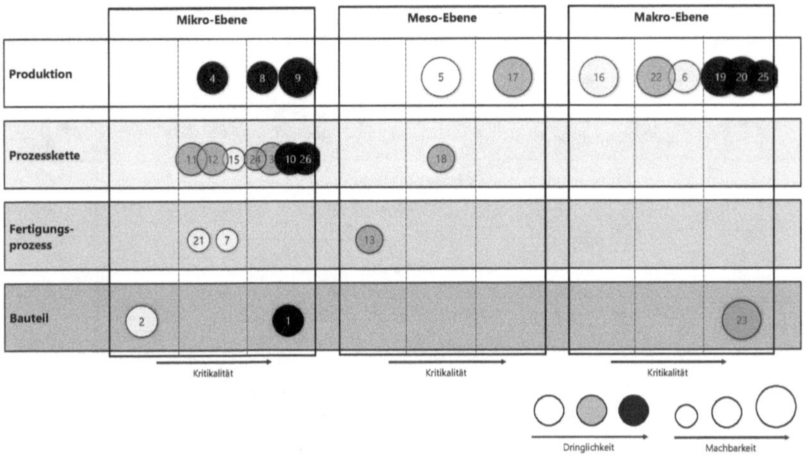

Abbildung 57: Anforderungsprofil für die Fallstudie 2

Aus dem Matrix-Anforderungsprofil kann gefolgert werden, dass sich die Mehrheit der erfassten Anforderungen in prozessorientiert-operativen *Mikro-Ebene* mit hoher Dringlichkeit und gleichzeitig hoher Kritikalität befinden. Die betrifft insbesondere die Dimensionen der Produktion und Prozesskette. Zusätzlich wird ersichtlich, dass sich die Anforderungen in strategieorientiert-planerischen *Makro-Ebene* insbesondere in der Dimension der Produktion befinden. Diese Anforderungen in der *Makro-Ebene* betreffen insbesondere allgemeine und für das Unternehmen strategisch wichtige Anforderungen.

Auf Basis des Anforderungsprofils wurden im Querschnittsmodul 1-2-3 konkrete QM-Maßnahmen abgeleitet. Diese können in die folgenden Maßnahmenkategorien untergliedert werden:

- **Technologische Qualitätssicherung** (A#1, A#12, A#16): Prozess- und Zustandsüberwachung der Prozesse und Prozesskette
- **Personalqualifizierung und Produktmanagement** (A#9, A#17, A#23): QM-Maßnahmen für die Aus- und Weiterbildung zur Generierung von Prozesswissen als Verkaufsprodukt
- **Dokumentation** (A#8, A#10, A#24): Organisatorische und prozessuale QM-Maßnahmen zur Datendokumentation und Datenverwaltung
- **Kundenkommunikation und -interaktion** (A#6, A#14): QM-Maßnahmen für die starke Integration des Kunden in Prozessgestaltung
- **Zertifizierung und Normung** (A#19, A#20, A#26): QM-Maßnahmen für die Erarbeitung sowie Einhaltung externer und interner allgemeiner Standards

Tabelle 39: Abgeleitete QM-Maßnahmen auf Basis des Anforderungsprofils in Fallstudie 2

Maßnahmen-kategorie	QM-Maßnahme	Kr	Ma	Dr	M#	A#
Technologische Qualitäts-sicherung	Sensorik, Erfassung und automatisierte Dokumentation von T und rF bei Lagerung für jede Charge	3	2	3	16	1; 12; 16
	Standardprozess zur Datenvorbereitung und Qualitätskontrolle für Prüfkörper/Begleitproben (bauteilnah auf Bauplatte)	2	3	2	17	
	Bedingt offene Systeme und herstellerunabhängige Maschinen, da bisher nur ein Maschinenhersteller	1	3	1	18	
Personal-qualifizierung und Produktmanagement	Interner Befähigungsprozess, Schulungen, Personalqualifizierung für Generalisten	2	3	2	19	9; 17; 23
	Management und Verkauf von internem, personenbezogenem Prozessknowhow (Einflussgrößen, Robustheit, QM) als Akquiseinstrument	1	3	2	20	
	Aufbau interne Datenbank über qualitative Eigenschaften, die mit verschiedenen Maschinen/Werkstoffen erreicht werden können (Whitepaper)	3	2	2	21	
Dokumentation	Standard-Prozess für Bemusterung und automatisierte, digital unterstützte Dokumentation (Q-Nachweis/Q-Report)	2	2	2	22	8; 10; 24
	Automatisierte digital unterstützte Q-Dokumentation aller spezifisch relevanten Spezifikationen (digitales QM-Tool)	2	2	2	23	
	Chargierung über Barcode für Reinheit der Pulvercharge und Zuordnung Pulver zu Auftrag	3	2	3	24	
Kunden-kommunikation und -interaktion	Verhandlung und gemeinsame Definition der wirklich realen Anforderungen und Dokumentationen	3	3	2	25	6; 14
	Energiemanagement und -tracking für jeden Fertigungsprozess und beispielhaften Referenzprozess in Verbindung mit Ressourcenaufwand QM	1	2	2	26	
Zertifizierung und Normung	Prüfung der Aufwände zur Aufrechterhaltung, Umsetzung und Auditierung (Aufwand-Nutzen-Abwägung) weiterer Standards (DIN, ISO, ASTM, NADCAP, TÜV)	3	3	2	27	19; 20; 26
	Stärkeres Wissensmanagement im Unternehmen und interne Fortbildung zu technischen Prozesswissen für Konkretisierung ISO 9001	3	2	2	28	
	Anwendung, regelmäßige Verbesserung und Kundenpräsentation der Maßnahmen zu QM-Standards (ISO, TÜV, NADCAP)	2	3	1	29	

Modul 2: Produktionsprofil

Nach der Anforderungsanalyse und der Erarbeitung damit in Bezug stehenden QM-Maßnahmen wurden für die Fallstudie die Bauteilspezifikation definiert. Dies erfolgt in Fallstudie 2 anhand eines für das Unternehmen 2 typischen Anwendungsfalls. Für diesen Anwendungsfall werden die Bauteilspezifikationen in Tabelle 40 definiert.

Tabelle 40: Bauteilspezifikation der Fallstudie 2

Primäre und sekundäre Spezifikation		Wert bzw. Eigenschaft
Werkstoff		TiAl6V4
Zielgrößen	relative Dichte	99,7 %
	Zugfestigkeit	1.290 ± 50 MPa (x, y) 1.240 ± 55 MPa (z)
	Oberflächengüte R_z	170 µm
	Anwendung Bauteil	Kleinserie in der Luftfahrt
Gestalt und Komplexität	Formkomplexität	hoch
	funktionale Komplexität	hoch
Größe und geometrische Abmessungen		(170×210×54) mm³
Stückzahl und Losgröße		2 Stück/Los; 1 Lose
Varianz der primären Spezifikation innerhalb Fertigungsauftrag		keine Varianz
Wirtschaftliche Zielkriterien		500 €/Bauteil
Wiederholhäufigkeit des Bauteils und Loses		5 Lose/Monat

Auf Basis der definierten Bauteilspezifikation wird für die Fallstudie 2 das Produktionsprofil definiert. Hierfür wird das entwickelte Produktionsmodell angewandt und die Prozesse, Prozesskette und das Produktionsumfeld definiert. Abbildung 58 zeigt das Produktionsprofil für die Fallstudie 2 anhand eines modellhaften Flussdiagramms.

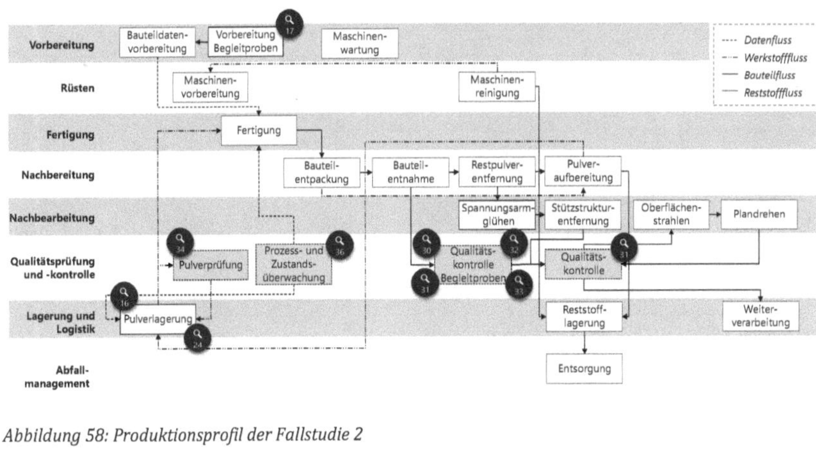

Abbildung 58: Produktionsprofil der Fallstudie 2

Die mittels des Produktionsprofils im nächsten Schritt (im Querschnittsmodul 1-2-3) abgeleiteten QM-Maßnahmen werden in Abbildung 58 in den farbigen Kreisen unter Nennung der fortlaufenden Nummerierung der QM-Maßnahmen (M#) gekennzeichnet. Die Auflistung dieser mit den zusätzlichen Eigenschaften der Kritikalität, Machbarkeit und Dringlichkeit sind in Tabelle 41 gelistet.

Tabelle 41: Abgeleitete QM-Maßnahmen auf Basis des Produktionsprofils in Fallstudie 2

Maßnahmen-kategorie	QM-Maßnahme	Kr	Ma	Dr	M#	A#
Qualitätskon-trolle Zielgrößen	Q-Kontrolle relative Dichte	3	2	3	30	8; 9; 10
	Q-Kontrolle Zugfestigkeit	3	2	3	31	
	Q-Kontrolle Oberflächengüte	3	2	3	32	
	100 %-Q-Kontrolle für Begleitproben pro Los	3	2	3	33	
Lieferantenma-nagement	100 %-Wareneingangskontrolle des Pulvers	3	2	2	34	3; 6
	Lieferantenverpflichtung für ganzheitlich-nachhaltiges Ressourcenmanagement als Kaufargument	1	2	1	35	

Modul 3: Qualitätsaufwand

Auf Basis der erfassten und analysierten Anforderungen werden in Fallstudie 2 folgende qualitätssichernde Maßnahmen durchgeführt (vgl. Tabelle 42).

Tabelle 42: Qualitätssichernde Maßnahmen für Fallstudie 2

Prozess	Qualitätsprozessschritt QPS	Erfassungsmethode
Pulvereingangs-prüfung	Messung der Partikelgröße, der Partikelgrößenverteilung und der Partikelmorphologie	Dynamische Bildanalyse
	Messung des Fließverhaltens	Powder Analyzer
	Messung der chemischen Zusammensetzung/Werkstoffreinheit	Röntgenfloureszenz-spektroskopie
Pulverlagerung	Zustandsüberwachung Temperatur	Temperaturfühler
	Zustandsüberwachung Feuchtigkeit	Klimafühler
Fertigungs-prozess	Zustandsüberwachung Temperatur, Sauerstoffgehalt, Druck	in Fertigungsmaschine integrierte Klimasensor, Sauerstoffsensor und Barometer
Qualitätskon-trolle Bauteile (SPF = 0,2)	Messung der Zugfestigkeit	Zugprobenversuch
	Messung der Oberflächengüte	3D-Profilometer
	Messung der relativen Dichte	Archimedische Waage
Qualitätskon-trolle Begleit-proben (SPF = 1)	Messung der Zugfestigkeit	Zugprobenversuch
	Messung der Oberflächengüte	3D-Profilometer
	Messung der relativen Dichte	Archimedische Waage
Maschinen-wartung	Messung der Laserleistung, Laserkaustik, Laserfokuslage und Laserfokusdurchmesser	Ophir BeamWatch AM

Unter Anwendung des entwickelten mathematischen Modells des Qualitätsaufwands kann der qualitative Qualitätsaufwand für die Zeit, die Kosten und das Wissen berechnet werden. Da nur durch die qualitativen Qualitätsaufwände eine vorstellbare und anwendbare Einschätzung begrenzt bleibt, wird auf eine Auflistung verzichtet.

Abbildung 59 zeigt die qualitativen Qualitätsaufwände der Erfassungsmethoden in den QPS. Es wird deutlich, dass der größte qualitative Qualitätsaufwand der Zeit A_Z auf die Messung der Zugfestigkeit mittels Zugprobe in der Qualitätskontrolle notwendig ist. Dies bestätigt einen der Grundgedanken der Motivation der Vorliegenden Arbeit (empirische Zehnerregel), dass eine am Ende der Prozesskette gelagerte Qualitätskontrolle der Bauteile mit hohen Aufwänden verbunden ist. Gleichzeitig ist für die Messung der Umgebungstemperatur und -feuchtigkeit bei der Pulverlagerung kein Zeitaufwand erforderlich ist, da diese ohne manuelle Tätigkeiten inline die Daten erfassen.

Es zeigt sich weiterhin, dass die Erfassungsmethoden in der Pulvereingangsprüfung (Dynamische Bildanalyse, Powder Analyzer, Röntenfloureszenzspektroskopie) mit hohen Kostenaufwänden betrieben werden. Dies ist primär auf die hohen Investitionskosten und Vorbereitungskosten der Messungen zurückzuführen. Daher wird empfohlen, die Investitionsentscheidung in diese Messtechnik zu überprüfen und ggf. die Messungen in der Pulvereingangsprüfung als Dienstleistung extern zu erwerben. Diese Empfehlung wird gestützt durch den hier notwendigen moderaten bis hohen Wissensaufwand.

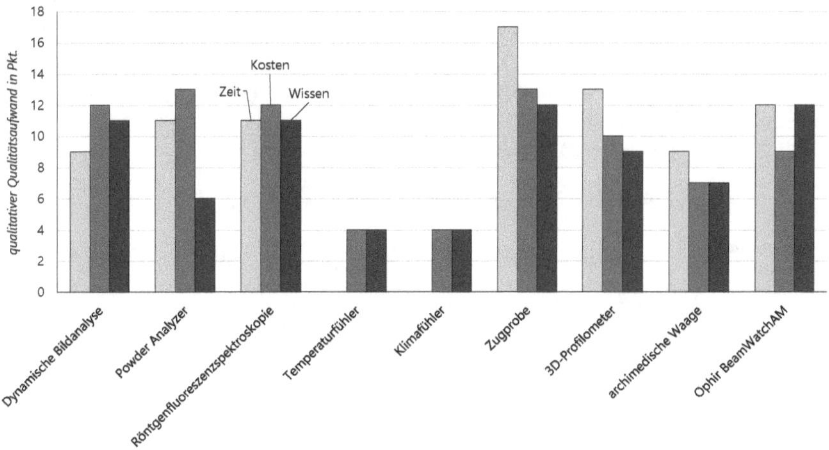

Abbildung 59: Qualitative Qualitätsaufwände diverser Erfassungsmethoden

Bei der monetären Quantifizierung der Qualitätsaufwände, ergeben sich folgende quantifizierten Qualitätsaufwände (Annahme: W_Z = 50 €/h; vgl. Tabelle 43).

Tabelle 43: Monetär quantifizierte Qualitätsaufwände der Zeit und der Kosten sowie qualitativer Qualitätsaufwand des Wissens für Fallstudie 2

Qualitätsaufwand	Kennwert	
$A_{Z,quant}$	492 € - mind. 908 €	pro Messung
$A_{K,quant}$	355.920 € - mind. 742.400 €	pro sechs Jahre
	59.320 € - mind. 1.237.333 €	pro Jahr
A_W	82 von maximal 195 Pkt. (42 %)	für die Messung

Prozessüberwachung

Aus dem Anforderungs- und Produktionsprofil lässt sich ableiten, dass insbesondere die externen Kunden des Unternehmens keine dringenden und kritischen Anforderungen in Bezug auf den Einsatz eines PüS setzen (A#8, A#9). Weiterhin ist das Aufwand-Nutzen-Verhältnis dieser PüS für das Unternehmen unklar, da die Fertigungsprozesszeit verlängert wird und der Datenspeicherbedarf als hoch angesehen wird, sodass die monetären Aufwände hoch sind (A#13, A#18). Dem gegenüber steht die mit relativ geringem Aufwand umsetzbare Prozessüberwachung, da das Unternehmen nur über Fertigungsmaschinen eines Herstellers verfügt (Produktionsprofil und A#16).

Für maschinenspezifische PüS der bei Unternehmen 2 vorhandenen Fertigungsmaschinen ergibt sich ein *KE-Index* von 1.260 €/Pkt. Ein maschinenunabhängiges PüS ist für das Unternehmen nicht verhältnismäßig, da aufgrund der Qualifizierung des Referenzprozesses und deren Spezifikation die erfassten und analysierten Daten des Fertigungsprozesses unternehmensintern über einen Zeitraum von mind. 10 Jahre gespeichert werden müssen. Dies würde einen erheblichen finanziellen Aufwand zur Datenverwaltung und -speicherung bedeuten. Daraus ergibt sich für die Fallstudie 2 die QM-Maßnahme M#36, dass kein PüS eingesetzt wird. Es wird vom Unternehmen erwartet, dass sich der Mehrwert des Einsatzes von PüS im Vergleich zum Aufwand in Zukunft verbessern wird, weshalb eine fortlaufende Marktsondierung zur Systemintegration in neue Fertigungsmaschinen angestrebt wird (A#21, M#37). Aus dem Qualitätsaufwandsprofil lassen sich die in Tabelle 44 weiteren QM-Maßnahmen in Fallstudie 2 ableiten.

Tabelle 44: Abgeleitete QM-Maßnahmen auf Basis des Qualitätsaufwandsprofils in Fallstudie 2

Maßnahmen-kategorie	QM-Maßnahme	Kr	Ma	Dr	M#	A#
Prozess-überwachung	Keine Anwendung Pulverbettüberwachung und Schmelzbadüberwachung, da nicht gefordert und Prozesszeit verlängert wird	1	3	3	36	8; 9; 13; 16; 18; 21
	Fortlaufende und regelmäßige Marktsondierung über Maschinenerweiterung und System-integration	1	3	1	37	
Einflussgrößen	Online-Datenbank für Fehler und Prozess-parameter zu Minimierung des QM-Aufwandes	3	2	2	38	5; 7
	Fortlaufende technologische Forschung und Entwicklung an eigenen Prozessen und Maschinen	3	1	2	39	
Qualitätsprüfung	Qualitätsprüfung der Partikelgrößen-verteilung/Pulvermorphologie	3	3	2	40	11; 15
	Qualitätsprüfung der chemischen Zusammensetzung	2	2	2	41	
	Qualitätsprüfung des Fließverhaltens	3	3	2	42	
Maschinen-wartung	Regelmäßige Wartung der Maschine (Laserleistung, Laserfokus, Laserkaustik, Laserfokuslage)	3	3	1	43	10; 20

Modul 4: Qualitätsdokumentation

Nachdem alle vorangehenden Module 1, 2 und 3 sowie parallel das Querschnittsmodul 1-2-3 angewendet wurde, werden die dort erarbeiteten Ergebnisse und Informationen für die Umsetzungsplanung und -kontrolle dokumentiert und damit nutzbar gemacht.

In Abbildung 60 ist ein Ausschnitt des QM-Dokumentationsprofils für die Fallstudie 2 dargestellt. Im Anhang befindet sich das vollständige QM-Dokumentationsprofil der Fallstudie 2.

Fazit aus der Fallstudie 2

In der vorgestellten Fallstudie 2 konnten durch Anwendung der entwickelten Methodik die Anforderungen verschiedener Anforderungssteller erfasst und analysiert werden. Weiterhin wurden die Bauteilspezifikation und das Produktionsmodell definiert sowie die für den Anwendungsfall qualitätsrelevanten Einflussgrößen identifiziert. Auf dieser Basis konnten 43 QM-Maßnahmen für das QM abgeleitet werden. Diese Ergebnisse wurden im QM-Dokumentationsprofil transparent und übersichtlich zusammengeführt und damit die Planung und Kontrolle der abgeleiteten QM-Maßnahmen ermöglicht. Diese Ergebnisse der Fallstudie 2 zeigen eindeutig, dass die Zielstellung der Methodik und damit der vorliegenden Arbeit erfüllt werden konnte.

Für das Unternehmen konnte durch die Anwendung der Methodik zum anforderungsdeterminierten und aufwandorientierten QM folgender Nutzen erreicht werden.

- Überprüfung der Wirtschaftlichkeit der bisher umgesetzten und zukünftig geplanten QM-Maßnahamen durch Qualifizierung der Qualitätsaufwände
- Kompetenzaufbau über Funktionalitäten und Leistungen sowie einzusetzender Ressourcen zur Anwendung von PüS für zukünftige Investitionen und die Kundenkommunikation
- Dokumentation und Nachweisführung von umgesetzten QM-Maßnahmen für stärkere Integration des Kunden in das QM
- Systematische Erfassung der Kundenanforderungen sowie Anforderungen weiterer Anforderungssteller. Erweiterung der Anforderungssteller auf direktes und indirektes Marktumfeld, um frühzeitig und wettbewerbsfähig für Markttrends Lösungen anbieten zu können
- Verfügbar- und Nutzbarmachung der Anforderungen verschiedener Anforderungssteller und prozess- und strategiebezogener Informationen im Kontext des QM für allgemeine und branchenspezifische externe Zertifizierungen und Auditierungen nach ISO 9001.

Auf Basis der gewonnenen Erkenntnisse erfolgt im Unternehmen der Fallstudie 2 die Planung und Umsetzung der Maßnahmen und Aktivitäten in Bezug auf das QM. Hierzu zählen unter anderem:

- Planung, Umsetzung und Kontrolle der unternehmensspezifisch priorisierten QM-Maßnahmen, die mittels der Methodik abgeleitet wurden
- Verstetigung und regelmäßige Durchführung der Methodik
- Stärkere Kundenintegration in QM durch Entwicklung einer Spezifikations- und Anforderungsplanung
- Überprüfung und Anpassung der bisherigen QM-Maßnahmen auf Wirksamkeit und Wirtschaftlichkeit sowie QS-Relevanz

ca.i CAMPUS ADDITIVE INNOVATIONEN

Abteilung/Gruppe Unternehmen 1
Datum 05.11.2021

Seite 1
Ersteller CB
Vision 1.3

Dokumentationsprofil

für das Qualitätsmanagement beim pulverbettbasierten Schmelzen
Fallstudie 2

ANFORDERUNGSPROFIL

Ersteller CB
Datum 05.11.2021
Vision 1.2

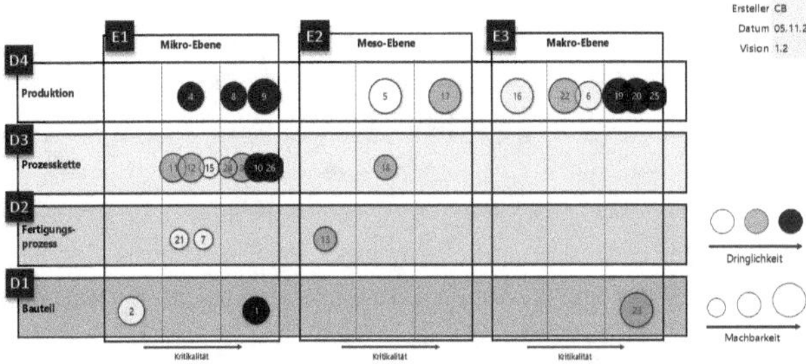

Anforderungsprofil

A#	Anforderung	Machbarkeit	Kritikalität	Dringlichkeit	Ebene (E)	Dimension (D)	A-steller 1	A-steller 2	Datum
1	Prüfkörper/Begleitproben zur Q-Kontrolle sind notwendig	◑	●	●	1	1	ext. Kunde		05.11.2021
2	Schmelzbadüberwachung nur eingeschränkt gut, da Prozesszeit verlängert und Mehrnutzen fraglich	◑	○	○	1	1	Technologie		05.11.2021
3	Pulverqualifizierung für Wareneingang und wiederkehrend bei Chargierung	◑	●	◑	1	3	int. Kunde		05.11.2021
4	Geometriebeständigkeit muss sichergestellt sein für Nachbearbeitung	◑	◑	●	1	4	int. Kunde	dir. Markt	05.11.2021
5	Prozessparameter auf Basis von Erfahrung (Prozessknowhow der Mitarbeitenden)	◑	◑	○	2	4	Technologie		05.11.2021
6	Nachweis Umweltzertifikate und Ressourceneffizienz als Zuschlagkriterium für Aufträge	◑	◑	○	3	4	ind. Markt	ext. Kunde	05.11.2021
7	Prozessstabilität der Maschinen in letzten Jahren besser aber immer noch nicht für die Serienfertigung zufriedenstellend	○	◑	○	1	2	Technologie		05.11.2021
8	Kunde verlangt Prüfprotokolle für Bemusterung bei Serienteilen Automobil	◑	●	●	1	4	ext. Kunde		05.11.2021
9	Kunde verlangt qualitative Q-Kontrolle bei Protoypen	●	●	●	1	4	ext. Kunde		05.11.2021
10	Kunde verlangt Prüfprotokolle für jedes Los bei Kleinstserien Luftfahrt	◑	●	●	1	3	ext. Kunde		05.11.2021
11	Dokumentation Pulvereigenschaften	◑	◑	◑	1	3	ext. Kunde	int. Kunde	05.11.2021
12	Dokumentation Lagerbedingungen	◑	◑	◑	1	3	ext. Kunde		05.11.2021
13	Aufwand-Nutzen für PÜS wirtschaftlich unklar	○	○	◑	2	2	Technologie		05.11.2021
14	Eigenverantwortlichkeit und sinnvolle Verhandlung mit Kunde für verhältnismäßigen Einsatz von QM-Maßnahmen	◑	◑	◑	4	3	Management		05.11.2021
15	Maschinen- und Prozessfähigkeit sicherstellen, Reproduzierbarkeit der Bauteilergebnisse	○	◑	○	1	3	Management		05.11.2021
16	früher ein Maschinenhersteller, jetzt maschinen- und anlagenoffen	●	○	○	3	4	Management		05.11.2021
17	hohe Anforderung an Personalqualifzierung zur Kundenberatung und Umsetzung QM	◑	●	◑	2	4	Management		05.11.2021
18	limitierte Produktivität der Systeme und Maschinen	○	◑	◑	2	3	Technologie		05.11.2021
19	Zertifizierung nach ISO 9001 und allgemeine Normen	●	●	●	3	4	dir. Markt	ext. Kunde	05.11.2021
20	Zertifizierung in Branchennormen, Luftfahrt, Medizin, Automobil	●	●	●	3	4	dir. Markt	ext. Kunde	05.11.2021
21	besseres Aufwand-Nutzen-Verhältnis PÜS in Zukunft notwendig zum Einsatz in der Prozessüberwachung	○	◑	○	1	2	Management		05.11.2021
22	QM ist Verkaufsargument bei Kundenakquisen (Bewerbungsprozess bei Kunde)	●	◑	◑	3	4	Management		05.11.2021
23	Kundengespräche wichtigster Teil des QM für gemeinsame Spezifikation der Anforderungen	●	●	◑	3	1	Management		05.11.2021
24	Sicherstellung Pulverchargenreinheit	○	●	◑	1	3	ext. Kunde		05.11.2021
25	ISO 9001 muss unternehmensspezifisch konkretisiert werden (mit viel Aufwand und Expertise)	◑	●	●	3	4	dir. Markt	Management	05.11.2021
26	für additive Prozessketten muss viel Prozesswissen intern aufgebaut werden zur Umsetzung und Konkretisierung ISO 9001	◑	●	●	1	3	dir. Markt	Management	05.11.2021

PRODUKTIONSPROFIL

Bauteilspezifikation

#	Spezifikationsart	Beschreibung	Spezifikation	Anforderung	Anforderung-#	Maßnahme-#
1	**Werkstoff**		TiAl6V4			
2	**Zielgrößen**	relative Dichte	99,7 %	Q-Kontrolle Dichte	27	
3		Zugfestigkeit	1290±50 MPa (x, 1240±55 MPa (z)	Q-Kontrolle Zugfestigkeit	28	
4		Anwendung Bauteil	Serienbauteil Luftfahrt	Stichprobenartige Q-Kontrolle; Fertigungsbegleitproben pro Los	29; 30	
5	**Gestalt und Komplexität**	Formkomplexität	hoch	Zugänglichkeit Q-Kontrolle beschr		
6		funktionale Komplexität	hoch			
7	**Größe und geometrische Abmessungen**		(170×210+H87×54) mm³			
8	**Stückzahl und Losgröße**		2 Stück/Los; 2 Lose			
9	**Varianz der primären Spezifikationen innerhalb Los**		keine Varianz			
10	**Wirtschaftliche Zielkriterien**		500 Euro/Bauteil			
11	**Wiederholhäufigkeit des Loses**		5 Lose/Monat			

Abbildung 60: Ausschnitt des Dokumentationsprofils für das Qualitätsmanagement beim pulverbettbasierten Schmelzen für die Fallstudie 2

6.4 Diskussion der Forschungsergebnisse

Zur Evaluierung der Methodik werden im Folgenden die Ergebnisse der praktischen Erprobung gegenübergestellt und bewertet. Darüber hinaus werden die zu Beginn der vorliegenden Arbeit formulierten Schwerpunkte und Anforderungen hinsichtlich des Erfüllungsgrads überprüft.

6.4.1 Bewertung der praktischen Erprobung

Neben den Ergebnissen der ersten Fallstudie zeigen auch die der zweiten Fallstudie, dass durch die Anwendung der entwickelten Methodik konkrete und umsetzbare QM-Maßnahmen abgeleitet werden können. Beim Vergleich der Ergebnisse beider Fallstudien zeigt sich, dass in Bezug auf die Rahmenbedingungen der den Fallstudien zugrundeliegenden Unternehmen und deren Geschäftsmodelle folgende Muster erkennbar sind:

In beiden Fallstudien sind ähnliche Anforderungen im Kontext der Kundeninteraktion von hoher Relevanz. Den davon abgeleiteten QM-Maßnahmen hinsichtlich der Standardisierung und Formalisierung von Prozessen zur Kundeninteraktion wird eine hohe Kritikalität zugeordnet. Dies scheint plausibel, da durch eine effektive Kunden-Lieferanten-Kommunikation die real beim externen Kunden vorliegenden Anforderungen erfasst werden können. Dies ermöglicht eine effiziente Planung und Umsetzung der aus den Anforderungen abgeleiteten QM-Maßnahmen, deren Qualitätsaufwand und schlussendlich der Kosten des Auftrags. Daneben zeigt sich, dass eine kontinuierliche Mitarbeiterqualifizierung in beiden Fallstudien von Bedeutung ist. Dies zeigt sich sowohl in der Analyse als auch in der Determinierung des Qualitätsaufwands des Wissens der qualitätssichernden Maßnahmen. Weiterhin wird durch die Bewertung des Aufwand-Nutzen-Verhältnisses der PüS deutlich, dass für eine Nutzbarmachung der erfassten Daten während des Fertigungsprozesses ein hoher personenbezogener, manueller Zeitaufwand mit hohem Prozesswissen notwendig ist. Die Einschätzung des Nutzens und des Aufwands der in den beiden Fallstudien befragten Unternehmen sind deckungsgleich: die momentan auf dem Markt befindlichen PüS mit deren Funktionalitäten und Leistungen bieten nur geringe Vorteile für den Anwender und den externen Kunden bei gleichzeitig hohem Qualitätsaufwand.

Die Anforderungsanalyse zeigte, dass insbesondere die Anforderungen des externen Kunden stark abhängig sind vom Anwendungsfall der jeweiligen Fallstudie. In Fallstudie 1 sind die Kundenanforderungen im Anwendungsfall der Prototypenfertigung im Maschinenbau eher qualitativ und daher weniger spezifisch. Eine Qualitätskontrolle ist nur stichprobenartig notwendig, sodass der aktuelle Qualitätsaufwand in Fallstudie 1 geringer ist (vgl. Tabelle 45).

Weiterhin ist in Fallstudie 1 ein geringeres Prozesswissen der externen Kunden erkennbar. In Fallstudie 2 hingegen erfolgt die Anforderungsstellung durch den externen Kunden wesentlich spezifischer und quantitativ im Anwendungsfall der Kleinserienfertigung in der Luftfahrt. Dies lässt den Schluss zu, dass die externen Kunden in diesem Anwendungsfall über ein tiefgehendes Prozesswissen verfügen und Qualifizierungsvorschriften strenger ausgelegt werden. Für den Anwendungsfall in Fallstudie 2 sind Qualitätsaufwände für die Qualitätskontrolle von Fertigungsbegleitproben für jedes Los und zusätzlich die stichprobenartige Qualitätskontrolle der Bauteile und der Dokumentation der Kontrollergebnisse notwendig. Dies führt zu höheren Qualitätsaufwänden in Bezug auf die Zeit und der Kosten für Fallstudie 2 um etwa 160 % bzw. 91 % (vgl. Tabelle 45).

Tabelle 45: Vergleich der qualitativen Qualitätsaufwände von Fallstudie 1 und Fallstudie 2

Qualitativer Qualitäts-aufwand	**Fallstudie 1** (Anwendung Prototypen im Maschinenbau)	**Fallstudie 2** (Anwendung Kleinserien in der Luftfahrt)
A_Z	35	90
A_K	47	90
A_W	42	82

6.4.2 Evaluierung der Zielsetzung und der Anforderungen an die Methodik

Mit der in der vorliegenden Arbeit entwickelten Methodik konnte eine Vorgehensweise zum anforderungsdeterminierten und anwendungsorientierten QM für das PBF-LB/M erzielt werden. Mit der entwickelten Methodik können produzierende Unternehmen und speziell KMU anforderungsdeterminierte Maßnahmen für das unternehmensspezifische QM ableiten. Dabei wird eine qualitative Determinierung der monetären und nichtmonetären Qualitätsaufwände empfohlen, um so die Planungs-, Ausführungs-, Kontroll- und Dokumentationsressourcen effizient und effektiv einzusetzen. Gleichzeitig wird durch die methodische Vorgehensweise sowie der dadurch abgeleiteten Informationen ein Beitrag zur Erhöhung des Prozessverständnisses beim PBF-LB/M geleistet. In Tabelle 46 ist jeder definierter Schwerpunkt der Arbeit einer kritischen Einordnung unterzogen und basierend hierauf die Bewertung des Grads der Zielerfüllung ermittelt.

Tabelle 46: Bewertung des Grads der Zielerreichung der vorliegenden Arbeit

Schwerpunkt der Arbeit			
1 Anforderungsmodell zum QM für die additive Fertigung bei KMU	**2** Qualitative Determinierung des Qualitätsaufwands qualitätssichernder Maßnahmen beim PBF-LB/M	**3** Bewertung des Aufwand-Nutzen-Verhältnisses der PüS	**4** Erarbeitung von anforderungsdeterminierten und aufwandsorientierten QM-Maßnahmen
◕	◕	●	●

Erfüllungsgrad: ◕ *weitestgehend erfüllt* ● *vollständig erfüllt*

In den Abschnitten 6.2 und 6.3 wurde die entwickelte Methodik erfolgreich anhand zweier industrietypischer Fallstudien praktisch erprobt. Die kritische Betrachtung des Erfüllungsgrades der Anforderungen an die Methodik (vgl. Abschnitt 5.1.1) erfolgt in Tabelle 47.

Tabelle 47: Beurteilung des Erfüllungsgrads der allgemeinen und spezifischen Anforderungen

Anforderungen	Erfüllungsgrad
allgemeine Anforderungen	
Anwendbarkeit der Methodik	●
Umsetzbarkeit der Ergebnisse	◕
Unabhängigkeit der Module	●
Ermöglichung einer kreativen Lösungsfindung	◕
spezifische Anforderungen	
Adaptierbarkeit der Methodik	●
Komplexität der Methodik	◕
Verhältnismäßigkeit der Ergebnisse	◕

Erfüllungsgrad: ◕ *weitestgehend erfüllt* ● *vollständig erfüllt*

Die Anwendbarkeit der Methodik wurde anhand der beschriebenen Fallstudien in der praktischen Erprobung erfolgreich überprüft. Damit ist diese allgemeine Anforderung vollständig erfüllt.

Die 38 in Fallstudie 1 und 43 in Fallstudie 2 abgeleiteten QM-Maßnahmen sind größtenteils in dem Maße konkret, dass Sie gegenüber den eher allgemein gehaltenen Standards und Normen einen Mehrwert für den Anwender bringen. Dies konnte durch die Anforderungsanalyse mit dem entwickelten Anforderungsmodell sowie der Priorisierung der QM-Maßnahmen über die Eigenschaften *Kritikalität*, *Machbarkeit* und *Dringlichkeit* erreicht werden. Die allgemeine Anforderung der Umsetzbarkeit wird nicht als weitestgehend erfüllt bewertet, da sich der Abstraktionsgrad der in der praktischen Erprobung abgeleiteten QM-Maßnahmen teilweise stark unterscheidet.

Durch den modularen Aufbau der Methodik können die Module der Methodik losgelöst voneinander angewendet werden, sodass die Unabhängigkeit als vollständig erfüllt bewertet werden kann. Dies bezieht sich auf alle Module und darüber hinaus auf die unabhängige qualitative Determinierung der Qualitätsaufwände und der Aufwand-Nutzen-Analyse der PüS.

Durch die aktive Einbindung verschiedener Anforderungssteller in das Modul 1 der Methodik sowie der in der Methodik vorgeschlagenen Methoden und Werkzeuge der Innovations- und Kreativitätstechniken können mittels der Methodik konkrete QM-Maßnahmen abgeleitet werden. Dabei wird zur kreativen Lösungsfindung in der Methodik das Ziel verfolgt, das implizit im Unternehmen sowie den Anforderungsstellern vorhandene Wissen und Ideen zum anforderungsdeterminierten und aufwandsorientierten QM in explizit für das Unternehmen nutzbare QM-Maßnahmen zu transferieren.

Aufgrund des ganzheitlichen und allgemeinen Ansatz der Methodik ist die Methodik und deren Module prinzipiell geeignet, auf weitere additive Fertigungsverfahren adaptiert zu werden. Eine prozessspezifische Adaptierung ist zu prüfen. Somit ist die spezifische Anforderung der Adaptierbarkeit im vollen Umfang erfüllt.

Die Komplexität der Methodik ist durch primäre qualitative Bewertung der PüS und qualitative Determinierung der Qualitätsaufwände verhältnismäßig gering und für die Zielgruppe der KMU handhabbar und anwenderfreundlich. Damit gilt die Anforderung als weitestgehend erfüllt.

Die Bewertung des Aufwand-Nutzen-Verhältnis der PüS und der Entwicklung des mathematischen Modells zur quantitativen Determinierung des Qualitätsaufwands ermöglicht die verhältnismäßigen Anwendung von QM-Maßnahmen. Demzufolge wurde diese Anforderung weitestgehend erfüllt. Um diese Anforderung im vollen Umfang erfüllen zu könnten, müssten tiefergehende Berechnungen hinsichtlich der Qualitätsaufwände getätigt werden, was wiederum die Komplexität der Methodik und deren Module erhöhen würde.

7 Schlussbetrachtung

7.1 Zusammenfassung

Trotz der vielfach beschriebenen und nachgewiesenen Potentiale der additiven Fertigung hinsichtlich der Produktoptimierung, Prozessinnovation und Geschäftsmodellentwicklung ist die Anwendung der additiven Fertigung insbesondere bei kleinen und mittleren Unternehmen (KMU) mit Innovationshemmnissen verbunden. Eines dieser Innovationshemmnisse stellt das Qualitätsmanagement (QM) für die additive Fertigung dar. Daher bestehen in der ganzheitlichen Planung, Steuerung und Umsetzung anwendungsbezogener Maßnahmen für das QM noch aussichtsreiche Verbesserungspotentiale sowie damit verbundener prozessbezogener Herausforderungen.

Um diese Potentiale und Herausforderungen zu adressieren, wurde in der vorliegenden Arbeit eine Methodik zum anforderungsdeterminierenden und aufwandsorientierten QM für die additive Fertigung entwickelt. Der Fokus in der Entwicklung und praktischen Erprobung lag dabei auf dem additiven Fertigungsverfahren des pulverbettbasierten Schmelzens von Metallen (PBF-LB/M). Die Methodik befähigt produzierende Unternehmen und insbesondere KMU auf Basis einer systematischen und an die Gegebenheiten der additiven Fertigung angepassten Vorgehensweise, umsetzungskonkrete Maßnahmen für das QM abzuleiten.

Zur zielgerichteten Entwicklung und Anwendung der Methodik wurde diese in fünf Module untergliedert. Grundlagen der Methodik sind die Anforderungen an der unternehmerische QM mit dem Fokus auf die Prozesskette des PBF-LB/M verschiedener Anforderungssteller, wie bspw. externe Kunden, das direkte Marktumfeld und die Technologie. Daher erfolgte in Modul 1 die methodische Erfassung und Analyse dieser Anforderungen mittels eines entwickelten Anforderungsmodells. Dieses Anforderungsmodell ist dabei in drei Teilmodule unterteilt und ermöglicht es, eine umfängliche Erfassung interdisziplinär durchzuführen. Weiterhin können auf Basis der generierten Informationen die erfassten Anforderungen unternehmens- und prozesskettenspezifisch priorisiert werden.

Die erfassten und analysierten Anforderungen wurden in Modul 2 übernommen und hier die Bauteilspezifikation definiert. Hierfür wurden primäre und sekundäre Bauteilspezifikationen vorgestellt. Das entwickelte Produktionsmodell ermöglicht anschließend die Definition des Produktionsumfelds mittels vorgestellter Struktur- und Funktionsanalyse. Dies schließt die Ableitung von QM-Maßnahmen in Bezug auf die Parametrierung und Überwachung der Stoff-, Stell- und Zustandsgrößen des Fertigungsprozesses des PBF-LB/M, der einzelnen Prozesse in der Prozesskette sowie der Produktion ein.

In Modul 3 erfolgte die Entwicklung einer anwendbaren Methode zur qualitativen Determinierung des Qualitätsaufwands. Dabei wird der Fokus auf die Qualitätsaufwände in Bezug auf die Zeit, die Kosten und des Wissens für qualitätssichernde Maßnahmen gelegt. Die aus der qualitativen Determinierung resultierenden Kennwerte können mittels einer vorgeschlagenen Weiterverarbeitung quantifiziert werden und damit in der Planung und

Ausführung qualitätssichernder Maßnahmen eine Abschätzung des damit verbundenen Aufwands ermöglichen. Für die Determinierung des Aufwands und des Nutzens von Systemen zur Prozessüberwachung während des Fertigungsprozesses wurde eine weitere spezifische Methode abgeleitet. Dabei werden für die Bewertung des Aufwandes die Kosten und die weiteren Ressourcen sowie für die Bewertung des Nutzens die Funktionalität und die Leistung der Systeme zur Prozessüberwachung untersucht. Dabei erfolgte in Modul 3 die erstmalige Anwendung der entwickelten Methode auf die auf dem Markt verfügbaren Systeme der Prozessüberwachung.

Im Querschnittsmodul 1-2-3 wurden die erfassten, analysierten und determinierten Informationen aus den vorangegangenen Modulen 1, 2 und 3 in anwendungsnahe und konkrete Maßnahmen für das unternehmensspezifische QM überführt.

Die Dokumentation dieser Informationen und Maßnahmen aus den vorangegangenen Modulen wurden in Modul 4 in einem QM-Dokumentationsprofil zusammengeführt und dokumentiert. Damit ist eine Nutzbarmachung und Kontrolle der Informationen und abgeleiteten QM-Maßnahmen möglich. Dies birgt insbesondere für die Konzeptionierung und Umsetzung eines QM-Handbuchs sowie zur externen Zertifizierung und Auditierung des unternehmerischen QM großen Nutzen in der Anwendung.

Die Synthese der einzelnen Module bildete die Methodik zum anforderungsdeterminierten und aufwandsorientierten QM für die additive Fertigung und insbesondere für das PBF-LB/M. Die praktische Erprobung der entwickelten Methodik wurde im industriellen Umfeld auf Grundlage von realen Fallstudien der additiven Fertigung durchgeführt. Die Fallstudien unterschieden sich insbesondere durch den Anwendungsfall im Prototypenbau (Fallstudie 1) und der Kleinserienfertigung in der Luftfahrt (Fallstudie 2). Hierbei konnten bis zu 38 bzw. 43 konkrete Maßnahmen für das QM der an den Fallstudien beteiligten Unternehmen abgeleitet werden. Es zeigte sich wohl bei den erfassten und analysierten Anforderungen gemeinsame Trends, die als grundlegende QM-Maßnahmen für beide Anwendungsfälle zusammengefasst werden könnten. Weiterhin zeigten sich um etwa 100 % erhöhten Zeit-, Kosten- und Wissensaufwände für qualitätssichernde Maßnahmen im Anwendungsfall in der Luftfahrt (Fallstudie 2).

7.2 Ausblick

Anknüpfend an die beschriebenen Ergebnisse und der zugrundeliegenden Motivation der vorliegenden Arbeit, können weitere Forschungs- und Weiterentwicklungsbedarfe identifiziert werden. So ist eine Erweiterung der Determinierung des Qualitätsaufwandes vorstellbar, bei der die Qualitätsaufwände in Bezug auf die Zeit, die Kosten und das Wissen quantifiziert bestimmt und bewertet werden. Damit kann dem aufwandsorientierten Leitgedanken der Zielstellung der vorliegenden Arbeit folgend das Aufwand-Nutzen-Verhältnis der qualitätssichernden Maßnahmen zur Erfassung und Überprüfung von Einflussgrößen verbessert werden. Weiterhin ist es vorstellbar, die Methodik, die anhand der Prozesskette des additiven Fertigungsverfahrens des PBF-LB/M entwickelt wurde, auf weitere additive Fertigungsverfahren zu adaptieren und anzuwenden. Hier sind insbesondere die additiven Fertigungsverfahren des pulverbettbasierten Schmelzens von Kunststoffen (PBF/P) und der weiterer metallbasierter additiver Fertigungsverfahren (bspw. Cold Metal Fusion von *Headmade Materials*) zu nennen.

Neben der praktischen Erprobung der entwickelten Methodik in den Fallstudien des Prototypenbaus und der Luftfahrt, sollte die Methodik auf weitere reale Fallstudien mit bestimmter Charakteristika (bspw. Bauteillosgrößen, Zielgrößen der Bauteilqualität, Anforderungssteller) der additiven Fertigung angewendet werden. Ferner sollten die mittels der entwickelten Methodik abgeleiteten Zusammenhänge und QM-Maßnahmen im industriellen Umfeld geplant, umgesetzt sowie deren Wirksamkeit überprüft und ggf. nachgeregelt werden.

Daneben gilt es anhand der weiteren realen Fallstudien zu überprüfen, ob die entwickelte Methodik und deren Module in einer eigenständigen Software oder als Erweiterung für bereits bestehende Software, wie bspw. CAQ (computergestützte Qualitätssicherung, engl. computer-aided quality assurance), überführt werden. Dabei sind die Anforderungen der Anwendbarkeit und Umsetzbarkeit der Methodik und deren Module für insbesondere KMU durch eine verhältnismäßige Systemkomplexität zu beachten.

Die erfassten und analysierten Anforderungen in den zwei realen Fallstudien sowie der Aufbau der Methodik hat gezeigt, dass es zur Erarbeitung von konkreten QM-Maßnahmen mit einem geringen Aufwand-Nutzen-Verhältnis einer interdisziplinären Betrachtungsweise bedarf. Diese gezielte Synthese von technischen und nicht-technischen Kompetenzen innerhalb von Kooperationen zwischen Wissenschaft und Wirtschaft kann eine weitere industrielle Verbreitung der additiven Fertigung insbesondere bei KMU ermöglichen.

8 Conclusion

8.1 Summary

Despite the proven potential of Additive Manufacturing (AM) in terms of product optimization, process innovation and business model development, the application of AM in small and medium-sized enterprises (SMEs) in particular is associated with barriers to innovation. One of these barriers to innovation is quality management (QM) for AM. Therefore, there is still promising potential for improvement in the holistic planning, control and implementation of application-related measures for QM with associated process-related challenges.

In order to address these potentials and challenges, a methodology for requirement-determining and effort-oriented QM for AM was developed in the present work. The focus in the development and practical testing was on the AM process of powder bed fusion of metals via laser beam (PBF-LB/M). The methodology enables manufacturing companies and in particular SMEs to derive QM measures on the basis of the systematic and AM-customized analysis of the requirements.

For the purposeful development and application of the methodology, it was subdivided into five modules. Basis of the methodology are the requirements to the entrepreneurial QM with the focus on the process chain of PBF-LB/M of different requirement owners, as for example external customers, the direct market environment and the technology. Therefore, the methodical collection and analysis of these requirements was carried out in module 1 by means of a developed requirements model. This requirements model is subdivided into three sub-modules and makes it possible to carry out a comprehensive interdisciplinary collection. Furthermore, based on the generated information, the captured requirements can be prioritized company and process chain specific.

The captured and analyzed requirements were transferred to module 2, where the component specification was defined. Primary and secondary component specifications were presented for this purpose. The production model developed then enables the production environment to be defined by means of the structural and functional analysis presented. This includes the derivation of QM measures with regard to the parameterization and monitoring of the material, actuating and state variables of the manufacturing process, the individual processes in the process chain and the production.

In module 3, an applicable method for the qualitative determination of the quality effort was developed. The focus is on the quality effort in terms of time, costs and knowledge for quality assurance measures. The characteristic values resulting from the qualitative determination can be quantified by means of a proposed further processing and thus enable an estimation of the associated effort in the planning and execution of quality assurance measures. A further specific method was derived for determining the effort and benefit of systems for process monitoring during the manufacturing process. For the evaluation of the effort the costs and the further resources as well as for the evaluation of the benefit the functionality and the performance of the systems for process monitoring are examined. In module 3, the method developed was applied for the first time to the process monitoring systems available on the market.

In the cross-sectional module 1-2-3, the collected, analyzed and determined information from the previous modules 1, 2 and 3 was transferred into application-oriented and concrete measures for the company-specific QM.

The documentation of this information and measures from the previous modules were combined and documented in a documentation profile in module 4. This makes it possible to use and control the information and the QM measures derived from it. This is especially useful for the conception and implementation of a QM manual as well as for external certification and auditing of corporate QM.

The synthesis of the individual modules formed the methodology for requirement-determined and effort-oriented QM for AM and especially for PBF-LB/M. The practical testing of the developed methodology was carried out in an industrial environment on the basis of real case studies of AM. The case studies differed in particular in their use case in prototype construction (case study 1) and small series production in aviation (case study 2). Here, up to 38 and 43 concrete measures for the QM of the companies involved in the case studies could be developed. The recorded and analyzed requirements probably showed common trends that could be summarized as basic QM measures for both use cases. Furthermore, the time, costs and knowledge required for quality assurance measures in the aviation use case (case study 2) increased by around 100 %.

8.2 Outlook

Based on the described results and the underlying motivation of the present work, further research and development needs can be identified. For example, an extension of the determination of quality effort is conceivable, in which the quality effort is quantified and evaluated in terms of time, costs and knowledge. In this way, the cost-benefit ratio of the quality assurance measures for the recording and checking of influencing variables can be improved in accordance with the cost-oriented guiding principle of the objective of the present work. Furthermore, it is possible to adapt and apply the methodology, which was developed on the basis of the process chain of the AM process of PBF-LB/M, to other AM processes. In particular, the AM processes of powder bed fusion of polymers (PBF/P) and other metal-based AM processes (e.g. Cold Metal Fusion from *Headmade Materials*) should be mentioned here.

In addition to the practical testing of the developed methodology in the case studies of prototype construction and aerospace, the methodology should be applied to other real case studies with certain characteristics (e.g. component lot sizes, target values of component quality, demanders). Furthermore, the correlations and QM measures derived by means of the developed methodology should be planned, implemented and their effectiveness verified in the industrial environment.

In addition, it is necessary to check on the basis of the further real case studies whether the developed methodology and its modules can be transferred into an independent software or as an extension for already existing software, such as CAQ (computer-aided quality assurance). Thereby the requirements of applicability and practicability of the methodology and its modalities for especially SMEs have to be considered by a proportional system complexity.

The recorded and analyzed requirements in the two real case studies as well as the structure of the methodology has shown that an interdisciplinary approach is required for the development of concrete QM measures with a low cost-benefit ratio. This targeted synthesis of technical and non-technical competences within cooperation between science and industry can enable a further industrial dissemination of AM, especially among SMEs.

Abkürzungsverzeichnis

Abkürzung	Begriff
A	Anforderung
A#	Laufende Nummer der Anforderung
ADA	Additive Assurance Pty Ltd
AF	Additive Fertigung
AM	Additive Manufacturing
ASTM	American Society for Testing and Materials
BGHM	Berufsgenossenschaft Holz und Metall
CAD	Rechnergestützte Konstruktion (engl. Computer-aided Design)
CAQ	Computergestützte Qualitätssicherung (engl. computer-aided quality assurance)
CCD	Ladungsgekoppeltes Bauteil (engl. charge-coupled device)
CMOS	Komplementärer Metall-Oxid-Halbleiter (engl. complementary metal-oxide-semiconductor)
DGQ	Deutsche Gesellschaft für Qualität
DGUV	Deutsche Gesetzliche Unfallversicherung
Dim	Dimension
DIN	Deutsches Institut für Normung
DMLS	Direktes Metall-Laser-Schmelzen
Dr	Dringlichkeit
E	Ertrag
Ebe	Ebene
FBG	Faser-Bragg-Sensor
FIR	Fernes Infrarotlicht (engl. far infrared)
FMEA	Fehlermöglichkeits- und -einflussanalyse
GEA	GE Additive
I	Infrastruktur
IATF	International Automotive Task Force
IEC	Internationale Elektrotechnische Kommission (engl. International Electrotechnical Commission)
IEEE	Institut der Elektro- und Elektronikingenieure (engl. Institute of Electrical and Electronics Engineers)
ISO	Internationale Standardisierungsorganisation (engl. International Organization of Standardization)
IT	Informationstechnologie
K	Kosten
KE	Kosteneffizienz
KMU	Kleines und mittleres Unternehmen
KP	Kernprozess
Kr	Kritikalität
KVP	Kontinuierlicher Verbesserungsprozess
L	Leistung
LBM	Laserstrahlschmelzen (engl. Laser Beam Melting)
LCC	Lebenszykluskosten (engl. life cycle costing)
LMF	Laserschmelzen von Metallen (engl. Laser Metal Fusion)
M#	Laufende Nummer der QM-Maßnahme
Ma	Machbarkeit
MEX	Materialextrusion
MIR	mittleres Infrarotlicht (engl. mid infrared)

Abkürzung	Begriff
NADCAP	Nationales Akkreditierungsprogramm für Luftfahrt- und Verteidiungsvertragspartner (engl. National Aerospace and Defense Contractors Accreditaton Program)
NIR	Nahes Infrarotlicht (engl. near infrared)
OP	Organisationsprozess
OPA	OpenAdditive, LLC
P	Personal
PBF/P	Pulverbettbasiertes Schmelzen von Kunststoffen (engl. powder bed fusion of polymers)
PBF-LB/M	Pulverbettbasiertes Schmelzen mittels Laserstrahl von Metallen (engl. powder bed fusion of metals with laser beam)
PBF-LB/P	Pulverbettbasiertes Schmelzen von Kunststoffen mittels Laserstrahl (engl. powder bed fusion of polymeres with laser beam)
PDCA	Planen-Durchführen-Kontrollieren-Umsetzen/Agieren (engl. Plan-Do-Check-Act)
PüS	Prozessüberwachungssystem
Q	Qualität
QFD	Quality Function Depolyment
QM	Qualitätsmanagement
QR	Quick Response
QS	Qualitätssicherung
R	Ressourcen
R	Recht
REN	Renishaw plc
rF	Relative Feuchte
S	System
SIL	Sigma Labs Inc.
SLM	Selektives Laserschmelzen (engl. Selective Laser Melting)
SLM	SLM Solutions Group AG
SP	Sicherheitsprozess
SPC	Statistische Prozesskontrolle (engl. Statistical Process Control)
STL	engl. Surface Tesselation Language
T	Temperatur
TRGS	Technische Regeln für Gefahrstoffe
TRL	Technologie-Reifegrad (engl. Technology Readiness Level)
TRU	TRUMPF Laser- und Systemtechnik GmbH
TÜV	Technischer Überwachungsverein
UP	Unterstützungsprozess
UV	Ultraviolettes Licht
VDA	Verband der Deutschen Automobilindustrie
VDI	Verband Deutscher Ingenieure
VDMA	Verband Deutscher Maschinen- und Anlagenbau
VIS	sichtbares Licht (engl. visible light)

Formelzeichenverzeichnis

Formelzeichen	Einheit	Beschreibung
μ	-	Erwartungswert
A_K	-	Kostenaufwand der Qualität
$A_{K,Auswertung}$	-	Kostenaufwand für die Messauswertung
$A_{K,Durchfuehrung}$	-	Kostenaufwand für die Messdurchführung
$A_{K,gew,quant}$	€	gewichteter und quantifizierter Kostenaufwand der Qualität
$A_{K,Messmittel,betrieb}$	-	Betriebs-Kostenaufwand für Messmittel
$A_{K,Messmittel,Invest}$	-	Investitions-Kostenaufwand für Messmittel
$A_{K,Messmittel,laufend}$	-	laufender Kostenaufwand für Messmittel
$A_{K,Pruefkoerper}$	-	Kostenaufwand für die Prüfkörper
$A_{K,quant}$	€	quantifizierter Kostenaufwand der Qualität
$A_{K,Vorbereitung}$	-	Kostenaufwand für die Messvorbereitung
A_W	-	Wissensaufwand der Qualität
$A_{W,Auswertung}$	-	Wissensaufwand für die Messauswertung
$A_{W,Durchfuehrung}$	-	Wissensaufwand für die Messdurchführung
$A_{W,Vorbereitung}$	-	Wissensaufwand für die Messvorbereitung
A_Z	-	Zeitaufwand der Qualität
$A_{Z,Auswertung}$	-	Zeitaufwand für die Messdatenauswertung
$A_{Z,Durchfuehrung}$	-	Zeitaufwand für die Messdurchführung
$A_{Z,gew,quant}$	€	gewichteter und quantifizierter Zeitaufwand der Qualität
$A_{Z,Pruefkoerper}$	-	Zeitaufwand für die Herstellung von Prüfköper
$A_{Z,quant}$	min	quantifizierter Zeitaufwand der Qualität
$A_{Z,Vorbereitung}$	-	Zeitaufwand für die Messvorbereitung
$A_{Z/K/W,Pruefkoerperfertigung}$	-	Zeit-/Kosten- bzw. Wissensaufwand für die Prüfkörperfertigung
$A_{Z/K/W,Pruefkoerperpraeparation}$	-	Zeit-/Kosten- bzw. Wissensaufwand für die Prüfkörperpräparation
C_{pK}		Niveauindex der Prozessfähigkeit
F	-	Gesamtanzahl der Faktoren
f_F	-	Anzahl der Faktoren der Funktionalität
f_K	-	Anzahl der Faktoren der Kosten
f_L	-	Anzahl der Faktoren der Leistung
GK	€	Gesamtkosten
GPW	Pkt.	Gesamtpunktwert
$KE\text{-}Index$	€/Pkt.	Kosten-Effektivitäts-Index des Prozessüberwachungssystems
$KE\text{-}Index^{\pm}$	€/Pkt.	erhöhter bzw. erniedrigter Kosten-Effektivitäts-Index des Prozessüberwachungssystems in Bezug auf die Fehlerunschärfe
$KE\text{-}Index_{norm}$	€/Pkt.	normierter Kosten-Effektivitäts-Index des Prozessüberwachungssystems
K_K	€	Kostenäquivalenzintervall der Kosten
K_Z	min	Kostenäquivalenzintervall der Zeit
n	-	Stichprobengröße
OTG	-	obere Toleranzgrenze
P_i	Pkt.	Punktwert
Rz	mm	gemittelte Rautiefe
SPF	-	Stichprobenfaktor

Formelzeichen	Einheit	Beschreibung
TK	€	Teilkosten
TPW_F	Pkt.	Teilpunktwert der Funktionalität
$TPW_{F,no}$	Pkt.	normierter Teilpunktwert der Funktionalität
TPW_L	Pkt.	Teilpunktwert der Leistung
$TPW_{L,no}$	Pkt.	normierter Teilpunktwert der Leistung
TPW_R	Pkt.	Teilpunktwert der Ressourcen
$TPW_{R,no}$	Pkt.	normierter Teilpunktwert der Ressourcen
UTG	-	untere Toleranzgrenze
W_Z	€/Zeiteinheit	monetärer Wertsatz des Zeitaufwands
α	-	Gewichtungsfaktor der Ressourcen
β	-	Gewichtungsfaktor der Funktionalität
γ	-	Gewichtungsfaktor der Leistung
δ	-	Gewichtungsfaktor des Zeitaufwands
$\Delta S^{\pm}$	Pkt.	Fehlerunschärfe des Gesamtpunktwerts
$\Delta S^{\pm}{}_{F,no}$	Pkt.	Fehlerunschärfe der normierten Funktionalität
$\Delta S^{\pm}{}_{L,no}$	Pkt.	Fehlerunschärfe der normierten Leistung
$\Delta S^{\pm}{}_{R,no}$	Pkt.	Fehlerunschärfe der normierten Ressourcen
ε	-	Gewichtungsfaktor des Kostenaufwands
σ	-	Standardabweichung

Abbildungsverzeichnis

Tabellenverzeichnis

Literaturverzeichnis

[ABD17] Abdelrahman, Mostafa; Reutzel, Edward et al. *Flaw detection in powder bed fusion using optical imaging [online].* In: Additive Manufacturing, Jg. 15, S. 1–11, 2017. ISSN 22148604. doi: 10.1016/j.addma.2017.02.001.

[ADA00] Adam, Dietrich: *Investitionscontrolling.* 3. Auflage. Oldenbourg, München, 2000. ISBN 9783486253337.

[ADD21a] Additive Assurance: *Quality Assurance for L-PBF Additive Manufacturing,* Melbourne, 02.2021.

[ADD21b] Additive Assurance: *Process Monitoring Reimagined,* Melbourne, 8. Juli 2021.

[ALB16] Alberts, Daniel; Schwarze, Dieter; Witt, Gerd: *High speed melt pool & laser power monitoring for selective laser melting (SLM),* 2016. 9th International Conference on Photonic Technologies LANE 2016.

[ALT21] Alt, Hans-Jürgen; Grothof, Ina: *Innovationen made in NRW: OPC UA / umati:* VDMA Verband Deutscher Maschinen- und Anlagenbau, 2021.

[AMI18] Amini, Mohammadhossein; Chang, Shing*: Process Monitoring of 3D Metal Printing in Industrial Scale. In:* (Hrsg.) American Society of Mechanical Engineers: *Volume 1: Additive Manufacturing; Bio and Sustainable Manufacturing,* American Society of Mechanical Engineers, 2018. ISBN 978-0-7918-5135-7.

[AST16] Astor, Michael; Rammer, Christian et al.: *Endbericht: Innovativer Mittelstand 2025 – Herausforderungen, Trends und Handlungsempfehlungen für Wirtschaft und Politik: Studie im Auftrag des Bundesministeriums für Wirtschaft und Energie,* Berlin, 10.2016.

[AUT18] Autio, Erkko; Nambisan, Satish et al.: *Digital affordances, spatial affordances, and the genesis of entrepreneurial ecosystems [online].* In: Strategic Entrepreneurship Journal, Jg. 12(1), S. 72–95, 2018. ISSN 19324391. doi: 10.1002/sej.1266.

[AWI16] Awiszus, Birgit; Bast, Jürgen; Dürr, Holger: *Grundlagen der Fertigungstechnik:*6., aktualisierte Auflage. Fachbuchverlag Leipzig im Carl Hanser Verlag, München, 2016. ISBN 9783446447790.

[BAC16] Backhaus, Klaus; Erichson, Bernd et al.: *Multivariate Analysemethoden.* Springer, Berlin, Heidelberg, 2016. ISBN 978-3-662-46075-7.

[BÄH20] Bähr, Friedrich*: Methode zur modellierungsbasierten, präventiven Qualitätssicherung im Material Extrusion Verfahren.* Dissertation. Graduate School of Excellence advanced Manufacturing Engineering, Universität Stuttgart, 1. Dezember 2020.

[BAU16] Bauer, Dominik; Borchers, Kirsten et al.: *Additive Fertigungsverfahren,* Düsseldorf, 04.2016.

[BAU20] Baumgartl, Hermann; Tomas, Josef et al.: *A deep learning-based model for defect detection in laser-powder bed fusion using in-situ thermographic monitoring [online].* In: Progress in Additive Manufacturing, Jg. 5(3), S. 277–285, 2020. ISSN 2363-9512. doi: 10.1007/s40964-019-00108-3.

[BAU14] Baur, Nina; Blasius, Jörg: *Handbuch Methoden der empirischen Sozialforschung.* Springer Fachmedien Wiesbaden, Wiesbaden, 2014. ISBN 978-3-531-17809-7.

[BAY22] Bay, Christian; Baum, Matthias*: Geschäftsmodelle durch additive Fertigung. In:* (Hrsg.) Haas, Alexander: *Digitalisierung im Vertrieb. (in Veröffentlichung),* Springer, 2022.

[BAY20a] Bay, Christian; Döpper, Frank*: Auf dem Weg zur industriellen Reife: Von der Idee über die Kleinserie bis zur AM-Serienfertigung.* In: maschinenbau – das Schweizer Industriemagazin, Jg. (07.2020), S. 16–17, 2020.

[BAY19] Bay, Christian; Mahr, Alexander: *Anwendersicherheit beim Laser-Strahlschmelzen von Metallpulvern im Rahmen der VDI-Richtlinie 3405. In:* (Hrsg.) Kynast, Michael; Eichmann, Michael; Witt, Gerd: *Rapid.Tech + FabCon 3.D. International Hub for Additive Manufacturing: Exhibition + Conference + Networking ; Proceedings of the 16th Rapid.Tech Conference, Erfurt, Germany, 25–27 June 2019,* S. 430-440, München, Hanser, 2019. ISBN 978-3-446-46223-6.

[BAY21] Bay, Christian; Mahr, Alexander et al.: *Lean Production to Increase Reproducibility and Work Safety in the Laser Beam Melting Process Chain.* In: International Journal of Industrial and Manufacturing Engineering, Jg. 15(6), S. 278–283, 2021.

[BAY20b] Bay, Christian; Mahr, Alexander et al.: *Benchmark-Analyse zu Nachbearbeitungsverfahren in der additiven Fertigung:* Universität Bayreuth, Bayreuth, 05.2020.

[BAY13] Bayer, Franz; Kühn, Harald: *Prozessmanagement für Experten.* Springer Berlin Heidelberg, Berlin, Heidelberg, 2013. ISBN 978-3-642-36994-0.

[BER93] Berger, C.; Blauth, R. et al.: *Kano´s Methods for Understanding Customer-Defined Quality.* In: Center for Quality Management Journal, Jg. 2(4), S. 3–36, 1993.

[BER10] Berumen, Sebastian; Bechmann, Florian et al.: *Quality control of laser- and powder bed-based Additive Manufacturing (AM) technologies [online].* In: Physics Procedia, Jg. 5, S. 617–622, 2010. ISSN 18753892. doi: 10.1016/j.phpro.2010.08.089.

[BEY16] Beyerer, Jürgen; Puente León, Fernando; Frese, Christian: *Automatische Sichtprüfung.* Springer Berlin Heidelberg, Berlin, Heidelberg, 2016. ISBN 978-3-662-47785-4.

[BIS18] Bisht, Manisha; Ray, Nachiketa et al.: *Correlation of selective laser melting-melt pool events with the tensile properties of Ti-6Al-4V ELI processed by laser powder bed fusion [online].* In: Additive Manufacturing, Jg. 22, S. 302–306, 2018. ISSN 22148604. doi: 10.1016/j.addma.2018.05.004.

[BLE17] Bleicher, Knut: *Das Konzept Integriertes Management: Visionen - Missionen - Programme:*9. aktualisierte und erweiterte Auflage. Campus Verlag, Frankfurt, 2017. ISBN 9783593434353.

[BLO14] Bloech, Jürgen; Bogaschewsky, Ronald et al.: *Einführung in die Produktion.* Springer Berlin Heidelberg, Berlin, Heidelberg, 2014. ISBN 978-3-642-31892-4.

[BMF01] BMF Bundesministerium der Finanzen der Bundesrepublik Deutschland: *AfA-Tabelle für den Wirtschaftszweck "Maschinenbau":* BMF Bundesministerium der Finanzen der Bundesrepublik Deutschland, 6. Dezember 2001.

[BOH98] Bohren, Craig; Huffman, Donald: *Absorption and Scattering of Light by Small Particles.* Wiley, 1998.

[BOU21] Bouncken, Ricarda; Barwinski, Roman: *Shared digital identity and rich knowledge ties in global 3D printing—A drizzle in the clouds? [online].* In: Global Strategy Journal, Jg. 11(1), S. 81–108, 2021. ISSN 2042-5791. doi: 10.1002/gsj.1370.

[BRE03] Brehm, Carsten: *Organisatorische Flexibilität in Wertschöpfungsnetzwerken. In:* (Hrsg.) Bach, Norbert: *Geschäftsmodelle für Wertschöpfungsnetzwerke. Wilfried Krüger zum 60. Geburtstag,* S. 79-100, Wiesbaden, Gabler, 2003. ISBN 978-3-322-88977-5.

[BRE97] Breiing, Alois; Knosala, Ryszard: *Bewerten technischer Systeme: Theoretische und methodische Grundlagen bewertungstechnischer Entscheidungshilfen.* Springer Berlin Heidelberg, Berlin, Heidelberg, 1997. Springer eBook Collection Computer Science and Engineering. ISBN 9783642592294.

[BRI20] Bringezu, Matthias: *Qualitätssicherung für den Laser-Strahlschmelzprozess mittel in-situ Process Monitoring,* Lemgo, 6. November 2020. 25. Fachtagung Rapid Prototyping.

[BRI21] Bringezu, Matthias: *Vergleich Monitoring-Systeme,* 9. Juli 2021.

[BRÜ15a] Brückner, Claudia: *Fehlermöglichkeits- und -einflussanalyse (FMEA). In:* (Hrsg.) Kamiske, Gerd: *Handbuch QM-Methoden. Die richtige Methode auswählen und erfolgreich umsetzen.* 3., aktualisierte und erweiterte Auflage, München, Hanser, 2015. ISBN 9783446444416.

[BRÜ15b] Brüggemann, Holger; Bremer, Peik: *Grundlagen Qualitätsmanagement.* Springer Fachmedien Wiesbaden, Wiesbaden, 2015. ISBN 978-3-658-09220-7.

[BRU98] Bruhn, Manfred: *Wirtschaftlichkeit des Qualitätsmanagements: Qualitätscontrolling für Dienstleistungen.* Springer, Berlin, 1998. ISBN 9783642587528.

[BÜH19] Bühler, Peter; Schlaich, Patrick et al.: *Produktdesign.* Springer Berlin Heidelberg, Berlin, Heidelberg, 2019. ISBN 978-3-662-55510-1.

[BUR93] Burns, Marshall: *Automated fabrication:* Improving productivity in manufacturing, 1993.

[BUS15] Busse von Colbe, Walther; Gert Laßmann; Frank Witte (Hrsg.): *Investitionstheorie und Investitionsrechnung.* Springer Berlin Heidelberg, Berlin, Heidelberg, 2015. ISBN 978-3-540-56907-7.

[CAV17] Caviezel, Claudio; Grünwald, Reinhard et al.: *Additive Fertigungsverfahren (3-D-Druck),* März 2017.

[CHE21] Chen, Dongju; Wang, Peng et al.: *Research on in situ monitoring of selective laser melting: a state of the art review [online].* In: The International Journal of Advanced Manufacturing Technology, Jg. 113(11-12), S. 3121–3138, 2021. ISSN 0268-3768. doi: 10.1007/s00170-020-06432-1.

[CLA20] Claus Hüsselmann; Rolf Litzenberger et al.: *Sensitivitätsanalyse von Nutzwerten – Systematische Betrachtungen zur Nutzwertanalyse.* Technische Hochschule Mittelhessen, 01.2020.

[CLI14] Clijsters, S.; Craeghs, T. et al.: *In situ quality control of the selective laser melting process using a high-speed, real-time melt pool monitoring system [online].* In: The International Journal of Advanced Manufacturing Technology, Jg. 75(5-8), S. 1089–1101, 2014. ISSN 0268-3768. doi: 10.1007/s00170-014-6214-8.

[COL20a] Colosimo, B.; Grossi, E. et al.: *Penelope: A Novel Prototype for In Situ Defect Removal in LPBF [online].* In: JOM, Jg. 72(3), S. 1332–1339, 2020. ISSN 1047-4838. doi: 10.1007/s11837-019-03964-0.

[COL20b] Colosimo, Bianca; Cavalli, Simona; Grasso, Marco: *A cost model for the economic evaluation of in-situ monitoring tools in metal additive manufacturing [online].* In: International Journal of Production Economics, Jg. 223, 2020. ISSN 09255273. doi: 10.1016/j.ijpe.2019.107532.

[CON15] Concept Laser: *Concept Laser's QMmeltpool 3D: In-situ quality assurance with real-time monitoring down to the micron level.* In: Metal Additive Manufacturing, Jg. 1(2), S. 67–69, 2015.

[CON17] Concept Laser: *Achieve the highest possible quality in series production thanks to LaserCUSING,* 08.2017.

[COO22] Cooksongold Additive Manufacturing: *Jewellery & Luxury Goods - Cooksongold Additive Manufacturing.* Verfügbar unter: https://www.cooksongold-am.com/your-industry/jewellery-luxury-goods/, [Zuletzt geprüft: 10. Januar 2022].

[COO88] Cooper, Harris. *Organizing knowledge syntheses: A taxonomy of literature reviews [online].* In: Knowledge in Society, Jg. 1(1), S. 104–126, 1988. ISSN 0897-1986. doi: 10.1007/BF03177550.

[CRA10] Craeghs, Tom; Bechmann, Florian et al.: *Feedback control of Layerwise Laser Melting using optical sensors [online].* In: Physics Procedia, Jg. 5, S. 505–514, 2010. ISSN 18753892. doi: 10.1016/j.phpro.2010.08.078.

[CRA11] Craeghs, Tom; Chijster Stijn et al.: *Online Quality Control of Selective Laser Melting,* 2011.

[CRA12] Craeghs, Tom; Clijsters, Stijn et al.: *Detection of Process Failures in Layerwise Laser Melting with Optical Process Monitoring [online].* In: Physics Procedia, Jg. 39, S. 753–759, 2012. ISSN 18753892. doi: 10.1016/j.phpro.2012.10.097.

[CRO79] Crosby, Philip: *Quality is free: The art of making quality certain.* McGraw-Hill, New York, 1979. ISBN 0070145121.

[CZI08] Czichos, Horst; Manfred Hennecke (Hrsg.): *Hütte: Das Ingenieurwissen: Jubiläumsausgabe 150 Jahre Hütte:*33., aktualisierte Aufl. Springer, Berlin, 2008. ISBN 978-3-540-71852-9.

[DEM00] Deming, William: *Out of the crisis.* The MIT Press, Cambridge, Mass., 2000. ISBN 0262541157.

[DGQ12] DGQ Deutsche Gesellschaft für Qualität: *Managementsysteme – Begriffe: Ihr Weg zu klarer Kommunikation:*10. Aufl.: DGQ Deutsche Gesellschaft für Qualität. Beuth-Verlag, Berlin, 2012. DGQ-Band, 11-04. ISBN 3-410-32332-5.

[DIE14a] Diego Vallejo, David: *Spectroscopic Investigations of Plasma Emission Induced during Laser Material Processing.* epubli, Berlin, 2014. ISBN 384427880X.

[DIE14b] Dietrich, Edgar; Schulze, Alfred: *Statistische Verfahren zur Maschinen- und Prozessqualifikation:*7., aktualisierte Aufl. Hanser, München, 2014. ISBN 3446440550.

[DIE09] Dietrich, Simon: *Sensoriken zur Schwerpunktslagebestimmung der optischen Prozessemissionen beim Laserstrahltiefschweißen.* Universität Erlangen-Nürnberg, Diss., 2008. ISBN 9783875252927.

[DIN83] DIN Deutsches Institut für Normung, DIN 66001:1983-12: *Informationsverarbeitung – Sinnbilder und ihre Anwendung,* 1983.

[DIN90] DIN Deutsches Institut für Normung, DIN 40041:1990-12: *Zuverlässigkeit – Begriffe,* 1990.

[DIN96] DIN Deutsches Institut für Normung, DIN 1319-3:1996-05: *Grundlagen der Meßtechnik – Teil 3: Auswertung von Messungen einer einzelnen Meßgröße – Messunsicherheit,* 1996.

[DIN00] DIN Deutsches Institut für Normung, DIN EN 13068-1:2000. Auflage: *Zerstörungsfreie Prüfung – Radiskopische Prüfung – Teil 1: Quantitative Messung der bildgebenden Eigenschaften,* 2000.

[DIN03] DIN Deutsches Institut für Normung, DIN 8580:2003-09: *Fertigungsverfahren – Begriffe, Einteilung,* 2003.

[DIN08] DIN Deutsches Institut für Normung, DIN 55350-11:2008-05: *Begriffe zum Qualitätsmanagement – Teil 11: Ergänzungen zu DIN EN ISO 9000:2005,* 2008.

[DIN09a] DIN Deutsches Institut für Normung, DIN EN ISO 9004:2009-12: *Leiten und Lenken für den nachhaltigen Erfolg einer Organisation,* 2009.

[DIN09b] DIN Deutsches Institut für Normung, DIN 69901-3:2009-01: *Projektmanagement – Projektmanagementsysteme – Teil 3: Methoden,* 2009.

[DIN09c] DIN Deutsches Institut für Normung, DIN 69901-5:2009-01: *Projektmanagement – Projektmanagementsysteme – Teil 5: Begriffe,* 2009.

[DIN10a] DIN Deutsches Institut für Normung, DIN EN ISO 25178-6:2010-06: *Geometrische Produktspezifikationen (GPS) – Oberflächenbeschaffenheit: Flächenhaft – Teil 6: Klassizifierung von Methoden zur Messung der Oberflächenbeschaffenheit,* 2010.

[DIN10b] DIN Deutsches Institut für Normung, DIN EN ISO 3369:2010-08: *Undurchlässige Sintermetallwerkstoffe und Hartmetalle – Ermittlung der Dichte,* 2010.

[DIN15a] DIN Deutsches Institut für Normung, DIN EN ISO 9000:2015-11: *Qualitätsmanagementsysteme – Grundlagen und Begriffe,* 2015.

[DIN15b] DIN Deutsches Institut für Normung, DIN EN ISO 9001:2015-11: *Qualitätsmanagementsysteme – Anforderungen,* 2015.

[DIN16a] DIN Deutsches Institut für Normung, DIN EN ISO 17296-3:2016-11: *Additive Fertigung – Grundlagen – Teil 3: Haupteigenschaften und entsprechende Prüfverfahren,* 2016.

[DIN16b] DIN Deutsches Institut für Normung, DIN EN ISO 17296-4:2016-12: *Additive Fertigung – Grundlagen – Teil 4: Überblick über die Datenverarbeitung,* 2016.

[DIN18a] DIN Deutsches Institut für Normung, DIN EN 9100:2018-08: *Qualitätsmanagementsysteme – Anforderungen an Organisationen der Luftfahrt, Raumfahrt und Verteidigung,* 2018.

[DIN18b] DIN Deutsches Institut für Normung, DIN 35224:2018-10: *Schweißen im Luft- und Raumfahrzeugbau – Abnahmeprüfung von pulverbettbasierten Laserstrahlmaschinen zur additiven Fertigung,* 2018.

[DIN18c] DIN Deutsches Institut für Normung, DIN EN ISO/ASTM 52900:2018-06: *Additive Fertigung – Grundlagen – Terminologie (Entwurf),* 2018.

[DIN18d] DIN Deutsches Institut für Normung, DIN 65124:2018-10: *Luft- und Raumfahrt – Technische Lieferbedingungen für additive Fertigung metallischer Werkstoffe mit Pulverbettverfahren*, 2018.

[DIN19a] DIN Deutsches Institut für Normung, DIN 31051:2019-06: *Grundlagen der Instandhaltung*, 2019.

[DIN19b] DIN Deutsches Institut für Normung, DIN EN ISO 13485/A1:2019-11: *Medizinprodukte – Qualitätsmanagementsysteme – Anforderungen für regulatorische Zwecke (Entwurf)*, 2019.

[DIN19c] DIN Deutsches Institut für Normung, DIN EN ISO/ASTM 52921:2019-10: *Additive Fertigung – Grundlagen – Standardpraxis der Positionierung, Koordinaten und Ausrichtung des Bauteils (Entwurf)*, 2019.

[DIN19d] DIN Deutsches Institut für Normung, DIN SPEC 17071:2019-12: *Additive Fertigung – Anforderungen an qualitätsgesicherte Prozesse für additive Fertigungszentren*, 2019.

[DIN20a] DIN Deutsches Institut für Normung, DIN EN ISO/ASTM 52907:2020-05: *Additive Fertigung – Ausgangswerkstoffe – Verfahren zur Charakterisierung von Metallpulvern*, 2020.

[DIN20b] DIN Deutsches Institut für Normung, DIN EN ISO/ASTM 52911-1:2020-05: *Additive Fertigung – Konstruktion – Teil 1: Laserbasierte Pulverbettfusion von Metallen*, 2020.

[DIN20c] DIN Deutsches Institut für Normung, DIN EN ISO/ASTM 52904:2020-02: *Additive Fertigung – Prozessanforderungen und Qualifizierung – Verwendung des pulverbettbasierten Schmelzens von Metallen bei kritischen Anwendungen (Entwurf)*, 2020.

[DIN20d] DIN Deutsches Institut für Normung, DIN ISO/TS 9002:2020-08: *Qualitätsmanagementsysteme – Leitfaden für die Anwendung von ISO 9001:2015*, 2020.

[DIN20e] DIN Deutsches Institut für Normung, DIN EN ISO/ASTM 52910:2020-02: *Additive Fertigung – Konstruktion – Anforderungen, Richtlinien und Empfehlungen*, 2020.

[DIN20f] DIN Deutsches Institut für Normung, DIN EN ISO 6892-1:2020-07: *Metallische Werkstoffe – Zugversuch – Teil 1: Prüfverfahren bei Raumtemperatur*, 2020.

[DIN21] DIN Deutsches Institut für Normung, DIN 50125 (Entwurf):2021-08: *Prüfung metallischer Werkstoffe – Zugproben*, 2021.

[DIN22] DIN Deutsches Institut für Normung, DIN 8580:2020 (Entwurf): *Fertigungsverfahren – Begriffe, Einteilung*, 2022.

[DRE80] Dreyfus, Stuart; Dreyfus, Hubert: *A Five-Stage Model of the Mental Activities Involved in Directed Skill Acquisition*. In: Operations Reserach Center, University of California Berkeley, 1980.

[DYC06] Dyckhoff, Harald: *Produktionstheorie:*5., überarb. Aufl. Springer, Berlin, 2006. Springer-Lehrbuch. ISBN 3540326006.

[EIS09] Eisen, Markus: *Optimierte Parameterfindung und prozessorientiertes Qualitätsmanagement für das Selective-Laser-Melting-Verfahren*. Dissertation, Universität Duisburg-Essen, 17. November 2009.

[ELE22] Electro Optical Systems: *Datenvorbereitung für 3D-Druck | EOS GmbH*. Verfügbar unter: https://www.eos.info/de/additive-fertigung/software-3d-druck/datenvorbereitung-3d-druck, [Zuletzt geprüft: 10. Januar 2022].

[ELL09] Eller, Brigitte: *Usability Engineering in der Anwendungsentwicklung:* Systematische Integration zur Unterstützung einer nutzerorientierten Entwicklungsarbeit. Dissertation, Technische Universität Darmstadt, 2009.

[EOS20a] EOS Electro Optical Systems: *Technical description EOS M 290*, Krailing, 02.2020.

[EOS20b] EOS Electro Optical Systems: *EOSTATE MeltPool: Monitoringsoftware für Laser-Sinter-Systeme*, Krailing, 05.2020.

[EOS20c] EOS Electro Optical Systems: *EOSTATE Exposure OT*, Krailing, 6. Juli 2020.

[EOS20d] EOS Electro Optical Systems: *Kupfer für den industriellen 3D Druck | EOS GmbH.* Verfügbar unter: https://www.eos.info/de/additive-fertigung/3d-druck-metall/eos-metall-werkstoffe-dmls/kupfer, [Zuletzt geprüft: 10. Januar 2022].

[EOS21] EOS Electro Optical Systems: *EOSTATE Exposure OT: Monitoring-Software für Laser-Sinter-Systeme,* Krailing, 05.2021.

[EOS22a] EOS Electro Optical Systems: *3D-Drucker für die additive Fertigung mit Metallen | EOS.* Verfügbar unter: https://www.eos.info/de/additive-fertigung/3d-druck-metall/eos-metall-systeme, [Zuletzt geprüft: 10. Januar 2022].

[EOS22b] EOS Electro Optical Systems: *Metall-Werkstoffe für den 3D Druck | EOS GmbH.* Verfügbar unter: https://www.eos.info/de/additive-fertigung/3d-druck-metall/eos-metall-werkstoffe-dmls, [Zuletzt geprüft: 10. Januar 2022].

[ESC12] Eschey, Christian: *Maschinenspezifische Erhöhung der Prozessfähigkeit in der additiven Fertigung.* Dissertation, Technische Universität München, 13. November 2012.

[ESC19] Eschner, Niclas; Weiser, Lukas et al.: *Akustische Prozessüberwachung für das Laserstrahlschmelzen (LBM) mit neuronalen Netzen: Eine Potentialbewertung [online].* In: tm - Technisches Messen, Jg. 86(11), S. 661–672, 2019. ISSN 0171-8096. doi: 10.1515/teme-2019-0070.

[EUR03] Europäische Kommission: *Empfehlung der Kommission vom 6. Mai 2003 betreffend die Definition der Kleinstunternehmen sowie der kleinen und mittleren Unternehmen: 2003/361/EG:* Europäische Kommission, 20. Mai 2003, OJ L 124.

[EVE95] Eversheim, Walter (Hrsg.): *Prozeßorientierte Unternehmensorganisation: Konzepte und Methoden zur Gestaltung "schlanker" Organisationen.* Springer-Verl., Berlin, 1995. ISBN 3540581359.

[EVE16] Everton, Sarah; Hirsch, Matthias et al. *Review of in-situ process monitoring and in-situ metrology for metal additive manufacturing [online].* In: Materials & Design, Jg. 95, S. 431–445, 2016. ISSN 02641275. doi: 10.1016/j.matdes.2016.01.099.

[FAE10] Faerber, Matthias: *Prozessorientiertes Qualitätsmanagement: Ein Konzept zur Implementierung.* Dissertation, Universität Bayreuth, 2010.

[FAR22] Farsoon Technologies: *Farsoon Total Solutions for Metal Additive Manufacturing | Farsoon.* Verfügbar unter: http://en.farsoon.com/solution_list_02/FrontColumns_navigation01-1497537754897FirstColumnId=2&FrontColumns_navigation01-1497537754897SecondColumnId=37.html, [Zuletzt geprüft: 10. Januar 2022].

[FEI91] Feigenbaum, Armand: *Total quality control.* McGraw-Hill, New York, 1991. ISBN 0070203547.

[FEL13] Feldhusen, Jörg; Grote, Karl-Heinrich: *Pahl/Beitz Konstruktionslehre.* Springer Berlin Heidelberg, Berlin, Heidelberg, 2013. ISBN 978-3-642-29568-3.

[FEL17] Feldmann, Carsten; Gorj, Anneliese: *3D-Druck und Lean Production.* Springer Fachmedien Wiesbaden, Wiesbaden, 2017. ISBN 978-3-658-18407-0.

[FEL16] Feldmann, Carsten; Pumpe, Andreas: *3D-Druck – Verfahrensauswahl und Wirtschaftlichkeit.* Springer Fachmedien Wiesbaden, Wiesbaden, 2016. ISBN 978-3-658-15195-9.

[FEL21] Feldmeth, Michael: *Methode zur modellbasierten Bewertung und systematischen Verbesserung von Fertigungssystemen.* Springer Fachmedien Wiesbaden, Wiesbaden, 2021. ISBN 978-3-658-32287-8.

[FLI14] Flick, Uwe (Hrsg.): *The SAGE handbook of qualitative data analysis.* SAGE, London, 2014. ISBN 130685993X.

[FLI18] Flick, Uwe: *Designing qualitative research:* 2nd edition. SAGE, Los Angeles, 2018. The SAGE qualitative research kit. ISBN 9781473911987.

[FUL17] Fulga, Simina: *Intelligente Qualitätssicherung in der additiven Fertigung,* Linz, 17. Mai 2017. Austrian 3D-Printing Forum.

[FUL16] Fulga, Simina; Davidescu, Arjana et al.: *In-line quality control system for a reliable Additive Manufacturing:* Layer by layer inspection. In: (Hrsg.) Drstvenšek, Igor; Drummer, Dietmar; Schmidt, Michael: *Proceedings of the 6th International Conference on Additive Technologies – iCAT 2016,* S. 292-299, Ljubljana, 2016. ISBN 9789612855376.

[GAR84] Garvin, David: *What Does "Product Quality" Really Mean?* In: Sloan Management Review, Jg. 26(1), S. 25–43, 1984.

[GAU11] Gausemeier, Jürgen: *Thinking ahead the Future of Additive Manufacturing,* 2011.

[GE 20a] GE Additive: *Direct Metal Laser Melting (DMLM) | GE Additive.* Verfügbar unter: https://www.ge.com/additive/additive-manufacturing/information/direct-metal-laser-melting-technology, [Zuletzt geprüft: 10. Januar 2022].

[GE 20b] GE Additive: *Powders | GE Additive.* Verfügbar unter: https://www.ge.com/additive/powders-overview, [Zuletzt geprüft: 10. Januar 2022].

[GE 22] GE Additive: *Concept Laser und LaserCUSING.* Verfügbar unter: https://www.ge.com/additive/de/who-we-are/concept-laser, [Zuletzt geprüft: 10. Januar 2022].

[GEB16] Gebhardt, Andreas: *Additive Fertigungsverfahren: Additive Manufacturing und 3D-Drucken für Prototyping - Tooling - Produktion:*5., neu bearbeitete und erweiterte Auflage. Hanser, München, 2016. ISBN 9783446445390.

[GEI08] Geiger, Walter; Kotte, Willi: *Handbuch Qualität: Grundlagen und Elemente des Qualitätsmanagements: Systeme, Perspektiven:* 5., vollständig überarbeitete und erweiterte Auflage. Friedr. Vieweg & Sohn Verlag | GWV Fachverlage GmbH Wiesbaden, Wiesbaden, 2008. Praxis und Studium. ISBN 9783834802736.

[GER21] Gerhards, Anne: *Methodik zur Interaktion von F&E und Marketing in den frühen Phasen des Innovationsprozesses.* Dissertation, Rheinisch-Westfälische Technische Hochschule Aachen, 7. Dezember 2021.

[GLO11] Globisch, Sabine (Hrsg.): *Lehrbuch Mikrotechnologie.* Fachbuchverlag Leipzig im Carl-Hanser-Verlag, München, 2011. ISBN 3446425608.

[GOB18] Gobert, Christian; Reutzel, Edward et al.: *Application of supervised machine learning for defect detection during metallic powder bed fusion additive manufacturing using high resolution imaging [online].* In: Additive Manufacturing, Jg. 21, S. 517–528, 2018. ISSN 22148604. doi: 10.1016/j.addma.2018.04.005.

[GOO22] Google Trends: *Suchbegriffshäufigkeit 3d printing und 3d printing quality im Zeitraum 11-2010 bis 12-2021 weltweit.* Verfügbar unter: https://trends.google.de/trends/explore?date=all&q=3d%20printing%20quality,3d%20printing, [Zuletzt geprüft: 10. Januar 2022].

[GOO21] Goossens, Louca; van Hooreweder, Brecht: *A virtual sensing approach for monitoring melt-pool dimensions using high speed coaxial imaging during laser powder bed fusion of metals [online].* In: Additive Manufacturing, Jg. 40, 2021. ISSN 22148604. doi: 10.1016/j.addma.2021.101923.

[GÖR14] Görne, Thomas: *Tontechnik: Hören, Schallwandler, Impulsantwort und Faltung, digitale Signale, Mehrkanaltechnik, tontechnische Praxis.* Hanser, München, 2014. Hanser eLibrary. ISBN 9783446441491.

[GRA17] Grasso, Marco; Colosimo, Bianca: *Process defects and in situ monitoring methods in metal powder bed fusion: a review [online].* In: Measurement Science and Technology, Jg. 28(4), 2017. ISSN 0957-0233. doi: 10.1088/1361-6501/aa5c4f.

[GRA18] Grasso, Marco; Demir, Ali et al.: *In situ monitoring of selective laser melting of zinc powder via infrared imaging of the process plume [online].* In: Robotics and Computer-Integrated Manufacturing, Jg. 49, S. 229–239, 2018. ISSN 07365845. doi: 10.1016/j.rcim.2017.07.001.

[GRU15] Grund, Maike: *Implementierung von schichtadditiven Fertigungsverfahren: Mit Fallbeispielen aus der Luftfahrtindustrie und Medizintechnik.* Springer Berlin / Heidelberg, Berlin, Heidelberg, 2015. Light Engineering für die Praxis. ISBN 9783662442661.

[GRU10] Gruß, Renata: *Schlanke Unikatfertigung: Zweistufiges Taktphasenmodell zur Steigerung der Prozesseffizienz in der Unikatfertigung auf Basis der Lean Production*. Technische Universität Cottbus, Tech. ISBN 9783834925060.

[GUA16] Guan, Guangying; Hirsch, Matthias et al. *Loose powder detection and surface characterization in selective laser sintering via optical coherence tomography [online]*. In: Proceedings. Mathematical, physical, and engineering sciences, Jg. 472(2191), 2016. ISSN 1364-5021. doi: 10.1098/rspa.2016.0201.

[GÜN03] Günzler, Helmut: *IR-Spektroskopie: Eine Einführung*. Wiley, Weinheim, 2003. ISBN 9783527662852.

[HAB19] Haberfellner, Reinhard; Weck, Olivier de et al.: *Systems Engineering*. Springer International Publishing, Cham, 2019. ISBN 978-3-030-13430-3.

[HAC10] Hachtel, Günther; Holzbaur, Ulrich: *Management für Ingenieure: Technisches Management für Ingenieure in Produktion und Logistik*. Vieweg + Teubner, Wiesbaden, 2010. ISBN 9783834805720.

[HAG18] Hagedorn, Yves; Pastors, Felix: *Process Monitoring of Laser Beam Melting [online]*. In: Laser Technik Journal, Jg. 15(2), S. 54–57, 2018. ISSN 16137728. doi: 10.1002/latj.201800009.

[HAL02] Hall, Karl: *Ganzheitliche Technologiebewertung: Ein Modell zur Bewertung unterschiedlicher Produktionstechnologien*, Wiesbaden, 2002. Wirtschaftswissenschaft. ISBN 978-3-8244-0664-7.

[HEE09] Heesen, Marcel: *Innovationsportfoliomanagement: Bewertung von Innovationsprojekten in kleinen und mittelgroßen Unternehmen der Automobilzulieferindustrie*. Zugl.: Duisburg-Essen, Univ., Diss, 2009. Gabler, Wiesbaden, 2009. Gabler Research, Bd. 20. ISBN 9783834919670.

[HER03] Hering, Ekbert; Jürgen Triemel; Hans-Peter Blank (Hrsg.): *Qualitätsmanagement für Ingenieure:*5., überarb. Aufl. Engineering online library. Springer, Berlin, 2003. ISBN 978-3-662-09616-1.

[CL 15] CL Schutzrechtsverwaltungs GmbH*: Method for Assessing the Structural Quality of three-dimensional Components*, Erfinder: Frank Herzog, US 2015/0367453 A1.

[CON20] Concept Laser GmbH; Katholieke Universiteit Leuven*: Method for Producing a three-dimensional Component*, Erfinder: Frank Herzog; Florian Bechmann; Sebastian Berumen; Jean-Pierre Kruth; Tom Craeghs, US 2020/0391291 A1.

[HEß15] Heß, Thomas*: Beitrag zur Qualifizierung des pulverbettbasierten Laserstrahlschmelzens zur Serienfertigung am Beispiel der Triebwerksindustrie*. Dissertation, Karlsruher Institut für Technologie, 30. Oktober 2015.

[HIG96] Higgins, James. *Innovate or evaporate: Creative techniques for strategists [online]*. In: Long Range Planning, Jg. 29(3), S. 370–380, 1996. ISSN 0024-6301. doi: 10.1016/0024-6301(96)00023-4.

[HOF08] Hoffmeister, Wolfgang: *Investitionsrechnung und Nutzwertanalyse: Eine entscheidungsorientierte Darstellung mit vielen Beispielen und Übungen*. BWV Berliner Wissenschaftsverlag, Berlin, 2008. ISBN 9783830515036.

[HOF83] Hofmann, Dietrich: *Handbuch Meßtechnik und Qualitätssicherung*. Vieweg+Teubner Verlag, Wiesbaden, 1983. ISBN 9783663140931.

[HOF12] Hofmann, Erik; Maucher, Daniel et al.: *Investitionsgütereinkauf*. Springer Berlin Heidelberg, Berlin, Heidelberg, 2012. ISBN 978-3-642-22711-0.

[IAT16] IATF International Automotive Task Force, IATF 16949:2016. Auflage: *Qualitätsmanagement – System-Standard der Automobilindustrie*, 2016.

[IEE 98a] IEEE Computer Society; Institute of Electrical and Electronics Engineers; IEEE Standards Board, IEEE Std 1233:1998. Auflage: *IEEE guide for developing system requirements specifications*, 1998.

[IEE90] IEEE International Instrumentation and Measurement Technology, IEEE 610:12-1990: *IEEE Standard Glossary of Software Engineering Terminology*, 1990.

[IEE98b] IEEE International Instrumentation and Measurement Technology, IEEE 830:1998. Auflage: *IEEE Recommended Practice for Software Requirements Specifications,* 1998.

[ISH81] Ishikawa, Kaoru: *Guide to Quality Control,* Tokyo, 1981. ISBN 978-9283310365.

[ISL13] Islam, M.; Purtonen, Tuomas et al.: *Temperature Profile and Imaging Analysis of Laser Additive Manufacturing of Stainless Steel [online].* In: Physics Procedia, Jg. 41, S. 835–842, 2013. ISSN 18753892. doi: 10.1016/j.phpro.2013.03.156.

[ISO09] ISO International Organization for Standardization, ISO 6983-1:2009-12: *Automationssysteme und Integration - Steuerung von Maschinen - Programmformat und Definition von Adresswörtern – Teil 1: Datenformat für Positionierung, Linearbewegungen und Bahnsteuerungen,* 2009.

[ISO14] ISO International Organization for Standardization, ISO 22514-1:2014-06: *Statistische Methoden im Prozessmanagement – Fähigkeit und Leistung – Teil 1: Allgemeine Grundsätze und Begriffe,* 2014.

[ISO19] ISO International Organization for Standardization, ISO/ASTM 52902:2019-07: *Additive manufacturing — Test artifacts — Geometrics capability assessment of additive manufacturing systems,* 2019.

[ISO21] ISO International Organization for Standardization, ISO 13322-2:2021-07: *Particle size analysis — Image analysis methods — Part 2: Dynamic image analysis methods (Final Draft),* 2021.

[ISO11] ISO Internationale Organisation für Normung, ISO/IEC 25010: *Systems and software engineering – Systems and software Quality Requirements and Evalutation,* 2011.

[JAH15] Jahn, Simon; Kahlenberg, Robert et al.: *Empfehlungen zur Steigerung der Prozessstabilität beim Laserstrahlschmelzen. In:* (Hrsg.) Witt, Gerd; Wegner, Andreas; Sehrt, Jan: *Neue Entwicklungen in der Additiven Fertigung,* S. 127-141, Berlin, Heidelberg, Springer Berlin Heidelberg, 2015. ISBN 978-3-662-48472-2.

[JAK19] Jakoby, Walter: *Qualitätsmanagement für Ingenieure.* Springer Fachmedien Wiesbaden, Wiesbaden, 2019. ISBN 978-3-658-26595-3.

[JEN21] Jensen, Marie-Kristin: *Projektmanagement-Manufaktur: Stakeholderanalyse.* Verfügbar unter: http://projektmanagement-manufaktur.de/stakeholderanalyse, [Zuletzt geprüft: 10. Januar 2022].

[JOH21] Johnscher, Tina; Rauch, Marcus; Zehnder, Tobias: *Technologieroadmap "Industrialisierung der Additiven Fertigung": Status quo und Einschätzungen zu künftigen Entwicklungen aus Bayern:* Bayern innovativ, Nürnberg, 03/2021.

[JUN21] Jung, Berndt; Schweißer, Stefan; Wappis, Johann: *Qualitätssicherung im Produktionsprozess:*2. Auflage, 2021. Pocket Power, Bd. 18. ISBN 978-3-446-46438-4.

[JUR88] Juran, Josef: *Juran on planning for quality.* The Free Pr, New York, 1988. ISBN 0029166810.

[JUR20] Jurg, Marten: *Quality Assurance for Additive Manufacturing:* Additive Assurance, 2020.

[MON21] Monash University*: Method and System for Quality Assuracne and Control of Additive Manufacturing Process,* Erfinder: Marten Jurg; Andrey Molotnikov, US 2021/0078076 A1.

[KAI14] Kaiser, Robert: *Qualitative Experteninterviews.* Springer Fachmedien Wiesbaden, Wiesbaden, 2014. ISBN 978-3-658-02478-9.

[KAM15] Kamiske, Gerd (Hrsg.): *Handbuch QM-Methoden: Die richtige Methode auswählen und erfolgreich umsetzen:*3., aktualisierte und erweiterte Auflage. Hanser, München, 2015. ISBN 9783446444416.

[KAM11] Kamiske, Gerd; Brauer, Jörg-Peter: *Qualitätsmanagement von A b: Erläuterungen moderner Begriffe des Qualitätsmanagements.* 7., aktualisierte und erw. Aufl. Hanser, München, 2011. ISBN 9783446425811.

[KAN16] Kanko, Jordan; Sibley, Allison; Fraser, James: *In situ morphology-based defect detection of selective laser melting through inline coherent imaging [online]*. In: Journal of Materials Processing Technology, Jg. 231, S. 488–500, 2016. ISSN 09240136. doi: 10.1016/j.jmatprotec.2015.12.024.

[KLA18] Klahn, Christoph; Mirko Meboldt; et al. (Hrsg.): *Entwicklung und Konstruktion für die Additive Fertigung: Grundlagen und Methoden für den Einsatz in industriellen Endkundenprodukten.* Vogel Business Media, Würzburg, 2018. ISBN 9783834333957.

[KLE12] Kleszczynski, Stefan; zur Jacobsmuhlen, Joschka et al.: *Error detection in laser beam melting systems in high resolution imaging,* 08.2012. 23rd Solid Freeform Fabrication Symposium SFF.

[KOC11] Koch, Susanne: *Einführung in das Management von Geschäftsprozessen.* Springer Berlin Heidelberg, Berlin, Heidelberg, 2011. ISBN 978-3-642-01120-7.

[KOL18] Kolb, Tobias; Müller, Lars et al.: *Melt pool monitoring for laser beam melting of metals: inline-evaluation and remelting of surfaces [online].* In: Procedia CIRP, Jg. 74, S. 111–115, 2018. ISSN 22128271. doi: 10.1016/j.procir.2018.08.052.

[KRA16] Krauss, Harald: *Qualitätssicherung beim Laserstrahlschmelzen durch schichtweise thermografische In-Process-Überwachung.* Dissertation. Lehrstuhl für Werkzeugmaschinen und Fertigungstechnik, Technische Universität München, 03.2016.

[KRA14] Krauss, Harald; Zeugner, Thomas; Zaeh, Michael. *Layerwise Monitoring of the Selective Laser Melting Process by Thermography [online].* In: Physics Procedia, Jg. 56, S. 64–71, 2014. ISSN 18753892. doi: 10.1016/j.phpro.2014.08.097.

[KRE14] Krell, Patrick: *Immaterielle Belohnungen, individuelle Kreativität und Innovationen in KMU.* Springer Fachmedien, Wiesbaden, 2014. ISBN 978-3-658-05437-3.

[KÜH20] Kühn, Kevin; Wollnik, Stefan: *Mobiles Qualitätsmanagement leichtgemacht: wie Sie eigene Apps in Ihren QM-Prozessen anwenden:* Siemens Digital Industries, 10. Oktober 2020.

[KUM18] Kumke, Martin: *Methodisches Konstruieren von additiv gefertigten Bauteilen.* Dissertation, Technische Universität Carolo-Wilhelmina, 2018.

[LAN19] Lanza, Gisela; Haefner, Benjamin et al.: *In-Line Measurement Technology and Quality Control. In:* (Hrsg.) Gao, Wei: *Metrology,* S. 399-433, Singapore, Springer Singapore; Imprint: Springer, 2019. ISBN 978-981-10-4938-5.

[LAN17] Lanza, Gisela; Kopf, Robin et al.: *Laser-Strahlschmelzen - Technologie mit Zukunftspotenzial: Ein Handlungsleitfaden:*Erste Ausgabe; Stand: Juni 2017. KIT - Karlsruhe Institut für Technologie, wbk Institut für Produktionstechnik, Karlsruhe, 2017. ISBN 978-3-00-056913-5.

[LAS95] Laschet, Andreas: *Konzeption eines Fehlerinformations- und -bewertungssystems: Ein Beitrag zur Ermittlung und Reduzierung des Fehlleistungsaufwands in Unternehmen.* Shaker, Aachen, 1995. Berichte aus der Produktionstechnik. ISBN 3826505328.

[LEU17] Leupold, Andreas; Silke Glossner (Hrsg.): *3D Printing: Recht, Wirtschaft und Technik des industriellen 3D-Drucks.* C.H. Beck, München, 2017. ISBN 978-3406707513.

[LI18] Li, Zhongwei; Liu, Xingjian et al. *In Situ 3D Monitoring of Geometric Signatures in the Powder-Bed-Fusion Additive Manufacturing Process via Vision Sensing Methods [online].* In: Sensors (Basel, Switzerland), Jg. 18(4), 2018. doi: 10.3390/s18041180.

[LIK32] Likert, Rensis: *A technique for the measurement of attitudes,* Columbia, 1932. Archives of Psychology.

[LIN11] Lindemann, Christian; Hippler, Kurt-Robert; Koch, Rainer: *Requirement Engineering: Ein Ansatz auch für die klassische Produktentwicklung? In:* (Hrsg.) Grubmüller, Klaus; Schnell, Bernhard; Reussner, Ralf; Pretschner, Walter: *Software Engineering 2011 – Workshopband,* S. 205-216, Bonn, Gesellschaft für Informatik, 2011. ISBN 978-3-88579-278-9.

[LIN18] Linß, Gerhard: *Qualitätsmanagement für Ingenieure.* Carl Hanser Verlag, München, 2018. ISBN 978-3-446-44042-5.

[LOT11] Lott, Philipp; Schleifenbaum, Henrich et al.: *Design of an Optical system for the In Situ Process Monitoring of Selective Laser Melting (SLM) [online].* In: Physics Procedia, Jg. 12, S. 683–690, 2011. ISSN 18753892. doi: 10.1016/j.phpro.2011.03.085.

[LUT20] Lutter-Günther, Max: *Qualitätsorientiertes und modellbasiertes Pulverrecycling beim Laserstrahlschmelzen.* Dissertation. Institut für Werkzeugmaschinen und Betriebswissenschaften, Technische Universität München, 2020.

[MAC07] Macke, Nils: *Automatisiertes Simultaneous Engineering auf Basis eines featuregestützten Unternehmensmodells.* Dissertation. Fakultät für Maschinenwesen, Rheinisch-Westfälische Technische Hochschule Aachen, 4. Juni 2007.

[MAN15] Mani, Mahesh; Lane, Brandon et al.: *Measurement Science Needs for Real-time Control of Additive Manufacturing Powder Bed Fusion Processes.* National Institute of Standards and Technology, 2015.

[MAR16] Marquart, Erik; Witt, Gerd: *Handlungsfelder Additiver Fertigungsverfahren,* 2016.

[MAT04] Matzke, Sandro: *Methoden der empirischen Sozialforschung. In:* (Hrsg.) Gemeinschaftswerk der Evangelischen Publizistik: *Öffentlichkeitsarbeit für Nonprofit-Organisationen,* S. 409-426, Wiesbaden, Gabler Verlag, 2004. ISBN 978-3-322-91231-2.

[MCC21] McCann, Ronan; Obeidi, Muhannad et al.: *In-situ sensing, process monitoring and machine control in Laser Powder Bed Fusion: A review [online].* In: Additive Manufacturing, Jg. 45, S. 102058, 2021. ISSN 22148604. doi: 10.1016/j.addma.2021.102058.

[MEB19] Meboldt, Mirko; Klahn, Christoph: *So funktioniert Qualitätssicherung in der additiven Fertigung,* 2019. Verfügbar unter: https://www.mission-additive.de/so-funktioniert-qualitaetssicherung-in-der-additiven-fertigung-a-887397/, [Zuletzt geprüft: 10. Januar 2022].

[MEI99] Meiners, Wilhelm: *Direktes selektives Laser Sintern einkomponentiger metallischer Werkstoffe.* Dissertation, 1999.

[FRA97] Fraunhofer-Gesellschaft zur Förderung der angewandten Forschung: *Selektives Lasersintern bei Schmelztemperatur,* Erfinder: Wilhelm Meiners; Konrad Wissenbach; Andres Gasser, Anmeldung: 27.10.1997. Deutschland, Deutschland DE19649865 (C1).

[MEI15] Meis, Jan; Reinhart, Gunther. *Continuous Production Requirements Management [online].* In: Applied Mechanics and Materials, Jg. 794, S. 500–506, 2015. doi: 10.4028/www.scientific.net/AMM.794.500.

[MEI17] Meis, Jan-Fabian: *Produktionsseitiges Anforderungsmanagement.* Dissertation. Fakultät für Maschinenwesen, Technische Universität München, 14. Februar 2017.

[MEN02] Mensch, Gerhard: *Investition: Investitionsrechnung in der Planung und Beurteilung von Investitionen:*Reprint 2018. Oldenbourg Wissenschaftsverlag, Berlin, 2002. Managementwissen für Studium und Praxis. ISBN 9783486811049.

[MET16] Metrics Ltd.: *Revolution Powder Analyzer: Powder Testing for: Flowability, Fluidization, Granulation & Caking,* 2016.

[MIR21] Mirotrac: *Dynamische Bildanalyse: Partikelanalysegeräte Camsizer.* Verfügbar unter: https://www.microtrac.de/de/produkte/partikel-groesse-form-analyse/dynamische-bildanalyse/, [Zuletzt geprüft: 10. Januar 2022].

[MÖS15] Möser, Michael: *Technische Akustik.* Springer Berlin Heidelberg, Berlin, Heidelberg, 2015. ISBN 978-3-662-47703-8.

[MUE21] Muetzel, Florian: *Abstimmung zu Beschaffungsmarktanalyse Qualitätsmanagement LBM,* 20. Juli 2021.

[MUN18] Munsch, Maximilian; Schmidt-Lehr, Matthias; Wycisk, Eric: *Quality in Additive Manufacturing: Best practises for quality management in Additive Manufacturing:* AMPOWER, 11.2018.

[NEE14] Neef, A.; Seyda, V. et al. *Low Coherence Interferometry in Selective Laser Melting [online].* In: Physics Procedia, Jg. 56, S. 82–89, 2014. ISSN 18753892. doi: 10.1016/j.phpro.2014.08.100.

[NOA01] Noack, Jörg: *Techniken der objektorientierten Softwareentwicklung.* Springer, Berlin, 2001. Xpert.press. ISBN 978-3-642-63991-3.

[NON95] Nonaka, Ikujirō; Takeuchi, Hirotaka: *The knowledge creating company: How Japanese companies create the dynamics of innovation.* Oxford Univ. Press, New York, 1995. ISBN 0195092694.

[OBE20] Oberlander, Max: *Prozessüberwachung beim Laser-Remote-Trennen.* Springer Berlin Heidelberg, Berlin, Heidelberg, 2020. ISBN 978-3-662-61512-6.

[OBE19] Obermaier, Robert: *Handbuch Industrie 4.0 und Digitale Transformation.* Springer Fachmedien Wiesbaden, Wiesbaden, 2019. ISBN 978-3-658-24575-7.

[OHN88] Ohno, Taiichi: *Toyota Production System: Beyond large-scale production.* Productivity Press, New York, NY, 1988. ISBN 9783593349466.

[OKO10] Okoli, Chitu; Schabram, Kira. *A Guide to Conducting a Systematic Literature Review of Information Systems Research [online].* In: SSRN Electronic Journal, 2010. doi: 10.2139/ssrn.1954824.

[OPE21a] Open Additive, L.: *Introduction to AMSENSE,* Beavercreek, OH, 2021.

[OPE21b] Open Additive, L.: *The PANDA Metal 3D Printing System,* Beavercreek, OH, 2021.

[PER19] Pereira, Tanisha; Kennedy, John; Potgieter, Johan. *A comparison of traditional manufacturing vs additive manufacturing, the best method for the job [online].* In: Procedia Manufacturing, Jg. 30, S. 11–18, 2019. doi: 10.1016/j.promfg.2019.02.003.

[PFE07] Pfeifer, Tilo; Robert Schmitt (Hrsg.): *Masing Handbuch Qualitätsmanagement:*5., vollst. neu bearb. Aufl. Hanser, München, 2007. ISBN 9783446407527.

[PIE04] Pietsch, Thomas; Martiny, Lutz; Klotz, Michael: *Strategisches Informationsmanagement: Bedeutung, Konzeption und Umsetzung:* 4. Aufl. Erich Schmidt, Berlin, 2004. ISBN 9783503060863.

[POL09] Polanyi, Michael: *The tacit dimension.* Univ. of Chicago Press, Chicago, Ill., 2009. ISBN 0226672980.

[POP05] Poprawe, Reinhart: *Lasertechnik für die Fertigung.* Springer, Berlin, 2005. VDI-Buch. ISBN 9783540214069.

[PUR14] Purtonen, Tuomas; Kalliosaari, Anne; Salminen, Antti: *Monitoring and Adaptive Control of Laser Processes [online].* In: Physics Procedia, Jg. 56, S. 1218–1231, 2014. ISSN 18753892. doi: 10.1016/j.phpro.2014.08.038.

[REC70] Recktenwald, Horst (Hrsg.): *Nutzen-Kosten-Analyse und Programmbudget: Grundlage staatlicher Entscheidung und Planung.* Mohr, Tübingen, 1970. ISBN 316331452X.

[REH96] Rehäuser, Jakob; Krcmar, Helmut*: Wissensmanagement im Unternehmen. In:* (Hrsg.) Schreyögg, Georg; Conrad, Peter: *Wissensmanagement,* S. 1-40, DE GRUYTER, 1996. ISBN 9783112421840.

[REH10] Rehme, Olaf: *Cellular Design for Laser Freeform Fabrication.* Cuvillier Verlag, Göttingen, 2010. Schriftenreihe Lasertechnik, v.4. ISBN 9783869552736.

[REI12] Reinhardt, Thomas; Witt, Gerd. *Ansätze zur Qualitätsbewertung von generativen Fertigungsverfahren durch die Einführung eines Kennzahlensystems [online].* In: RTejournal - Forum für Rapid Technologie, Jg. 2012(1), 2012. Verfügbar unter: https://www.rtejournal.de/ausgabe9/3408.

[REI20a] Reischle, Gregor: *Die Additive Serienfertigung schneller aufbauen: Vorstellung der DIN SPEC 17071 von TÜV SÜD Product Service,* 2020. Verfügbar unter: https://www.mission-additive.de/die-additive-serienfertigung-schneller-aufbauen-a-943273/, [Zuletzt geprüft: 10. Januar 2022].

[REI20b] Reischle, Gregor: *Industry standards in Additive Manufacturing: QMS by TÜV SÜD Product Service,* Web-Präsentation, 19. November 2020. Industry standards in Additive Manufacturing by TÜV SÜD.

[REN20a] Ren, Wenjing; Mazumder, Jyoti: *In-situ porosity recognition for laser additive manufacturing of 7075-Al alloy using plasma emission spectroscopy [online].* In: Scientific reports, Jg. 10(1), 2020. doi: 10.1038/s41598-020-75131-4.

[REN17] Renishaw: *InfiniAM Spectral - Energy input and melt pool emissions monitoring for AM systems,* 09.2017.

[REN20b] Renishaw: *Additives Fertigungssystem RenAM 500Q | Renishaw.* Verfügbar unter: https://www.renishaw.de/de/renam-500q--42781, [Zuletzt geprüft: 10. Januar 2022].

[REN21a] Renishaw: *Renishaw: InfiniAM Spectral.* Verfügbar unter: https://www.renishaw.de/de/infiniam-spectral--42310, [Zuletzt geprüft: 10. Januar 2022].

[REN21b] Renishaw: *Informationsangebot InfiniAM Spectral,* Pliezhausen, 15. September 2021.

[REN19] Renken, Volker; Freyberg, Axel von et al.: *In-process closed-loop control for stabilising the melt pool temperature in selective laser melting [online].* In: Progress in Additive Manufacturing, Jg. 4(4), S. 411–421, 2019. ISSN 2363-9512. doi: 10.1007/s40964-019-00083-9.

[REN18] Renken, Volker; Lübbert, Lutz et al.: *Model assisted closed-loop control strategy for selective laser melting [online].* In: Procedia CIRP, Jg. 74, S. 659–663, 2018. ISSN 22128271. doi: 10.1016/j.procir.2018.08.053.

[RET12] Retsch Technology GmbH: *Partikelanalysator CAMSIZER XT: Partikelgrößen- und Partikelformanalyse mittels dynamischer Bildanalyse:* Retsch Technology GmbH, Haan, 2012.

[RIC08] Richter, Michael; Spath, Dieter*: Qualitätsmanagement. In:* (Hrsg.) Czichos, Horst; Hennecke, Manfred: *Hütte. Das Ingenieurwissen: Jubiläumsausgabe 150 Jahre Hütte.* 33., aktualisierte Aufl., S. 1-20, Berlin, Springer, 2008. ISBN 978-3-540-71852-9.

[RIN17] Rindfleisch, Aric; O'Hern, Matthew; Sachdev, Vishal: *The Digital Revolution, 3D Printing, and Innovation as Data [online].* In: Journal of Product Innovation Management, Jg. 34(5), S. 681–690, 2017. ISSN 07376782. doi: 10.1111/jpim.12402.

[RIN99] Rinne, Horst; Mittag, Hans-Joachim: *Prozeßfähigkeitsmessung für die industrielle Praxis.* Hanser, München, 1999. ISBN 3446211179.

[RKI21] RKI Robert-Koch-Institut: *RKI - Infektionskrankheiten A-Z - COVID-19 (Coronavirus SARS-CoV-2),* 2021. Verfügbar unter: https://www.rki.de/DE/Content/InfAZ/N/Neuartiges_Coronavirus/nCoV.html, [Zuletzt geprüft: 10. Januar 2022].

[ROB13] Robertson, Suzanne; Robertson, James: *Mastering the requirements process: Getting requirements right:* 3rd ed. Addison-Wesley, Upper Saddle River, N.J, 2013. ISBN 0132942852.

[ROM20] Romeike, Frank; Hager, Peter: *Erfolgsfaktor Risiko-Management 4.0.* Springer Fachmedien Wiesbaden, Wiesbaden, 2020. ISBN 978-3-658-29445-8.

[RÖT99] Rötzel, Adolf; Rötzel-Schwunk, Iris: *Qualitätsmanagement maßgeschneidert: Für kleinere und mittlere Betriebe.* VDE-Verlag GmbH, Berlin, 1999. ISBN 3800722453.

[RUP14] Rupp, Chris: *Requirements-Engineering und -Management: Aus der Praxis von klassisch bis agil:*6., aktualisierte und erweiterte Auflage: SOPHIST-Gesellschaft für Innovatives Software-Engineering. Hanser, München, 2014. ISBN 3446438939.

[RUP20] Rupp, Chris; SOPHISTen: *Requirement Engineering und Management: Professionelle Anforderungsanalyse im agilen und nicht agilen Umfeld:*7., aktualisierte und erweiterte Auflage. Carl Hanser Verlag, München, 2020. ISBN 9783446464308.

[RUS94] Rust, Roland; Zahorik, Anthony; Keiningham, Timothy: *Return on quality: Measuring the financial impact of your company's quest for quality.* Probus Pub. Co, Chicago, Ill, 1994. ISBN 1557385475.

[SÁN98] Sánchez-Peña, Ricardo; Sznaier, Mario: *Robust systems theory and applications.* Wiley, New York, NY, 1998. A Wiley-Interscience publication. ISBN 0471176273.

[SCH53] Schäfer, Erich: *Grundlagen der Marktforschung: Marktuntersuchung und Marktbeobachtung:*Dritte neubearbeitete Auflage. VS Verlag für Sozialwissenschaften, Wiesbaden, 1953. ISBN 978-3-663-02526-9.

[SCH07] Schatt, Werner; Klaus-Peter Wieters; Bernd Kieback (Hrsg.): *Pulvermetallurgie: Technologien und Werkstoffe:*2., bearb. und erw. Aufl. VDI. Springer, Berlin, 2007. ISBN 354023652X.

[SCH19a] Scheibeler, Alexander; Scheibeler, Florian: *Easy ISO 9001:2015 für kleine Unternehmen:*2., vollständig überarbeitete Auflage. Hanser, München, 2019. ISBN 978-3-446-45724-9.

[SCH20a] Scherwitz, Philipp; Ziegler, Steffen; Schilp, Johannes*: Process Mining in der additiven Auftragsabwicklung*. In: WT WERKSTATTTECHNIK, Jg. (110), S. 429–434, 2020.

[SCH02] Schienmann, Bruno: *Kontinuierliches Anforderungsmanagement: Prozesse, Techniken, Werkzeuge.* Addison-Wesley, München, 2002. Programmer's choice. ISBN 3827317878.

[SCH12] Schmid, Manfred; Levy, Gideon*: Quality management and estimation of quality costs for Additive Manufacturing with SLS,* 2012.

[SCH18a] Schmid, Simon*: Detektion von Prozessstörungen beim Laserstrahlschmelzen mittels Online-Prozessüberwachung und Methoden des maschinellen Lernens.* Seminararbeit, Technische Universität München, 08.2018.

[SCH10] Schmitt, Robert; Pfeifer, Tilo: *Qualitätsmanagement: Strategien, Methoden, Techniken:*4., vollst. überarb. Aufl. Carl Hanser Fachbuchverlag, München, 2010. ISBN 9783446412774.

[SCH20b] Schmoch, Ulrich; Beckert, Bernd et al.: *Identifizierung und Bewertung von Zukunftstechnologien für Deutschland: Endbericht an die KfW:* Fraunhofer ISI, Karlsruhe, 12.2020.

[SCH18b] Schötz, Sebastian*: Echtzeitnahe Prüfplanung für kundenindividuelle Massenproduktionen*. Dissertation. Fakultät für Ingenieurwissenschaften, Universität Bayreuth, 1. August 2018.

[SCH19b] Schulze, Dietmar: *Pulver und Schüttgüter.* Springer Berlin Heidelberg, Berlin, Heidelberg, 2019. ISBN 978-3-662-58775-1.

[SCH21] Schumann, Philipp*: Prozessüberwachungssysteme von GE Additive,* 29. Oktober 2021.

[SEG13] Seghezzi, Hans; Fahrni, Fritz; Friedli, Thomas: *Integriertes Qualitätsmanagement: Das St. Galler Konzept:*4., vollst. überarb. Aufl. Hanser, München, 2013. ISBN 3446434615.

[SEH10] Sehrt, Jan*: Möglichkeiten und Grenzen bei der generativen Herstellung metallischer Bauteile durch das Strahlschmelzverfahren*. Dissertation, Universität Duisburg-Essen, 1. Juni 2010.

[SEI17] Seidenberg, Ulrich; Ansari, Fazel*: Qualitätsmanagement in der additiven Fertigung – Herausforderungen und Handlungsempfehlungen. In:* (Hrsg.) Leupold, Andreas; Glossner, Silke: *3D Printing. Recht, Wirtschaft und Technik des industriellen 3D-Drucks,* S. 159-213, München, C.H. Beck, 2017. ISBN 978-3406707513.

[SEY18] Seyda, Vanessa: *Werkstoff- und Prozessverhalten von Metallpulvern in der laseradditiven Fertigung.* Springer Berlin Heidelberg, Berlin, Heidelberg, 2018. ISBN 978-3-662-58232-9.

[SHA93] Shainin, Richard. *Strategies for Technical Problem Solving [online].* In: Quality Engineering, Jg. 5(3), S. 433–448, 1993. ISSN 0898-2112. doi: 10.1080/08982119308918984.

[SHE11] Shellabear, Mike*: Ganzheitliches Qualitätsmanagement für die additive Fertigung am Beispiel EOSINT M. In:* (Hrsg.) Reinhart, Gunther; Zäh, Michael: *Additive Fertigung: Innovative Lösungen zur Steigerung der Bauteilqualität bei additiven Fertigungsverfahren,* Augsburg, iwb, 2011. ISBN 9783831641147.

[SHE18] Shevchik, S.; Kenel, C. et al. *Acoustic emission for in situ quality monitoring in additive manufacturing using spectral convolutional neural networks [online].* In: Additive Manufacturing, Jg. 21, S. 598–604, 2018. ISSN 22148604. doi: 10.1016/j.addma.2017.11.012.

[SIE17] SIEMENS PLM Software: *Additive Fertigung mit NX:* SIEMENS PLM Software, 2017.

[SIG20] Sigma Labs: *The quality control solution for precision metal parts,* Paseo del Sol, Santa Fe, 2020.

[SIG21a] Sigma Labs: *PrintRite3D Software Version 7.0,* Paseo del Sol, Santa Fe, 2021.

[SIG21b] Sigma Labs: *PrintRite3D In-Process Quality Assurance Proposal,* Paseo del Sol, Santa Fe, 2021.

[SIH16] Sihn, Wilfried; Sunk, Alexander et al.: *Produktion und Qualität: Organisation, Management, Prozesse.* Carl Hanser Verlag, München, 2016. Praxisreihe Qualitätswissen. ISBN 9783446449916.

[SLM20a] SLM Solutions: *Höchste Produktivität: SLM Solutions bringt neue Selective Laser Melting Maschine mit 12 Lasern auf den Markt: Pressemitteilung*, 2020. Verfügbar unter: https://www.slm-solutions.com/de/unternehmen/translate-to-german-news-room/detail/hoechste-produktivitaet-slm-solutions-bringt-neue-selective-laser-melting-maschine-mit-12-lasern-auf-den-markt/, [Zuletzt geprüft: 10. Januar 2022].

[SLM20b] SLM Solutions: *Hochwertiges Metallpulver für additive Anwendungen | SLM Solutions*. Verfügbar unter: https://www.slm-solutions.com/de/produkte-und-loesungen/materialien/, [Zuletzt geprüft: 10. Januar 2022].

[SLM20c] SLM Solutions: *Unsere industriellen 3D-Metalldrucker + Vorteile | SLM Solutions*. Verfügbar unter: https://www.slm-solutions.com/de/produkte-und-loesungen/maschinen/, [Zuletzt geprüft: 10. Januar 2022].

[SLM20d] SLM Solutions: *Was ist additive Fertigung? | SLM Solutions*. Verfügbar unter: https://www.slm-solutions.com/de/additive-fertigung/, [Zuletzt geprüft: 10. Januar 2022].

[SLM21] SLM Solutions Group AG: *Informationsangebot LPM-MPM*, Lübeck, 05.2021.

[SLO13] Slotwinski, J. A.: *Additive manufacturing: Overview and NDE challenges. In: AIP Conference Proceedings, 40th Annual Review of Progress in Quantitative Nondestructive Evaluation*, S. 1173-1177, 2013.

[SMI16] Smith, Richard; Hirsch, Matthias et al.: *Spatially resolved acoustic spectroscopy for selective laser melting [online]*. In: Journal of Materials Processing Technology, Jg. 236, S. 93–102, 2016. ISSN 09240136. doi: 10.1016/j.jmatprotec.2016.05.005.

[SON95] Song, Yong-Ak: *Selektives Lasersintern metallischer Prototypen*. Fakultät für Maschinenwesen, Rheinisch-Westfälische Technische Hochschule Aachen, 20. Dezember 1995.

[SPE21] Spears, Thomas: *AMSENSE upgrade for AM machine:* Black cultural nationalism and education in New York City, 14. Juli 2021.

[SPE16] Spears, Thomas; Gold, Scott. *In-process sensing in selective laser melting (SLM) additive manufacturing [online]*. In: Integrating Materials and Manufacturing Innovation, Jg. 5(1), 2016. ISSN 2193-9764. doi: 10.1186/s40192-016-0045-4.

[SPE19] SPECTRO Analytical Instruments: *Whitepaper ED-RFA-Analysegerät*, Kleve, 2019.

[SPR20] Sprich, Christoph: *Globale Wertschöpfungsketten unter Druck*, 27. August 2020. Verfügbar unter: https://bdi.eu/artikel/news/globale-wertschoepfungsketten-unter-druck/, [Zuletzt geprüft: 10. Januar 2022].

[SRI16] Srivatsan, T.; T. Sudarshan (Hrsg.): *Additive manufacturing: Innovations, advances, and applications*. CRC Press, Boca Raton, Fla., 2016. ISBN 9781498714778.

[STR82] Strassmann, Paul: *Overview of Strategic Aspects of Information Management [online]*. In: Office Technology and People, Jg. 1(1), S. 71–89, 1982. doi: 10.1108/eb022606.

[STR21] Struve, Arnd: *Generatives Design zur Optimierung additiv gefertigter Kühlkörper*. Springer Berlin Heidelberg, Berlin, Heidelberg, 2021. ISBN 978-3-662-63070-9.

[THÄ19] Thäter, Stefan: *Beherrschung von Feuchtigkeit auf Bauteilen in der Stückgutproduktion*. Dissertation. Fakultät für Ingenieurwissenschaften, Universität Bayreuth, 2019.

[TOE16] Toeppel, Thomas; Schumann, Philipp et al.: *3D Analysis in Laser Beam Melting Based on Real-Time Process Monitoring*, 2016.

[TOM94] Tomys, Anne-Katrin: *Kostenorientiertes Qualitätsmanagement: Ein Beitrag zur Klärung der Qualität-Kosten-Problematik*. Technische Universiätt Berlin, ISBN 3446177736.

[TÖP07] Töpfer, Armin (Hrsg.): *Six Sigma: Konzeption und Erfolgsbeispiele für praktizierte Null-Fehler-Qualität*. Springer, Berlin, 2007. ISBN 3540485910.

[TOR17] Torsten Doil: *RFA mit Synchrotronstrahlungsanregung (SYRFA):* Bundesanstalt für Materialforschung und -prüfung, Berlin, 2017.

[TRA11] Trantow, Sven; Hees, Frank; Jeschke, Sabina*: Die Fähigkeit zur Innovation. In:* (Hrsg.) Jeschke, Sabina; Isenhardt, Ingrid; Hees, Frank; Trantow, Sven: *Enabling Innovation,* S. 1-16, Berlin, Heidelberg, Springer Berlin Heidelberg, 2011. ISBN 978-3-642-24298-4.

[TRU20a] TRUMPF: *Additive Fertigung.* Verfügbar unter: https://www.trumpf.com/de_DE/loesungen/anwendungen/additive-fertigung/, [Zuletzt geprüft: 10. Januar 2022].

[TRU20b] TRUMPF: *Additive Fertigung von Halbedelmetallen und Edelmetallen: TruPrint 1000 Green Edition | TRUMPF.* Verfügbar unter: https://www.trumpf.com/de_DE/produkte/maschinen-systeme/additive-fertigungssysteme/truprint-1000-green-edition/, [Zuletzt geprüft: 10. Januar 2022].

[TRU20c] TRUMPF: *Additive Fertigungssysteme | TRUMPF.* Verfügbar unter: https://www.trumpf.com/de_DE/produkte/maschinen-systeme/additive-fertigungssysteme/, [Zuletzt geprüft: 10. Januar 2022].

[TRU20d] TRUMPF: *Eigenschaften des additiven Fertigungssystems TruPrint 5000 | TRUMPF.* Verfügbar unter: https://www.trumpf.com/de_DE/produkte/maschinen-systeme/additive-fertigungssysteme/truprint-5000/, [Zuletzt geprüft: 10. Januar 2022].

[TRU20e] TRUMPF: *Weltpremiere auf der Formnext: Grüner Laser von TRUMPF druckt Kupfer und Gold | TRUMPF.* Verfügbar unter: https://www.trumpf.com/de_DE/presse/pressemitteilungen-global/pressemitteilung-detailseite-global/Press/weltpremiere-auf-der-formnext-gruener-laser-von-trumpf-druckt-kupfer-und-gold/, [Zuletzt geprüft: 10. Januar 2022].

[TRU20f] TRUMPF Additive Manufacturing: *TruPrint Monitoring Products,* Ditzingen, 29. Oktober 2020.

[UNI15] United States Government Accountability Office Report to the Chairman, Committee on Science, Space, and Technology, House of Representatives: *3D printing: Opportunities, 3D Printing: Opportunities, challenges, and policy implications of additive manufacturing:* National Institute of Standards and Technology, "Measurement science for additive manufacturing program", 2015.

[VAH05] Vahs, Dietmar; Burmester, Ralf: *Innovationsmanagement: Von der Produktidee zur erfolgreichen Vermarktung:*3. Aufl. Schäffer-Poeschel, Stuttgart, 2005. Praxisnahes Wirtschaftsstudium. ISBN 3791023551.

[VAN07] van Husen, Christian*: Anforderungsanalyse für produktbegleitende Dienstleistungen.* Dissertation. Fakultät Maschinenbau, Universität Stuttgart, 6. Juni 2007.

[VDA12a] VDA Verband der Automobilindustrie*: Abschnitt 2: Risikoanalysen. In:* (Hrsg.) VDA Verband der Automobilindustrie: *Qualitätsmanagement in der Automobilindustrie – Sicherung der Qualität in der Prozesslandschaft,* 2012.

[VDA12b] VDA Verband der Automobilindustrie*: Abschnitt 4: Vorgehensmodelle. In:* (Hrsg.) VDA Verband der Automobilindustrie: *Qualitätsmanagement in der Automobilindustrie – Sicherung der Qualität in der Prozesslandschaft,* 2012.

[VDI98] VDI Verein Deutscher Ingenieure, VDI-Richtlinie 2225:1998-11: *Konstruktionsmethodik – Technisch-wirtschaftliches Konstruieren – Technisch-wirtschaftliche Bewertung,* 1998.

[VDI00] VDI Verein Deutscher Ingenieure, VDI 3780:2000-09: *Technikbewertung – Begriffe und Grundlagen,* 2000.

[VDI05] VDI Verein Deutscher Ingenieure, VDI-Richtlinie 2884:2005-12: *Beschaffung, Betrieb und Instandhaltung von Produktionsmitteln unter Anwendung von Life Cycle Costing (LCC),* 2005.

[VDI13] VDI Verein Deutscher Ingenieure, VDI-Richtlinie 3405-2:2013-07: *Additive Fertigungsverfahren – Strahlschmelzen metallischer Bauteile – Qualifizierung, Qualitätssicherung und Nachbearbeitung,* 2013.

[VDI14] VDI Verein Deutscher Ingenieure, VDI-Richtlinie 3405:2014-12: *Additive Fertigungsverfahren – Grundlagen, Begriffe, Verfahrensbeschreibungen,* 2014.

[VDI17a] VDI Verein Deutscher Ingenieure, VDI-Richtlinie 3405-2.3:2017-07: *Strahlschmelzen metallischer Bauteile: Charakterisierung von Pulverwerkstoffen,* 2017.

[VDI17b] VDI Verein Deutscher Ingenieure, VDI-Richtlinie 2870:2017-12: *Ganzheitliche Produktionssysteme (Entwurf)*, 2017.

[VDI19a] VDI Verein Deutscher Ingenieure, VDI-Richtlinie 3405-6.1:2019-11: *Additive Fertigungsverfahren – Anwendersicherheit beim Betrieb der Fertigungsanlagen – Laser-Strahlschmelzen von Metallpulvern*, 2019.

[VDI19b] VDI Verein Deutscher Ingenieure, VDI-Richtlinie 2221-1:2019-11: *Entwicklung technischer Produkte und Systeme -Modell der Produktentwicklung*, 2019.

[VDM99] VDMA Verband Deutscher Maschinen- und Anlagenbau, VDMA 8669:1999-01: *Fähigkeitsuntersuchung zur Abnahme spanender Werkzeugmaschinen*, 1999.

[VLA15] Vlasea, Mihaela; Lane, Brandon et al.: *Development of Powder Bed Fusion Additive Manufacturing Test Bed for Enhanced Real-Time Process Control*, Austin, Texas, 08.2015. Solid Freeform Fabrication Symposium.

[VOE12] Voegele, Arno: *Kosten- und Wirtschaftlichkeitsrechnung für Ingenieure: Kostenmanagement im Engineering*. Hanser Verlag, München, 2012. Hanser eLibrary. ISBN 9783446429758.

[VOI78] Voigt, Fritz; Witte, Herrmann*: Kosten-Nutzen-, Kostenwirksamkeits- und Nutzwertanalysen in der Wirtschaftspolitik*. In: Wirtschaftsdienst, Jg. 58(8), S. 419–424, 1978.

[WS17] W.S. Werkstoff Service GmbH: *Grundlagen der Spektrometrie – OES und RFA – Theoretische Grundlagen und Anwendung*, 2017.

[WAG20] Wagner, Raphael*: Strategien zur funktionsorientierten Qualitätsregelung in der Serienproduktion*. Dissertation. Institut für Produktionstechnik, Karlsruher Institut für Technologie, 2020.

[WEB18] Weber, Wolfgang; Kabst, Rüdiger; Baum, Matthias: *Einführung in die Betriebswirtschaftslehre*. Springer Fachmedien Wiesbaden, Wiesbaden, 2018. ISBN 978-3-658-18251-9.

[WEG11] Wegner, Andreas; Witt, Gerd: *Process Monitoring in Laser Sintering using Thermal Imaging*, Austin, Texas, 2011. SFF Symposium.

[WEI14] Weidner, Robert (Hrsg.): *Technische Unterstützungssysteme, die die Menschen wirklich wollen: Erste transdisziplinäre Konferenz zum Thema, Hamburg, 2014*. Univ. der Bundeswehr Hamburg Laboratorium Fertigungstechnik, Hamburg, 2014. ISBN 9783868180732.

[WEL21] Welt der Physik: *Was verrät die Röntgenfluoreszenzanalyse?* Verfügbar unter: https://www.weltderphysik.de/gebiet/teilchen/licht/synchrotronstrahlung/roentgenfluoreszenzanalyse/roentgenfluoreszenzanalyse/, [Zuletzt geprüft: 10. Januar 2022].

[WES21] Wessels, Henning; Wriggers, Peter*: Vision: Digitale Zwillinge für die Additive Fertigung. In:* (Hrsg.) Lachmayer, Roland; Rettschlag, Katharina; Kaierle, Stefan: *Konstruktion für die Additive Fertigung 2020*, S. 77-100, Berlin, Springer Vieweg, 2021. ISBN 978-3-662-63030-3.

[WES06] Westkämper, Engelbert: *Einführung in die Organisation der Produktion*. Springer-Verlag, Berlin, Heidelberg, 2006. Springer-Lehrbuch. ISBN 9783540260394.

[WES09] Westkämper, Engelbert; Zahn, Erich: *Wandlungsfähige Produktionsunternehmen*. Springer Berlin Heidelberg, Berlin, Heidelberg, 2009. ISBN 978-3-540-21889-0.

[WIL97] Wildemann, Horst (Hrsg.): *Qualität und Unternehmenserfolg: Neue Lösungen und Fallbeispiele*. TCW, Bd. 18. Transfer-Centrum-Verl., München, 1997. ISBN 3929918919.

[WIN15] Wing, Ian; Gorham, Rob; Sniderman, Brenna: *3D Opportunity for Quality Assurance and Parts Qualification. Additive Manufacturing Clears the Ba*, 2015.

[WIN14] Winter, Stefan: *Management von Lieferanteninnovationen: Eine gestaltungsorientierte Untersuchung über das Einbringen und die Bewertung*. Springer Gabler, Wiesbaden, 2014. Springer Gabler Research. ISBN 978-3-658-05100-6.

[WIT20] Witt, Elke; Anton, Christian: *Additive Fertigung: Entwicklungen, Möglichkeiten und Herausforderungen: Stellungnahme:* Deutsche Akademie der Naturforscher Leopoldina e.V. – Nationale Akademie der Wissenschaften; acatech – Deutsche Akademie der Technikwissenschaften e. V; Union der deutschen Akademien der Wissenschaften e. V, Halle (Saale), 2020. ISBN 978-3-8047-3636-8.

[WIT06] Witt, Gerd; Holger Dürr (Hrsg.): *Taschenbuch der Fertigungstechnik: Mit zahlreichen Tabellen.* Fachbuchverlag Leipzig Hanser, München, 2006. ISBN 3446225404.

[WIT08] Witt, Gerd; Sauer, Andreas*: Rechnerunterstützung der Produktion. In:* (Hrsg.) Conrad, Klaus-Jörg: *Taschenbuch der Konstruktionstechnik. Mit Tabellen.* 2., aktualisierte Aufl., S. 597-614, München, Fachbuchverl. Leipzig im Hanser-Verl., 2008. ISBN 978-3-446-41510-2.

[WÖH13] Wöhe, Günter; Döring, Ulrich: *Einführung in die allgemeine Betriebswirtschaftslehre:*25., überarbeitete und aktualisierte Auflage. Verlag Franz Vahlen, München, 2013. Vahlens Handbücher der Wirtschafts- und Sozialwissenschaften. ISBN 3800646870.

[WOH20] Wohlers, Terry; Campbell, Robert et al.: *Wohlers Report 2020: 3D Printing and Additive Manufacturing State of the Industry.* Wohlers Associates, Fort Collins, Colo., 2020. ISBN 978-0-9913332-6-4.

[WOH21] Wohlers, Terry; Campbell, Robert et al.: *Wohlers Report 2021: 3D Printing and Additive Manufacturing State of the Industry.* Wohlers Associates, Fort Collins, Colo., 2021. ISBN 978-0-9913332-7-1.

[YAD20] Yadav, Pinku; Rigo, Olivier et al.: *In Situ Monitoring Systems of The SLM Process: On the Need to Develop Machine Learning Models for Data Processing [online].* In: Crystals, Jg. 10(6), 2020. doi: 10.3390/cryst10060524.

[YAD14] Yadroitsev, Igor; Krakhmalev, Pavel; Yadroitsava, Ina: *Selective laser melting of Ti6Al4V alloy for biomedical applications: Temperature monitoring and microstructural evolution [online].* In: Journal of Alloys and Compounds, Jg. 583, S. 404–409, 2014. ISSN 09258388. doi: 10.1016/j.jallcom.2013.08.183.

[YE18] Ye, Dongsen; Hong, Geok et al. *Defect detection in selective laser melting technology by acoustic signals with deep belief networks [online].* In: The International Journal of Advanced Manufacturing Technology, Jg. 96(5-8), S. 2791–2801, 2018. ISSN 0268-3768. doi: 10.1007/s00170-018-1728-0.

[YEU20] Yeung, Ho; Yang, Zhuo; Yan, Lu: *A meltpool prediction based scan strategy for powder bed fusion additive manufacturing [online].* In: Additive Manufacturing, Jg. 35, S. 101383, 2020. ISSN 22148604. doi: 10.1016/j.addma.2020.101383.

[ZAB21] Zable, Joshua: *Harvey Balls: Perfekte visuelle Vergleiche, die Sie vielleicht noch gar nicht kennen.* Verfügbar unter: https://blog.minitab.com/de/harvey-balls-perfekte-visuelle-vergleiche-die-sie-vielleicht-noch-gar-nicht-kennen, [Zuletzt geprüft: 10. Januar 2022].

[ZÄH13] Zäh, Michael: *Wirtschaftliche Fertigung mit Rapid-Technologien: Anwender-Leitfaden zur Auswahl geeigneter Verfahren.* Hanser, München, 2013. ISBN 3446439161.

[ZAN14] Zangemeister, Christof: *Nutzwertanalyse in der Systemtechnik: Eine Methodik zur multidimensionalen Bewertung und Auswahl von Projektalternativen:*5., erw. Aufl. Books on Demand, Norderstedt, 2014. ISBN 978-3923264001.

[ZEI21] Zeitler, Moritz*: Prozessüberwachung SLM Solutions: Marktanalyse,* 9. August 2021.

[ZHA19] Zhang, Bin; Liu, Shunyu; Shin, Yung: *In-Process monitoring of porosity during laser additive manufacturing process [online].* In: Additive Manufacturing, Jg. 28, S. 497–505, 2019. ISSN 22148604. doi: 10.1016/j.addma.2019.05.030.

[ZOL11] Zollondz, Hans-Dieter: *Grundlagen Qualitätsmanagement: Einführung in Geschichte, Begriffe, Systeme und Konzepte:*3. Aufl. Oldenbourg, München, 2011. Management 10-2012. ISBN 9783486712025.

[ZUR17] zur Jacobsmuhlen, Joschka; Kleszczynski, Stefan et al.*: Compound quality assessment in laser beam melting processes using layer images. In:* (Hrsg.) IEEE International Instrumentation and Measurement Technology: *2017 IEEE International Instrumentation and Measurement Technology Conference (I2MTC),* S. 1-6, IEEE, 22. Mai 2017 - 25. Mai 2017. ISBN 978-1-5090-3596-0.

Anhang

A1 Prozessüberwachungssysteme und Aufwand-Nutzen-Bewertung

EOS ESTATE

Die PüS-Lösung von EOS besteht aus den drei Teilsystemen PowderBed, Meltpool und ExposureOT, die in der EOSTATE Prozessüberwachungssoftware integriert verarbeitet und ausgewertet werden können. Hierfür ist ein separater Systemrechner erforderlich. Dabei erfolgt die Verarbeitung teilsystemspezifisch mit Aufschlüsselung der Ergebnisse.

ExposureOT dient der kontinuierlichen Überwachung während der Belichtung und basiert auf einer off-axis CMOS-Kamera, die mit 10-Hz-Falschfarbenbilder anhand der detektierten Wärmeemission (NIR-Bereich) aufnimmt. Der Strom an Bildern wird zu einem Bild je Schicht aggregiert und mittels Algorithmen auf Unregelmäßigkeiten und Abweichungen überprüft. Diese dienen als Indikationen für Fehler und Prozessanomalien, die je nach Schweregrad und Kundenspezifikation als Warnereignisse ausgegeben werden.

PowderBed ist ebenfalls ein off-axis angeordnetes, optisches PüS mit einer CCD-Kamera zur Detektion von Beschichtungsfehlern und Poren aus vor und nach der Beschichtung aufgenommenen Bildern im VIS-Bereich. MeltPool ist ein on-axis PüS, welches aus zwei Photodioden besteht und mit 30 kHz die Infrarotstrahlung des Schmelzbades während der Belichtung aufzeichnet. Die so aufgezeichneten Signale werden mithilfe der Positionssignale aggregiert und das Ergebnis als einer Schicht abgespeichert. Die Analyse der Daten erfolgt dann analog zu ExposureOT und PowderBed bildbasiert.

Dadurch, dass mehrere Sensortechnologien zum Einsatz kommen, liegt der Datenstrom trotz Komprimierung bei mindestens 20–50 Megabyte je Schicht. Standardmäßig sieht EOS eine Client-Server-Architektur mit lokalen Servern im Firmennetz vor, sodass die Datensicherheit gewährleistet ist. Außerdem besteht über eine Datenschnittstelle auch Zugriff auf die Rohdaten, falls kundeneigene oder zusätzliche Analysesoftware genutzt werden soll. Aufgrund der fehlenden Komprimierung ist hierfür ein ausreichend großer Datenspeicher erforderlich. Als Erstanbietersystem sind die Teilsysteme bereits in der Anlage bzw. werden im Rahmen der Inbetriebnahme durch EOS installiert, sodass der Aufwand für den Kunden gering bleibt. Eine mögliche Aufrüstung ist nicht explizit angegeben. Kalibrierungen sind einmalig für jedes neue Material notwendig und bedürfen einen von EOS qualifizierten Servicetechniker.

Da die PüS-Lösung von EOS nur als Erstanbietersystem angeboten wird, sind kommerzielle Details an die konkrete Beschaffungssituation der zugrundeliegenden Anlage geknüpft. Als unverbindliche Preisempfehlung werden die Preise für ExposureOT und MeltPool mit jeweils 55.000 EUR angegeben, während PowderBed zur Grundausstattung einer EOS M 290 gehört. Basis-Schulungen sind im Preis bereits enthalten, allerdings fallen für weiterführende Schulungen, ebenso wie für Wartungen, die im Rahmen der jährlichen Anlagenwartung durchgeführt werden, zusätzliche Kosten an.

Quellen: [EOS22a, EOS20a, EOS20b, EOS20c, EOS21]

Tab. 0.1: Bewertung des Prozessüberwachungssysteme EOS EOSTATE (Aufwand)

EOS EOSTATE

AUFWAND

Kosten

aufwandsdeterminierender Faktor (Kosten)	Häufigkeit der Zahlung	Kosten
Anschaffungskosten Messsystem	einmalig, Invest	110.000 €
Anschaffungskosten oder Lizenzgebühren Software	inkludiert in Anschaffungskosten Messsystem	-
Anschaffungskosten IT-Infrastruktur	inkludiert in Anschaffungskosten Messsystem	-
Inbetriebnahmekosten System und Nebenkosten	inkludiert in Anschaffungskosten Messsystem	-
Schulungskosten extern	inkludiert in Anschaffungskosten Messsystem als Basisschulungen	4.000 €
Wartungskosten extern	jährlich 7,5 % (ab Jahr 2)	41.250 €
	wirtschaftliche Bewertung Gesamtkosten GK	**155.250 €**

Ressourcen

aufwandsdeterminierender Faktor (Ressourcen)	Ausprägung	Wert
Arbeitssicherheit	alle Dokumente vorhanden	5
Import	deutscher Hersteller, Fabrikation in Deutschland	5
Installationsaufwand an PBF-LB/M-Maschine	entfällt, da vorinstalliert; keine Aufrüstung möglich	5
Kalibrierung	einmalig je Material / bei Meltpool zusätzlich bei Änderung der Scanner-Einstellungen	4
Veränderung an PBF/LB-M-Maschine	keine Rückbaubarkeit, technische Veränderung vorhanden; durch Hersteller ab Werk	4
Integration IT-Infrastruktur	Installation von USB für EOSTATE Everywhere notwendig	3
Arbeitssicherheit	Installation von Hersteller ab Werk, daher keine zusätzlichen Gefährdungen	5
Schulung für Bedienung und Auswertung	Operator gering; externe Schulungen für QS-Ingenieur notwendig	3
Personalbedarf Installation und Inbetriebnahme	technischer Aufwand wie PBF-LB/M-Maschine, Installation von Software und IT-Infrastruktur wenig bis mäßig	4
Lebensdauer, Risiko für veraltete Technologie	hohes Risiko für veraltete Technologie, Lebensdauer verhältnismäßig lang	3
Speicherung Rohdaten	Rohdaten hoch	2
Datenstrom während Baujob	20–50 Megabyte pro Schicht (komprimiert)	3
Cloudspeicherung oder lokale Server	lokaler Server im Firmennetz	2
Medienverbrauch	gering, aber nicht genau spezifiziert, nur Strom	3
Flächenbedarf	externer Systemrechner und optional EOSTATE Server; integrierte Sensorik	4
notwendige IT-Infrastruktur	einfacher Büro-PC für EOSTATE Everywhere	5
Verlängerung Prozesszeit	hoch, da mehrere Aufnahmen für jede Schicht	2
zusätzliche Auswertesysteme und -software	Funktionserweiterungen kostenpflichtig	4
Speicherung ausgewertete Daten	Auswertedaten gering, Rohdaten hoch	2
Qualifikationsanforderung Maschinenbediener oder Datenspezialist	Operator (nach Schulung = Anlagenbediener): Daten sammeln und vorbereiten, Qualitätsingenieur nach Schulung: Nutzung und Auswertung der Daten	3
manuelle Auswertung	teilautomatisierter Datenoutput für Warnsignale und Statisik	2
	Teilpunktwert Ressourcen TPW-R	**78,21 Pkt.**

Tab. 0.2: Bewertung des Prozessüberwachungssysteme EOS EOSTATE (Nutzen)

NUTZEN

Funktionalität

nutzendeterminierender Faktor (Funktionalität)	Ausprägung	Wert
Diversität der Systemkategorien/ Multifunktionalität	Exposure-OT: off-axis optisch / PowderBed: off-axis optisch / MeltPool: on-axis optisch	5
Diversität der Sensortechnologien/ Multifunktionalität	EOT: CMOS-Kamera / PB: CCD-Kamera / MP: 2x Photodiode // keine Kombination	5
räumliche Auflösung/Abtastrate	EOT: 100 -150 µm bei 10 Hz / PB: schichtweise / MeltPool: 30 kHz /	4
Upgradefähigkeit Prozessüberwachungssystem, Rechenleistung, Sensorik	schlecht, anlagengebunden	1
Nachträgliche Integrierbarkeit in PBF-LB/M-Maschine/Retrofit	nicht vorgesehen	1
verschiedene Werkstoffe	alle mit der Anlage verarbeitbaren Werkstoffe / gegen Mehrpreis	3
Adaptierbarkeit auf weitere PBF-LB/M verschiedener OEMs	nicht möglich, da fest verbaut	1
Systemrobustheit und -stabilität	erprobte und industriell eingesetzte Technologie mit hoher Erfahrung	4
Metriken der Analysesoftware	MP: aggregiertes Bild je Schicht aus Schmelzbademission / EOT: Falschfarbenbilder anhand Wärmeemission / PB: Bild vor und nach Beschichtung	5
Flexibilität und Offenheit des Systems zur Parametrierung, Programmierung und Datenausgabe/Konfigurierbarkeit	vollständige Interaktion; aber beschränkt auf EOS-Umgebung	3
Ausgabe und Auswertung der erfassten und analyisierten Daten	Exposure Map, Indikationen, Statistik, Analyseprofile, Warnsignale	5
Schnittstelle Datenexport	verschiedene Formate; auch in Echtzeit	5
Zugriff und Nutzungsmöglichkeit und Export der erfassten Rohdaten für Langzeitarchiv	Datenzugriff auf eigenem Systemrechner oder Server möglich	5
Korrelierung der erfassten Daten mit Baujobdaten und Maschinenstellgrößen in Auswertung	teilautomatisierte Auswertung zu Warnsignalen und Statistiken	4
Weiterverarbeitungsmöglichkeit der erfassten und analysierten Daten	teilweise Export der Daten (Export in eigenem Baujobreport und Dokumentation etc.)	3
Sicherheit der Datenspeicherung	hohe Sicherheit durch eigenes Hosting	5
Automatisierbarkeit der Datenerfassung und Datenauswertung	teilautomatisiert, gute Qualifizierung in Schulung	4
Benutzerfreundlichkeit	vorinstallierte Software, Standardkalibrierungen, mehrsprachige Software, einfacher Wechsel zwischen Modulen	5
Einfluss auf Gewährleistung und Arbeitssicherheit bei Einbau	vorinstalliert	5
	Teilpunktwert Funktionalität TPW-F	**25,93 Pkt.**

Leistung

nutzendeterminierender Faktor (Leistung)	Ausprägung	Wert
Erwartete Auswirkungen auf die Zeit (Produktivität, Flexibilität)	Produktivitätssteigerung durch reduzierte nachgelagerte Qualitätsprüfung	4
Erwartete Auswirkungen auf die Kosten (Kostenreduktion)	eingeschränkte Berichterstellung zur Reduktion nachgelagerter Qualitätssicherungsmaßnahmen	3
Erwartete Auswirkungen auf die Qualität (Qualitätsverbesserung)	auf Verbesserung des Prozessverständnisses beschränkt	3
Erfassbare und auswertbare Prozesssignaturen und Bauteileigenschaften	PB: Beschichtungsfehler, Poren / MP: Schmelzbadstabilität / EOT: Indikationen über konfigurierbaren Analysealgorithmus	3
Regelungsmöglichkeit bzw. -fähigkeit	nein	1
	Teilpunktwert Leistung TPW-L	**44,10 Pkt.**

Aufwand-Nutzen-Index	1.047 €/Pkt.

GE Additive QM

Das PüS von GE Additive besteht aus den drei Modulen QM coating, QM fiber power und QM meltpool 3D. Das Modul QM coating wird zur Beschichtungsüberwachung eingesetzt.

Dabei wird mittels CMOS-Kamera in jeder Pulverschicht ein Bild vor und nach der Beschichtung aufgenommen und automatisch ausgewertet. Das System erkennt automatisiert Furchen oder aus dem Pulverbett herausragende Bauteilbereiche und regelt aktiv via Wiederbeschichtung.

Das Modul QM fiber power ermöglicht die Laserleistungsdetektion mittels Fotodiode.

Das dritte Modul des PüS von GE Additive bildet das QM meltpool 3D zur echtzeitnahen Überwachung des Schmelzprozesses. Dabei werden eine Photodiode zur Detektion der Schmelzbadintensität und eine CMOS-Kamera zur ortsaufgelösten Detektion der Schmelzbadgeometrie und -größe eingesetzt. Mittels dieser Sensoren werden mehrere tausend Aufnahmen pro Sekunde ortsaufgelöst und korrelierend zur Emissionsposition erfasst. Die erfassten Daten können in Graustufen- oder Falschfarbendarstellung ausgegeben werden und müssen manuelle ausgewertet und interpretiert werden. Eine automatisierte Auswertung der Daten ist bisher nicht möglich, eine Vorbereitung zur Online-Fehlererkennung und -regelung ist vorgesehen und hardwareseitig vorbereitet.

Überlagerung der Schichtdaten mit CAD-Daten oder CT-Daten des Bauteils

Echtzeitnahe Visualisierung der Schichtdaten an der PBF/LB-M-Maschine aber keine aktive Steuerung und Regelung. Daten nur zur nachträglichen Auswertung und Dokumentation. Die Toleranz- und Grenzwerte für Falschfarbendarstellung ist offen und frei parametrierbar und eigene Parametersätzen sind verwendbar.

Für die manuelle Auswertung und Interpretation der Daten ist eine Qualifizierung notwendig und wird als Schulung für Mitarbeitendenqualifizierung der Datenauswertung angeboten. Das Modul meltpool 3D kann im Rahmen einer Investition in eine PBF-LB/M-Maschine für 100.000 Euro erworben werden. Eine nachträgliche Installation ist nicht möglich. Die Module QM coating und QM fiber power können für Gesamtkosten von 30.000 Euro erworben werden.

Quellen: [GE 22, GE 20a, TOE16, SCH21, CON20, CON15]

Tab. 0.3: Bewertung des Prozessüberwachungssysteme GE Additive QM (Aufwand)

GE Additive QM

AUFWAND

Kosten

aufwandsdeterminierender Faktor (Kosten)	**Häufigkeit der Zahlung**	**Kosten**
Anschaffungskosten Messsystem	einmalig, Invest	125.000 €
Anschaffungskosten oder Lizenzgebühren Software	inkludiert in Anschaffungskosten Messsystem	-
Anschaffungskosten IT-Infrastruktur	inkludiert in Anschaffungskosten Messsystem	-
Inbetriebnahmekosten System und Nebenkosten	inkludiert in Anschaffungskosten Messsystem	-
Schulungskosten extern	zusätzlich zu Invest	4.000 €
Wartungskosten extern	jährlich 7,5 % (ab Jahr 2)	46.875 €
	wirtschaftliche Bewertung Gesamtkosten GK	**175.875 €**

Ressourcen

aufwandsdeterminierender Faktor (Ressourcen)	**Ausprägung**	**Wert**
Arbeitssicherheit	alle Dokumente vorhanden	**5**
Import	deutscher Hersteller, Fabrikation in Deutschland	**5**
Installationsaufwand an PBF-LB/M-Maschine	entfällt, da vorinstalliert // keine Aufrüstung möglich	**5**
Kalibrierung	einmalig je Material // bei Meltpool zusätzlich bei Änderung der Scanner-Einstellungen	**4**
Veränderung an PBF/LB-M-Maschine	keine Rückbaubarkeit, technische Veränderung vorhanden; durch Hersteller ab Werk	**4**
Integration IT-Infrastruktur	nur Workstation	**5**
Arbeitssicherheit	Installation von Hersteller ab Werk, daher keine zusätzlichen Gefährdungen	**5**
Schulung für Bedienung und Auswertung	Analyst hoch	**3**
Personalbedarf Installation und Inbetriebnahme	technischer Aufwand wie PBF-LB/M-Maschine, Installation von Software und IT-Infrastruktur wenig bis mäßig	**4**
Lebensdauer, Risiko für veraltete Technologie	hohes Risiko für veraltete Technologie, Lebensdauer verhältnismäßig lang	**3**
Speicherung Rohdaten	Rohdaten hoch	**2**
Datenstrom während Baujob	sehr hoch	**2**
Cloudspeicherung oder lokale Server	lokaler Server im Firmennetz	**2**
Medienverbrauch	gering, aber nicht genau spezifiziert, nur Strom, aufgrund verlängerter Prozesszeit durch Einsatz des Systems bei ca. 1,8	**2**
Flächenbedarf	nur externer Systemrechner und Datenserver; integrierte Sensorik	**4**
notwendige IT-Infrastruktur	Workstation, Breitband	**4**
Verlängerung Prozesszeit	hoch, da mehrere Aufnahmen für jede Schicht	**2**
zusätzliche Auswertesysteme und -software	Funktionserweiterungen kostenpflichtig	**4**
Speicherung ausgewertete Daten	Auswertedaten gering, Rohdaten hoch	**2**
Qualifikationsanforderung Maschinenbediener oder Datenspezialist	Operator (nach Schulung = Anlagenbediener) // Daten sammeln und vorbereiten // Qualitätsingenieur nach Schulung:	**2**
manuelle Auswertung	Nutzung und Auswertung der Daten; Schulungsaufwand hoch	**3**
	Teilpunktwert Ressourcen TPW-R	**77,14 Pkt.**

Tab. 0.4: Bewertung des Prozessüberwachungssysteme GE Additive QM (Nutzen)

NUTZEN

Funktionalität

nutzendeterminierender Faktor (Funktionalität)	Ausprägung	Wert
Diversität der Systemkategorien/ Multifunktionalität	QM coating off-axis optisch // QM meltpool 3D: on-axis optisch // QM fiber power: on-axis optisch	4
Diversität der Sensortechnologien/ Multifunktionalität	QM meltpool 3D: Photodiode 40 Hz und CMOS mit 10 µm und 15 kHz	5
räumliche Auflösung/Abtastrate	<15 kHz, abhänig von Scangeschwindigkeit 1000-2000 mm/s	4
Upgradefähigkeit Prozessüberwachungssystem, Rechenleistung, Sensorik	schlecht, anlagengebunden	1
Nachträgliche Integrierbarkeit in PBF-LB/M-Maschine/Retrofit	nicht vorgesehen und möglich	1
verschiedene Werkstoffe	alle Werkstoffe gegen Mehrpreis	3
Adaptierbarkeit auf weitere PBF-LB/M verschiedener OEMs	nicht möglich, da fest verbaut	1
Systemrobustheit und -stabilität	erprobte und industriell eingesetzte Technologie mit hoher Erfahrung	4
Metriken der Analysesoftware	aggregiertes Bild je Schicht aus Schmelzbademission // Falschfarbenbilder anhand Wärmeemission	4
Flexibilität und Offenheit des Systems zur Parametrierung, Programmierung und Datenausgabe/Konfigurierbarkeit	beschränkt auf GEA, teiloffen	3
Ausgabe und Auswertung der erfassten und analyisierten Daten	Exposure Map 2D und 3D, Warnsignale, Computated Tomographie	4
Schnittstelle Datenexport	verschiedene Formate; auch in Echtzeit	5
Zugriff und Nutzungsmöglichkeit und Export der erfassten Rohdaten für Langzeitarchivierung (bis Dokumenationsende)	Datenzugriff auf eigenem Systemrechner oder Server möglich	5
Korrelierung der erfassten Daten mit Baujobdaten und Stellgrößen der Maschine in Auswertung	teilautomatisierte Auswertung zu Warnsignalen und Statistiken	4
Weiterverarbeitungsmöglichkeit der erfassten und analysierten Daten (	teilweise Export der Daten	3
Sicherheit der Datenspeicherung	hohe Sicherheit durch eigenes Hosting	5
Automatisierbarkeit der Datenerfassung und Datenauswertung	Datenerfassung automatisiert, Datenauswertung manuell	2
Benutzerfreundlichkeit	vorinstallierte Software, intuitive Bedienung	4
Einfluss auf Gewährleistung und Arbeitssicherheit bei Einbau	vorinstalliert	5
	Teilpunktwert Funktionalität TPW-F	**23,80 Pkt.**

Leistung

nutzendeterminierender Faktor (Leistung)	Ausprägung	Wert
Erwartete Auswirkungen auf die Zeit (Produktivität, Flexibilität)	Produktivitätssteigerung durch reduzierte nachgelagerte Qualitätsprüfung	4
Erwartete Auswirkungen auf die Kosten (Kostenreduktion)	eingeschränkte Berichterstellung zur Reduktion nachgelagerter Qualitätssicherungsmaßnahmen	3
Erwartete Auswirkungen auf die Qualität (Qualitätsverbesserung)	auf Verbesserung des Prozessverständnisses beschränkt	3
Erfassbare und auswertbare Prozesssignaturen und Bauteileigenschaften	Schmelzbadintensität, Schmelzbadgeometrie	3
Regelungsmöglichkeit bzw. -fähigkeit	nein	1
	Teilpunktwert Leistung TPW-L	**44,10 Pkt.**

Aufwand-Nutzen-Index	**1.213 €/Pkt.**

Renishaw InfiniAM

Die PüS-Lösung von Renishaw besteht aus den zwei Hardware-Modulen MeltVIEW und LaserVIEW sowie aus dem Softwaremodul InfiniAM. Mittels dieser Software können die Daten beider Hardware-Module ausgewertet und visualisiert werden.

Das PüS ermöglicht dabei die Bauteilqualität mittels Detektion und Auswertung der Laser- und Schmelzbadeigenschaften nachzuvollziehen und mit hoher Zeitauflösung zu erfassen. In der Datenauswertung können mittels der erfassten Daten zwei- und dreidimensionale Ansichten des Bauteils während des Fertigungsprozesses visualisiert werden.

Das MeltVIEW-System ist ein optisches System zur Überwachung der Schmelzbad-Emissionen über einen weiten Spektralbereich.

Mittels LaserVIEW-System kann die eintreffende Laserleistung von der optischen Bank in die Prozesskammer ermittelt werden. Dazu wird eine Infrarot-Fotodiode (NIR) genutzt.

Die Software steht als Abonnement zur Verfügung. Die Kosten für die Jahreslizenz für Software InfiniAM-Spectral belaufen sich auf 12.000 Euro. Zusätzlich fallen Investitionskosten der MeltVIEW-Hardware von 75.000 Euro mit zusätzlicher Hardware für LaserVIEW von 20.000 Euro an.

Quellen: [REN17, REN21a, REN21b]

Tab. 0.5: Bewertung des Prozessüberwachungssysteme Renishaw infiniAM (Aufwand)

Renishaw infiniAM

AUFWAND

Kosten

aufwandsdeterminierender Faktor (Kosten)	Häufigkeit der Zahlung	Kosten
Anschaffungskosten Messsystem	einmalig, Invest	95.000 €
Anschaffungskosten oder Lizenzgebühren Software	jährlich 12.000 €	72.000 €
Anschaffungskosten IT-Infrastruktur	inkludiert in Anschaffungskosten Messsystem	-
Inbetriebnahmekosten System und Nebenkosten	inkludiert in Anschaffungskosten Messsystem	-
Schulungskosten extern	zusätzlich zu Invest	4.000 €
Wartungskosten extern	jährlich 7,5 % (ab Jahr 2)	35.625 €
	wirtschaftliche Bewertung Gesamtkosten GK	**206.625 €**

Ressourcen

aufwandsdeterminierender Faktor (Ressourcen)	Ausprägung	Wert
Arbeitssicherheit	alle Dokumente vorhanden	5
Import	deutscher Hersteller, Fabrikation in Deutschland und UK	4
Installationsaufwand an PBF-LB/M-Maschine	entfällt, da vorinstalliert // keine Aufrüstung möglich	5
Kalibrierung	einmalig je Material // bei Meltpool zusätzlich bei Änderung der Scanner-Einstellungen	4
Veränderung an PBF/LB-M-Maschine	keine Rückbaubarkeit, technische Veränderung vorhanden; durch Hersteller ab Werk	4
Integration IT-Infrastruktur	Installation von USB für EOSTATE Everywhere notwendig	4
Arbeitssicherheit	Installation von Hersteller ab Werk, daher keine zusätzlichen Gefährdungen	5
Schulung für Bedienung und Auswertung	Operator gering // externe Schulungen für QS-Ingenieur notwendig	3
Personalbedarf Installation und Inbetriebnahme	technischer Aufwand wie PBF-LB/M-Maschine, Installation von Software und IT-Infrastruktur wenig bis mäßig	4
Lebensdauer, Risiko für veraltete Technologie	hohes Risiko für veraltete Technologie, da viel für akustische Systeme implementiert wird, Lebensdauer verhältnismäßig lang	2
Speicherung Rohdaten	Rohdaten hoch	2
Datenstrom während Baujob	20–50 Megabyte pro Schicht (komprimiert)	3
Cloudspeicherung oder lokale Server	lokaler Server im Firmennetz	2
Medienverbrauch	gering, aber nicht genau spezifiziert, nur Strom	3
Flächenbedarf	integriert in Anlage // nur zusätzlicher optionaler Drittrechner für Analyse	4
notwendige IT-Infrastruktur	Workstation, Breitband	5
Verlängerung Prozesszeit	hoch, da mehrere Aufnahmen für jede Schicht	2
zusätzliche Auswertesysteme und -software	Funktionserweiterungen kostenpflichtig	3
Speicherung ausgewertete Daten	Auswertedaten gering, Rohdaten hoch	2
Qualifikationsanforderung Maschinenbediener oder Datenspezialist	Operator (nach Schulung = Anlagenbediener) // Daten sammeln und vorbereiten // Qualitätsingenieur nach Schulung: Nutzung und Auswertung der Daten	3
manuelle Auswertung	rudimentär automatisiert, hoher manueller Aufwand	2
	Teilpunktwert Ressourcen TPW-R	**76,07 Pkt.**

Tab. 0.6: Bewertung des Prozessüberwachungssysteme Renishaw infiniAM (Nutzen)

NUTZEN

Funktionalität

nutzendeterminierender Faktor (Funktionalität)	Ausprägung	Wert
Diversität der Systemkategorien/ Multifunktionalität	on-axis Photodioden	3
Diversität der Sensortechnologien/ Multifunktionalität	Phodioden (NIR, VIS)	4
räumliche Auflösung/Abtastrate	<15 kHz, abhänig von Scangeschwindigkeit 1000-2000 mm/s	4
Upgradefähigkeit Prozessüberwachungssystem, Rechenleistung, Sensorik	schlecht, anlagengebunden	1
Nachträgliche Integrierbarkeit in PBF-LB/M-Maschine/Retrofit	nicht vorgesehen	1
verschiedene Werkstoffe	alle mit der Anlage verarbeitbaren Werkstoffe gegen Mehrpreis	3
Adaptierbarkeit auf weitere PBF-LB/M verschiedener OEMs	nicht möglich, da fest verbaut	1
Systemrobustheit und -stabilität	wenige Systeme im Markt, mäßige Stabilität da wenig Erfahrung	3
Metriken der Analysesoftware	aggregiertes Bild je Schicht aus Schmelzbademission // Falschfarbenbilder anhand Wärmeemission	4
Flexibilität und Offenheit des Systems zur Parametrierung, Programmierung und Datenausgabe/Konfigurierbarkeit	teilweise Offenheit	3
Ausgabe und Auswertung der erfassten Daten	Exposure Map 2D und 3D, Warnsignale	3
Schnittstelle Datenexport	verschiedene Formate; echtzeitnah mäßig	3
Zugriff und Nutzungsmöglichkeit und Export der erfassten Rohdaten für Langzeitarchivierung	Datenzugriff eingeschränkt möglich	3
Korrelierung der erfassten Daten mit Baujobdaten und Stellgrößen der Maschine in Auswertung	teilautomatisierte Auswertung zu Warnsignalen und Statistiken	4
Weiterverarbeitungsmöglichkeit der erfassten und analysierten Daten (	rudimentärer Export der Daten	2
Sicherheit der Datenspeicherung	hohe Sicherheit durch eigenes Hosting	5
Automatisierbarkeit der Datenerfassung und Datenauswertung	wenig automatisiert	2
Benutzerfreundlichkeit	vorinstallierte Software, intuitive Bedienung	4
Einfluss auf Gewährleistung und Arbeitssicherheit bei Einbau	vorinstalliert	5
	Teilpunktwert Funktionalität TPW-F	**20,61 Pkt.**

Leistung

nutzendeterminierender Faktor (Leistung)	Ausprägung	Wert
Erwartete Auswirkungen auf die Zeit (Produktivität, Flexibilität)	Produktivitätssteigerung durch reduzierte nachgelagerte Qualitätsprüfung	4
Erwartete Auswirkungen auf die Kosten (Kostenreduktion)	eingeschränkte Berichterstellung zur Reduktion nachgelagerter Qualitätssicherungsmaßnahmen	3
Erwartete Auswirkungen auf die Qualität (Qualitätsverbesserung)	auf Verbesserung des Prozessverständnisses beschränkt	3
Erfassbare und auswertbare Prozesssignaturen und Bauteileigenschaften	Schmelzbadintensität, Schmelzbadgeometrie, Laserleistung, Laserposition	3
Regelungsmöglichkeit bzw. -fähigkeit	nein	4
	Teilpunktwert Leistung TPW-L	**47,25 Pkt.**

Aufwand-Nutzen-Index	1.436 €/Pkt.

SLM Solutions MeltPool Monitoring, Laser Power Monitoring, Layer Control System

Die PüS-Lösung von SLM besteht aus den drei Teilsystemen Melt Pool Monitoring, Laser Power Monitoring und dem Layer Control System. Als Erstanbietersysteme sind sie vollständig in die PBM/LB-M-Maschine integriert, wobei die Auswertung der jeweiligen Sensordaten direkt am Anlagenrechner erfolgt. Optional bietet die SLM Additive Quality Software erweiterte Auswertemöglichkeiten, insbesondere für die erzeugten Daten des Melt Pool Monitorings, und wird im Jahr 2022 erhältlich sein (derzeit Betaphase). Sowohl die Additve Quality Software als auch die Betrachtungssoftware für das Laser Power Monitoring und das Melt Pool Monitoring lassen sich zusätzlich auf Drittrechnern installieren, um eine von der Fertigung entkoppelte manuelle Analyse und Bewertung der Daten vornehmen zu können. Alle Softwarekomponenten werden on-premise installiert und sind lediglich lokal in die Fertigungsumgebung eingebunden.

Das Melt Pool Monitoring dient der Visualisierung des Schmelzbades, indem über zwei on-axis angeordnete Photodioden die Infrarotstrahlung des Schmelzbades (NIR) in unterschiedlichen Wellenlängenbereichen erfasst wird. Die Messdaten werden mit einer Frequenz von bis zu 100 kHz aufgezeichnet, mit den Positionsdaten der Scanvektoren synchronisiert und schichtweise in der Software dargestellt. Eine automatische Auswertung der Messdaten findet nicht statt, sodass eine manuelle Auswertung erfolgen muss, um Überhitzung und die Schmelzbadstabilität beurteilen zu können.

Das Laser Power Monitoring dient der kontinuierlichen Überwachung der tatsächlichen Laserleistung und erfolgt über ein on-axis-Photodiode, die die ausgekoppelte Laserstrahlung im Wellenlängenbereich des Anlagenlasers (1070 nm) misst. Auf diese Weise werden Abweichungen der Ist- von der Soll-Laserleistung detektiert, sodass als Frühwarnsystem Anlagenausfällen durch beeinträchtigte optische Komponenten oder der Laserdiode selbst vorgebeugt werden kann. Zudem dienen die gesammelten Daten über einen Bericht mit berechneter prozentualer Abweichung der Prozessdokumentation.

Beim Layer Control System (off-axis optisch) wird über eine nicht näherspezifizierte Kamera (VIS-Bereich) jeweils ein Bild vor und nach der Belichtung schichtweise aufgenommen. Aus diesen Bildern werden mittels Bildverarbeitung Beschichtungsfehler, die Pulverbettebenheit und die Schichtrauheit detektiert. Dabei werden Warnsignale bei erkannten Fehlern am Beschichter ausgegeben und Beschichtungsfehler automatisiert durch Nachbeschichten behoben. Dieses Teilsystem gehört zur Serienausstattung der PBF-LB/M-Maschine von SLM Solutions.

Als Erstanbietersystem sind die Teilsysteme bereits in der PBF-LB/M-Anlage installiert, sodass der Aufwand für den Kunden gering bleibt. Eine mögliche Aufrüstung ist zudem realisierbar. Kalibrierungen müssen mindestens einmal für jedes neue Material von einem Servicetechniker durchgeführt werden; im Zuge der Anlagenwartung sind zudem manuelle Kalibrierungen notwendig. Für das Melt Pool Monitoring fallen als Zusatzoption bei Neukauf einer PBM/LB-M-Maschine Kosten in Höhe von 62.000 EUR an. Das Laser Power Monitoring kostet zusätzlich 19.000 EUR, während das Layer Control System als Serienausstattung keine Zusatzkosten verursacht.

Quellen: [SLM21, ZEI21, WOH21]

Tab. 0.7: Bewertung des Prozessüberwachungssysteme SLM Solutions (Aufwand)

SLM Solutions MeltPool Monitoring, Laser Power Monitoring, Layer Control System

AUFWAND

Kosten

aufwandsdeterminierender Faktor (Kosten)	Häufigkeit der Zahlung	Kosten
Anschaffungskosten Messsystem	einmalig, Invest	**81.000 €**
Anschaffungskosten oder Lizenzgebühren Software	inkludiert in Anschaffungskosten Messsystem	-
Anschaffungskosten IT-Infrastruktur	inkludiert in Anschaffungskosten Messsystem	-
Inbetriebnahmekosten System und Nebenkosten	inkludiert in Anschaffungskosten Messsystem	-
Schulungskosten extern	inkludiert in Anschaffungskosten Messsystem als Basisschulungen	**4.000 €**
Wartungskosten extern	jährlich 7,5 % (ab Jahr 2)	**30.375 €**
	wirtschaftliche Bewertung Gesamtkosten GK	**115.375 €**

Ressourcen

aufwandsdeterminierender Faktor (Ressourcen)	Ausprägung	Wert
Arbeitssicherheit	alle Dokumente vorhanden	**5**
Import	deutscher Hersteller, Fabrikation in Deutschland	**5**
Installationsaufwand an PBF-LB/M-Maschine	entfällt, da vorinstalliert; // keine Aufrüstung möglich	**5**
Kalibrierung	manuelle Kalibrierung durch Servicemitarbeiter	**3**
Veränderung an PBF/LB-M-Maschine	keine Rückbaubarkeit, technische Veränderung vorhanden aber durch Hersteller ab Werk umgesetzt	**4**
Integration IT-Infrastruktur	keine bei ausschließlicher Nutzung des Anlagenrechners; Standard-Workstation für Analysesoftware auf Drittrechnern	**5**
Arbeitssicherheit	Installation von Hersteller ab Werk, daher keine zusätzlichen Gefährdungen	**5**
Schulung für Bedienung und Auswertung	Interaktion, auf SLM beschränkt	**3**
Personalbedarf Installation und Inbetriebnahme	technischer Aufwand wie PBF-LB/M-Maschine, Installation von Software und IT-Infrastruktur wenig bis mäßig	**2**
Lebensdauer, Risiko für veraltete Technologie	Software noch in Betaphase; hohes Risiko bzgl. Funktionalität	**2**
Speicherung Rohdaten	Rohdaten hoch	**3**
Datenstrom während Baujob	sehr hoch	**3**
Cloudspeicherung oder lokale Server	lokaler Server im Firmennetz	**2**
Medienverbrauch	gering, aber nicht genau spezifiziert, nur Strom	**3**
Flächenbedarf	integriert in Anlage; // nur zusätzlicher optionaler Drittrechner für Analyse	**4**
notwendige IT-Infrastruktur	einfacher Büro-PC	**5**
Verlängerung Prozesszeit	hoch, da mehrere Aufnahmen für jede Schicht	**3**
zusätzliche Auswertesysteme und -software	Funktionserweiterungen kostenpflichtig	**2**
Speicherung ausgewertete Daten	sehr hoch; zwar schichtweise Speicherung, aber wenig Komprimierung und Vorauswertung	**2**
Qualifikationsanforderung Maschinenbediener oder Datenspezialist	aktive Regelung bei LCS (Beschichtungsfehler) // MPM und LPM reine manuelle Auswertung durch Qualitätsingenieur	**2**
manuelle Auswertung	nur manuelle Auswertung, Aufwand hoch	**1**
	Teilpunktwert Ressourcen TPW-R	**73,93 Pkt.**

Tab. 0.8: Bewertung des Prozessüberwachungssysteme SLM Solutions (Nutzen)

NUTZEN

Funktionalität

nutzendeterminierender Faktor (Funktionalität)	Ausprägung	Wert
Diversität der Systemkategorien/ Multifunktionalität	MPM: on-axis optisch // LPM: on-axis optisch // LCS: off-axis optisch	5
Diversität der Sensortechnologien/ Multifunktionalität	MPM & LPM: drei Photodioden (NIR) // LCS: Kamera	5
räumliche Auflösung/Abtastrate	MPM & LPM: Photodioden bis zu 10 µm, 100kHz	3
Upgradefähigkeit Prozessüberwachungssystem, Rechenleistung, Sensorik	nein	1
Nachträgliche Integrierbarkeit in PBF-LB/M-Maschine/Retrofit	gegen Mehrpreis möglich	4
verschiedene Werkstoffe	alle Werkstoffe gegen Mehrpreis	3
Adaptierbarkeit auf weitere PBF-LB/M verschiedener OEMs	nicht möglich, da fest verbaut	1
Systemrobustheit und -stabilität	Teilfunktionen nicht ausgereift (Beta-Phase)	2
Metriken der Analysesoftware	Schmelzbademission // ausgekoppelte Laserstrahlung	4
Flexibilität und Offenheit des Systems zur Parametrierung, Programmierung und Datenausgabe/Konfigurierbarkeit	vollständige Interaktion; aber beschränkt auf SLM Umgebung	3
Ausgabe und Auswertung der erfassten und analyisierten Daten	schichtweise Darstellung; Diagramme zur Laserleistung und Schmelzbadstabilität; // Warnsignale bei LCS	2
Schnittstelle Datenexport	bisher nur offline nach dem Bauprozess für LCS (Mehrpreis); OPC UA zukünftig geplant	2
Zugriff und Nutzungsmöglichkeit und Export der erfassten Rohdaten für Langzeitarchivierung	möglich, da eigenes Hosting	5
Korrelierung der erfassten Daten mit Baujobdaten und Stellgrößen der Maschine in Auswertung	Nutzung aller aufgezeichneten Anlagendaten in Analysesoftware; keine kombinierte Betrachtung der Messergebnisse	2
Weiterverarbeitungsmöglichkeit der erfassten und analysierten Daten	bisher nicht, geplant	1
Sicherheit der Datenspeicherung	sehr hoch; lokale Speicherung und Verarbeitung direkt in Anlage	5
Automatisierbarkeit der Datenerfassung und Datenauswertung	teilweise rudimentär automatisiert, manuelle Auswertung	2
Benutzerfreundlichkeit	Integration der Daten in SLM Additive Quality Software (Betaphase)	3
Einfluss auf Gewährleistung und Arbeitssicherheit bei Einbau	vorinstalliert	5
	Teilpunktwert Funktionalität TPW-F	**20,61 Pkt.**

Leistung

nutzendeterminierender Faktor (Leistung)	Ausprägung	Wert
Erwartete Auswirkungen auf die Zeit (Produktivität, Flexibilität)	zeitaufwendige manuelle Auswertung verhindert Produktivitätssteigerung	2
Erwartete Auswirkungen auf die Kosten (Kostenreduktion)	manuelle Auswertung notwendig; // nur für LPM zur Dokumentation des Prozesses	2
Erwartete Auswirkungen auf die Qualität (Qualitätsverbesserung)	beschränkt auf automatisierte Behebung von Beschichtungsfehlern und Verbesserung des Prozessverständnis	3
Erfassbare und auswertbare Prozesssignaturen und Bauteileigenschaften	Schmelzbadstabilität, Überhitzung, fehlerhafte Supportanbindung // Laserleistung //Beschichtungsfehler, Pulverbettebenheit // Interpretation durch Anwender erforderlich	3
Regelungsmöglichkeit bzw. -fähigkeit	teilweise ja; Behebung von Beschichtungsfehlern	3
	Teilpunktwert Leistung TPW-L	**40,95 Pkt.**

Aufwand-Nutzen-Index	825 €/Pkt.

TRUMPF TruPrint

TRUMPF gestaltet seine PüS-Lösung aus den zwei Teilsystemen Powder Bed Monitoring und Melt Pool Monitoring, die ihre Ergebnisse direkt offline am Anlagenrechner bzw. Bedienterminal ausgeben. Mit der optionale, aber nicht aufpreispflichtigen Software TruTops Monitoring Analyzer besteht weiterhin die Möglichkeit eines Zugriffs innerhalb des lokalen Firmennetzwerks oder eines Fernzugriffs. Außerdem ist eine Anbindung an eigene Softwareverarbeitung über die standardisierte OPC UA-Schnittstelle oder über das Monitoring File Interface realisierbar.

Beim Powder Bed Monitoring (off-axis optisch) werden über eine zehn Megapixel, nicht näher spezifizierte Digitalkamera (VIS-Bereich), mit Beleuchtung aus unterschiedlichen Winkeln, jeweils zwei Bilder vor und nach der Belichtung schichtweise aufgenommen. Aus diesen Bildern werden mittels Bildverarbeitung Beschichtungsfehler, die Schichtrauheit und Defekte am Beschichter detektiert. In künftigen Versionen wird es zusätzlich noch die Option des automatischen Nachbeschichtens geben, wenn Beschichtungsfehler in Form von unzureichendem Pulverauftrag erkannt wurden.

Melt Pool Monitoring besteht aus zwei on-axis im Strahlengang der Anlage installierten Photodioden, bei der jeweils eine im VIS-Bereich und eine im NIR-Bereich, die Licht- bzw. Infrarotstrahlungsemission des Schmelzbades mit 100 kHz Messfrequenz aufzeichnet. Damit können die Schmelzbadstabilität analysiert und Prozessabweichungen sowie kritische Bauteilbereiche visualisiert werden. Gleichzeitig werden die Positions- sowie die Zustandsdaten des Lasers erfasst, um eine anlagenintegrierte Auswertung zu erhalten. Aufgrund der hochfrequenten Datenakquisition beim Melt Pool Monitoring liegt der Rohdatenstrom bei mehreren Gigabyte pro Schicht, welche mittels Datenkomprimierung auf niedrige zweistellige Megabyte pro Schicht reduziert werden.

Das komplette PüS ist in die Maschine integriert, sodass zusätzliche optionale Auswerterechner für eine nicht direkt an der Anlage stattfindende Auswertung notwendig sind. Alle gängigen Werkstoffe der additiven Fertigung inklusive Aluminium-Legierungen sind überwachbar. Die Limitierung hinsichtlich der Werkstoffe wird maßgeblich durch die Anlage bestimmt. Kalibrierungen finden im Werk vor Auslieferung und im Zuge der jährlichen Anlagenwartung statt.

Kommerzielle Details sind aufgrund des Erstanbietersystemcharakters an die konkrete Geschäftsbeziehung gekoppelt. Als Ausgangsbasis werden Preise für das Powder Bed Monitoring in Höhe von 10.000 EUR und für das Melt Pool Monitoring 100.000 EUR aufgerufen. In den Preisen inbegriffen sind Basisschulungen, wohingegen spezielle Wartungskosten für das PüS im Rahmen der jährlichen Anlagenwartung anfallen können. Diese werden aber genauso nicht spezifiziert, wie Kosten für weiterführende Schulungen. Weiterhin werden grundlegende Funktionserweiterungen in der Zukunft je nach strategischer Ausrichtung kostenpflichtig erhältlich sein.

Quellen: [TRU20f, TRU20d, MUE21]

Tab. 0.9: Bewertung des Prozessüberwachungssysteme TRUMPF TruPrint (Aufwand)

TRUMPF TruPrint

AUFWAND

Kosten

aufwandsdeterminierender Faktor (Kosten)	**Häufigkeit der Zahlung**	**Kosten**
Anschaffungskosten Messsystem	einmalig, Invest	**110.000 €**
Anschaffungskosten oder Lizenzgebühren Software	inkludiert in Anschaffungskosten Messsystem	-
Anschaffungskosten IT-Infrastruktur	inkludiert in Anschaffungskosten Messsystem	-
Inbetriebnahmekosten System und Nebenkosten	inkludiert in Anschaffungskosten Messsystem	-
Schulungskosten extern	inkludiert in Anschaffungskosten Messsystem als Basisschulungen	**3.000 €**
Wartungskosten extern	jährlich 7,5 % (ab Jahr 2)	**41.250 €**
	wirtschaftliche Bewertung Gesamtkosten GK	**154.250 €**

Ressourcen

aufwandsdeterminierender Faktor (Ressourcen)	**Ausprägung**	**Wert**
Arbeitssicherheit	alle Dokumente vorhanden	**5**
Import	deutscher Hersteller, Fabrikation in Deutschland	**5**
Installationsaufwand an PBF-LB/M-Maschine	entfällt, da vorinstalliert; bei bestehender Anlage Aufrüstoption erforderlich	**5**
Kalibrierung	werksseitig und jährlich bei Wartung	**4**
Veränderung an PBF/LB-M-Maschine	keine Rückbaubarkeit, technische Veränderung vorhanden aber durch Hersteller ab Werk umgesetzt	**4**
Integration IT-Infrastruktur	anlagenintegrierte Auswertung	**5**
Arbeitssicherheit	keine zusätzlichen Gefährdungen, da alles werksseitig verbaut	**5**
Schulung für Bedienung und Auswertung	hoch, v.a. für Melt Pool Monitoring	**2**
Personalbedarf Installation und Inbetriebnahme	gering, da alles in PBF-LB/M-Maschine integriert	**5**
Lebensdauer, Risiko für veraltete Technologie	moderat; Funktionserweiterungen vorgesehen	**3**
Speicherung Rohdaten	Rohdaten hoch	**3**
Datenstrom während Baujob	zweistellige Megabytes je Schicht (Heat Maps & Bilder); reine Rohdaten mit Gigabyte pro Schicht, werden aber komprimiert gespeichert	**3**
Cloudspeicherung oder lokale Server	sehr hoch; lokale Speicherung und Verarbeitung direkt in LSS-Anlage	**5**
Medienverbrauch	moderater Stromverbrauch, Medienverbrauch aufgrund erhöher Prozesslaufzeit erhöht	**2**
Flächenbedarf	integriert in Maschine; externer Rechner optional	**5**
notwendige IT-Infrastruktur	keine, da alles anlagenintegriert; Auswerte-PC optional	**5**
Verlängerung Prozesszeit	sehr hoch, da mehrere Aufnahmen und Auswerteschleife	**1**
zusätzliche Auswertesysteme und -software	Funktionserweiterungen kostenpflichtig	**2**
Speicherung ausgewertete Daten	mittel, wenn Rohdaten nach Verarbeitung gelöscht werden; Option Monitoring File Interface (Netzwerkexport)	**3**
Qualifikationsanforderung Maschinenbediener oder Datenspezialist	hohe Anforderung an Definition eigener Schwellenwerte & Fehlerbilder // MPM: manuelle Auswertung // PBM: teilautomatisierte Auswertung (für drei Detektionsergebnisse)	**2**
manuelle Auswertung	teilautomatisiert, Arbeitsaufwand mäßig	**3**
	Teilpunktwert Ressourcen TPW-R	**82,50 Pkt.**

Tab. 0.10: Bewertung des Prozessüberwachungssysteme TRUMPF TruPrint (Nutzen)

NUTZEN

Funktionalität

nutzendeterminierender Faktor (Funktionalität)	Ausprägung	Wert
Diversität der Systemkategorien/ Multifunktionalität	Melt Pool Monitoring: on-axis optisch // Powder Bed Monitoring: off-axis optisch	4
Diversität der Sensortechnologien/ Multifunktionalität	MPM: zwei Photodioden (NIR; VIS) // PBM: Digitalkamera (VIS) mit Beleuchtung //kombinierte Analyse	4
räumliche Auflösung/Abtastrate	MPM: 100 kHz / /PBM: 10 Megapixel	4
Upgradefähigkeit Prozessüberwachungssystem, Rechenleistung, Sensorik	schlecht, da anlagengebunden	1
Nachträgliche Integrierbarkeit in PBF-LB/M-Maschine/Retrofit	keine, außer Vorbereitung für Process Monitoring an LSS-Anlage vorhanden (Mehrpreis)	2
verschiedene Werkstoffe	alle Werkstoffe der additiven Fertigung + Aluminium	5
Adaptierbarkeit auf weitere PBF-LB/M verschiedener OEMs	nicht möglich, da vorinstalliert	1
Systemrobustheit und -stabilität	erprobte und industriell eingesetzte Technologie mit hoher Erfahrung	4
Metriken der Analysesoftware	Schmelzbademission // Bilderkennung	4
Flexibilität und Offenheit des Systems zur Parametrierung, Programmierung und Datenausgabe/Konfigurierbarkeit	vollständige Interaktion; aber beschränkt auf TRUMPF Umgebung	3
Ausgabe und Auswertung der erfassten und analyisierten Daten	statistische Charts (Qualitätskennzahlgraph); 2D-Visualisierung, Abweichungscharts, Warnsignale	4
Schnittstelle Datenexport	ja (OPC UA für Condition & Perfomance Monitoring, Monitoring File Interface); Zugriff auf Heat Maps und Bilder	4
Zugriff und Nutzungsmöglichkeit und Export der erfassten Rohdaten für Langzeitarchivierung	Datenzugriff möglich	5
Korrelierung der erfassten Daten mit Baujobdaten und Stellgrößen der Maschine in Auswertung	Überlagerung mit Baujobdaten möglich; Überlagerung von PowderBed- und MeltPool-Datne	4
Weiterverarbeitungsmöglichkeit der erfassten und analysierten Daten	Nutzung aller Maschinendaten; keine kombinierte aber nebeneinander Betrachtung verschiedener Messergebnisse	3
Sicherheit der Datenspeicherung	hoch, da lokale Speicherung	5
Automatisierbarkeit der Datenerfassung und Datenauswertung	teilautomatisiert	4
Benutzerfreundlichkeit	intuitive Benutzeroberfläche mit übersichtlicher Auswertung aller Sensoren	5
Einfluss auf Gewährleistung und Arbeitssicherheit bei Einbau	vorinstalliert	5
	Teilpunktwert Funktionalität TPW-F	**25,22 Pkt.**

Leistung

nutzendeterminierender Faktor (Leistung)	Ausprägung	Wert
Erwartete Auswirkungen auf die Zeit (Produktivität, Flexibilität)	Zeitersparnis durch automatischen Prozessabbruch bei Fehlern	4
Erwartete Auswirkungen auf die Kosten (Kostenreduktion)	ausführliche Berichterstellung zur Reduktion nachgelagerter Qualitätssicherungsmaßnahmen	3
Erwartete Auswirkungen auf die Qualität (Qualitätsverbesserung)	Prozessverständnis durch flexible Auswertemöglichkeiten (Ausgabesignale); Verringerung von Ausschuss durch automatische Nachbeschichtung	4
Erfassbare und auswertbare Prozesssignaturen und Bauteileigenschaften	PBM: Beschichtungsfehler, Pulverbettebenheit, Schichtrauheit // MPM: Schmelzbadstabilität	4
Regelungsmöglichkeit bzw. -fähigkeit	nein; aber geplante automatische Nachbeschichtung & Prozessabbruch	2
	Teilpunktwert Leistung TPW-L	**53,55 Pkt.**

Aufwand-Nutzen-Index	**956 €/Pkt.**

Additive Assurance AMiRIS

Das PüS AMiRIS von Additive Assurance ist ebenfalls ein Drittanbietersystem und ist für unterschiedliche Anlagen von EOS M280/M290, Renishaw AM250/AM400, Sisma Mysint 3000, Trumpf TruPrint 3000, Concept Laser X-Line 1000R/M-Lab, SLM Solutions 250HL sowie 3D Systems DMP320 als Nachrüst- und Aufrüstoption erhältlich. Weitere Anlagen sind in der Pipeline bzw. sind auf Nachfrage möglich.

AMiRIS setzt auf eine reine off-axis Konfiguration mehrerer unterschiedlicher CMOS-Kameras (NIR- und VIS-Bereich), die von außen durch das Sichtfenster einer Anlage mit einer Auflösung von rund 10 µm die Schmelzbademission mittels der Energiedichtemethode. Dabei wird die Bauebene so in Bereiche zerlegt, dass jede Kamera nur einen bestimmten Betrachtungsbereich aufzeichnet und die verschiedenen Betrachtungsbereiche leicht überlappen. aufzeichnen (US-Patent. US 2021/0078076 A1) Die verschiedenen Bilder werden anschließend zu einem Schichtbild aggregiert, mit einem Referenzbild verglichen und Abweichungen markiert. Da so nur jeweils ein Bild pro Schicht analysiert werden muss, reduziert sich die Menge an Datenverarbeitung und benötigtem Speicher. Allerdings ist eine Breitbandinternetverbindung erforderlich, um die Datenverarbeitung per standardmäßiger Private-Cloud zu ermöglichen. Eine on-premise-Lösung ist je nach Geschäftsbeziehung gegen erheblichen Mehrpreis ebenfalls realisierbar und eine Datenschnittstelle ist nicht vorgesehen.

AMiRIS detektiert so automatisiert Delamination, Beschichtungsfehler, Schmelzbadgeometrie und kann Prozessabweichungen dokumentieren. Zudem werden Warnsignale in Echtzeit ausgegeben, sodass der Prozess unterbrochen werden kann. Ein automatischer Stopp ist aufgrund der fehlenden Verbindung wischen AMiRIS und der Anlage derzeit nicht möglich, wird aber in zukünftigen Versionen verfügbar sein.

Der Ein- bzw. Anbau von AMiRIS erfolgt rein von außen, sodass kein direkter Einfluss auf die Anlage genommen wird und die Gewährleistung nicht gefährdet wird. Die Installation soll in unter 30 Minuten möglich sein, da die gesamte Sensorik inklusive der Recheneinheit vormontiert, auf für die jeweilige Anlage passenden Trägern, bereitgestellt wird. So müssen nur die Träger an der Anlage befestigt werden, was einmalig zu justieren ist. Da allerdings die Sensorik vor dem Sichtfenster positioniert wird, muss AMiRIS bei jedem Baujob abgebaut und anschließend wieder angebaut werden. Dadurch wird auch immer eine automatisierte Kalibrierung erforderlich.

Hinsichtlich der Preispolitik unterscheidet sich AMiRIS grundlegend von den anderen Anbietern, da ein Software-&-Hardware-as-a-Service-basiertes Abo-Modell angeboten wird. Für das Abo werden 4.240 EUR monatlich als laufende Kosten fällig, wobei darin Hardware, Analyse, Hosting und Support inbegriffen sind. Dieses Geschäftsmodell trägt zwar zur Risikominimierung hinsichtlich veralteter Technologie bei, gleichzeitig wirkt sich aber der gewählte Betrachtungszeitraum wegen der ausschließlich variablen Kosten enorm auf die Gesamtkosten und damit auf die wirtschaftliche Bewertung aus.

Quellen: [BRI20, BRI21, ADD21a, ADD21b]

Tab. 0.11: Bewertung des Prozessüberwachungssysteme Additive Assurance AMiRIS (Aufwand)

Additive Assurance AMiRIS

AUFWAND

Kosten

aufwandsdeterminierender Faktor (Kosten)	Häufigkeit der Zahlung	Kosten
Anschaffungskosten Messsystem	monatliche Lizenzgebühr von 4.240 €	**305.280 €**
Anschaffungskosten oder Lizenzgebühren Software	inkuldiert in Leasinggebühr	-
Anschaffungskosten IT-Infrastruktur	entfällit	-
Inbetriebnahmekosten System und Nebenkosten	inkuldiert in Leasinggebühr	-
Schulungskosten extern	einmalig bei Implementierung	**1.900 €**
Wartungskosten extern	entfällt, da Leasing	-
	wirtschaftliche Bewertung Gesamtkosten GK	**307.180 €**

Ressourcen

aufwandsdeterminierender Faktor (Ressourcen)	Ausprägung	Wert
Arbeitssicherheit	Beachtung der Regeln, Dokumente werden auf Deutsch nachgereicht	3
Import	aus Ausland	3
Installationsaufwand an PBF-LB/M-Maschine	unter 30 min bei teilweise jedem Baujob, da Anbau an Laserschutzglas	2
Kalibrierung	bei jedem Baujob, aber Aufwand <30min	1
Veränderung an PBF/LB-M-Maschine	einfache Montage, aber Rückbauung bei jedem Baujob, keine technische Veränderung der Maschine	5
Integration IT-Infrastruktur	gering, nur Breitbandanschluss	5
Arbeitssicherheit	keine Veränderung, da kein offener Laser	5
Schulung für Bedienung und Auswertung	hoch; keine externen Schulungen im Preis inbegriffen	2
Personalbedarf Installation und Inbetriebnahme	wenig bei Implementierung aber Anbau und Rückbau bei jedem Baujob	3
Lebensdauer, Risiko für veraltete Technologie	keine, da Abo-Modell	5
Speicherung Rohdaten	hoher Datensatz, der via Breitband transferiert werden muss	3
Datenstrom während Baujob	gering bis mittel; Breitband erforderlich	4
Cloudspeicherung oder lokale Server	Private-Cloud; lokal mit erheblichem Mehrpreis möglich	3
Medienverbrauch	gering	4
Flächenbedarf	Anbau an Sichtfenster; kein externer Server; nur Netzwerk und Stromkabel erforderlich	4
notwendige IT-Infrastruktur	keine, da Private-Cloud	5
Verlängerung Prozesszeit	keine Verlängerung, da parallel zur Maschine	4
zusätzliche Auswertesysteme und -software	keine, Funktionserweiterungen als Service	5
Speicherung ausgewertete Daten	wenige Gigabyte	4
Qualifikationsanforderung Maschinenbediener oder Datenspezialist	mittlerer Aufwand für Bewertung der automatisiert klassifizierten Detektionsergebnisse	3
manuelle Auswertung	teilautomatisierte Auswertung in Server, da Aufwand für manuelle Auswertung mäßig	4
	Teilpunktwert Ressourcen TPW-R	**82,50 Pkt.**

Tab. 0.12: Bewertung des Prozessüberwachungssysteme Additive Assurance AMiRIS (Nutzen)

NUTZEN

Funktionalität

nutzendeterminierender Faktor (Funktionalität)	Ausprägung	Wert
Diversität der Systemkategorien/ Multifunktionalität	off-axis optisch	2
Diversität der Sensortechnologien/ Multifunktionalität	unterschiedliche CMOS-Kameras (NIR, VIS)	3
räumliche Auflösung/Abtastrate	10 µm	3
Upgradefähigkeit Prozessüberwachungssystem, Rechenleistung, Sensorik	möglich, da Abo-Modell	5
Nachträgliche Integrierbarkeit in PBF-LB/M-Maschine/Retrofit	sehr gut, da einfache Montage	5
verschiedene Werkstoffe	Standard-Werkstoffe (angefragte sind inklusive)	4
Adaptierbarkeit auf weitere PBF-LB/M verschiedener OEMs	offen für verschiedene OEMs	5
Systemrobustheit und -stabilität	neues System, Stabilität aufgrund externem Anbau mäßig	2
Metriken der Analysesoftware	Schmelzbademission; Energiedichtemethode	4
Flexibilität und Offenheit des Systems zur Parametrierung, Programmierung und Datenausgabe/Konfigurierbarkeit	für verschiedene Anlagen einsetzbar; // keine Anlagendatenauswertung	5
Ausgabe und Auswertung der erfassten und analyisierten Daten	2D-Visualisierung; 3D-Tomografie; // Warnsignale in Echtzeit; ausführliche Berichte	4
Schnittstelle Datenexport	keine für Rohdaten; // Schnittstelle (API) nur für Ergebnisse	2
Zugriff und Nutzungsmöglichkeit und Export der erfassten Rohdaten für Langzeitarchivierung	bisher nicht möglich, da extern gehostet; gegen Aufpreis möglich	3
Korrelierung der erfassten Daten mit Baujobdaten und Stellgrößen der Maschine in Auswertung	keine Kombination mit Maschinendaten, da eigenes System	1
Weiterverarbeitungsmöglichkeit der erfassten und analysierten Daten	keine Weiterverarbeitungsmöglichkeit	1
Sicherheit der Datenspeicherung	externes Hosting, Sicherheitsstandards für USA	4
Automatisierbarkeit der Datenerfassung und Datenauswertung	automatisierte Datenauswertung, Datenerfassung teilweise manuell unterstützt	4
Benutzerfreundlichkeit	intuitive Benutzeroberfläche // Auswertungen automatisiert	4
Einfluss auf Gewährleistung und Arbeitssicherheit bei Einbau	keine, da nur einbau und nicht Eingriff in Maschine	5
	Teilpunktwert Funktionalität TPW-F	**23,45 Pkt.**

Leistung

nutzendeterminierender Faktor (Leistung)	Ausprägung	Wert
Erwartete Auswirkungen auf die Zeit (Produktivität, Flexibilität)	Produktivitätssteigerung durch reduzierte nachgelagerte Qualitätsprüfung	3
Erwartete Auswirkungen auf die Kosten (Kostenreduktion)	ausführliche & automatisierte Berichterstellung zur Reduktion nachgelagerter Qualitätssicherungsmaßnahmen	4
Erwartete Auswirkungen auf die Qualität (Qualitätsverbesserung)	auf Verbesserung des Prozessverständnis beschränkt	3
Erfassbare und auswertbare Prozesssignaturen und Bauteileigenschaften	Delamination, Beschichtungsfehler, Schmelzbadgeometrie, Prozessstabilität	4
Regelungsmöglichkeit bzw. -fähigkeit	nein; aber automatische Stopps denkbar aber keine Interaktion mit Maschine	1
	Teilpunktwert Leistung TPW-L	**47,25 Pkt.**

Aufwand-Nutzen-Index	2,005 €/Pkt.

Open Additive AMSENSE

Open Additive bietet als PüS AMSENSE an, welches als Zusatzoption auf eigenen Anlagen im Sinne eines Erstanbietersystem oder als Auf- bzw. Nachrüstlösung als Drittanbietersystem erhältlich ist.

AMSENSE besteht aus den drei Teilsystemen Recoat, Spatter und Thermal. Alle drei Teilsysteme nutzen jeweils eine off-axis angeordnete CMOS-Kamera mit unterschiedlichen technischen Details. Recoat nutzt eine zwölf Megapixel Kamera, um jeweils Bilder (VIS-Bereich) vor und nach dem Beschichtungsvorgang aufzunehmen. Mit Recoat lassen sich die Pulverbettebenheit, Delamination und Beschichtungsfehler detektieren. Thermal nutzt eine zwölf Megapixel Kamera. Mittels dieses Systems werden kontinuierlich Falschfarbenbilder (NIR-Bereich) anhand der Wärmeemission der Bauebene mit einer Frequenz von 4 Hz aufgezeichnet und in einem Bild je Schicht aggregiert. Die Heat Maps lassen Rückschlüsse auf Spritzer, Delamination und die Schichtrauheit zu. Spatter erzeugt einen kontinuierlichen Bilderstrom (NIR-Bereich) des Schmelzbades und induzierten Spritzern mit einer Frequenz von 150 Hz. Ein Analysetool in der Sensoreinheit analysiert jedes aufgenommene Bild und hebt das Schmelzbad sowie Spritzer ab einer bestimmten Intensität der Schmelzbademission hervor.

Mit allen Teilsystemen lassen sich die Materialien SS 316L, AlSi10Mg, In718 und Ti6Al4V überwachen, wobei Kalibrierungen einmalig bei Installation notwendig sind. Aufgrund der begrenzten Messfrequenz bei Recoat und Thermal, sowie der Komprimierung bei Spatter liegt der anfallende Datenstrom im Megabyte-Bereich pro Schicht und lässt sich per offener Schnittstelle vom Kunden weiterverarbeiten. Die Analysemöglichkeiten der Ergebnisse beschränken sich auf E-Mail-Warnsignale für Recoat, einen PDF-Bericht und Echtzeit-Berichte hinsichtlich der Prozessstabilität bei Thermal sowie Live-Diagramme auf der Benutzeroberfläche der Analysesoftware für Spatter.

Als Drittanbietersystem lässt sich AMSENSE bei verschiedenen Anlagen unterschiedlicher Hersteller nachrüsten. Aufgrund der off-axis Konfiguration mit kompakter Recheneinheit ist die Inbetriebnahme weniger kritisch und beeinflusst die Anlage bzw. ihre Komponenten nicht direkt. Es können hierdurch zu maschinenabhängigen Einschränkungen bezüglich des Bauraums kommen. Zusätzlich ist eine nVidia Workstation erforderlich.

Als einmalige Anschaffungskosten fallen für Recoat 11.759 EUR und für Thermal sowie Spatter jeweils 23.517 EUR an. Hinzu kommen jährliche Wartungs-, Service- und Garantiekosten, die 7,5 % der Anschaffungskosten betragen und im ersten Jahr obligatorisch sind. Angenommen werden zudem Kosten in Höhe von 10.000 EUR für Rechnerhardware, die für die Nutzung als Drittanbietersystem notwendig ist und bei Nutzung als Erstanbietersystem auf PANDA entfällt. Einmalige Inbetriebnahmekosten beschränken sich auf Reisekosten für Servicetechniker und Liefer- bzw. Einfuhrkosten aus den USA, die 10 % bezogen auf die einmaligen Anschaffungskosten für AMSENSE betragen. Bei der Software handelt es sich um eine Dauerlizenz.

Quellen: [OPE21a, OPE21b, SPE21]

Tab. 0.13: Bewertung des Prozessüberwachungssysteme OpenAdditive AMSENSE (Aufwand)

OpenAdditive AMSENSE

AUFWAND

Kosten

aufwandsdeterminierender Faktor (Kosten)	Häufigkeit der Zahlung	Kosten
Anschaffungskosten Messsystem	einmalig	58.793 €
Anschaffungskosten oder Lizenzgebühren Software	inkludiert in Systempreis	-
Anschaffungskosten IT-Infrastruktur	einmalig Rechnerhardware	10.000 €
Inbetriebnahmekosten System und Nebenkosten	einmalig (Liefer- und Reisekosten)	5.879 €
Schulungskosten extern	Externe Schulung	5.000 €
Wartungskosten extern	jährlich (ab Jahr 2)	22.045 €
	wirtschaftliche Bewertung Gesamtkosten GK	**101.717 €**

Ressourcen

aufwandsdeterminierender Faktor (Ressourcen)	Ausprägung	Wert
Arbeitssicherheit	Beachtung der Regeln, Dokumente werden auf deutsch nachgereicht	3
Import	aus Ausland	3

Installationsaufwand an PBF-LB/M-Maschine	evtl. Auslegung erforderlich; // keine Beeinflussung des Strahlengangs, aber Befestigung innerhalb der Prozesskammer;
	Einbau modular durch externen Techniker
		3

Kalibrierung	einmalig in Erstinstalation (inklusive)	5
Veränderung an PBF/LB-M-Maschine	Einbau System in Prozesskammer, keine Beeinflussung Strahlengang	2
Integration IT-Infrastruktur	gering bei Nutzung der angebotenen Software, hoch für eigene Auswertungen; Workstation als externe Hardware	3
Arbeitssicherheit	kein offener Laser, Befestigung System in Prozesskammer, Einbau durch externen Techniker	3
Schulung für Bedienung und Auswertung	hohe interner Schulungsaufwand, wenig Zusatzangebote von Systemanbieter	1
Personalbedarf Installation und Inbetriebnahme	mittel bis hoch	3
Lebensdauer, Risiko für veraltete Technologie	sehr unsicher, da neue Technologie und kleiner Anbieter	2
Speicherung Rohdaten	großer Datensatz, Speicherung auf Workstation, Zusatzspeicher notwendig	3
Datenstrom während Baujob	hoch	3
Cloudspeicherung oder lokale Server	lokale Speicherung und Verarbeitung	5
Medienverbrauch	Stromverbrauch gering	4
Flächenbedarf	rein off-axis; kleine Recheneinheit	5
notwendige IT-Infrastruktur	Breitbandanschluss, externe Workstation, Datenserver bei hoher Datenrate notwendig	4
Verlängerung Prozesszeit	keine Verlängerung, da parallel zur Maschine	4
zusätzliche Auswertesysteme und -software	zeitlich begrenzt auf Wartungsvertrag	2
Speicherung ausgewertete Daten	Auswerteergebnisse gering, aber wenig aussagekräftig; Rohdaten hoch	3
Qualifikationsanforderung Maschinenbediener oder Datenspezialist	hoch, da Qualitätsingenieur für manuelle Auswertung erforderlich	1
manuelle Auswertung	Aufwand hoch, da Auswertung nur rudimentär automatisiert	2
	Teilpunktwert Ressourcen TPW-R	**68,57 Pkt.**

Tab. 0.14: Bewertung des Prozessüberwachungssysteme OpenAdditive AMSENSE (Nutzen)

NUTZEN

Funktionalität

nutzendeterminierender Faktor (Funktionalität)	Ausprägung	Wert
Diversität der Systemkategorien/ Multifunktionalität	off-axis optisch	2
Diversität der Sensortechnologien/ Multifunktionalität	Recoat: CMOS-Kamera (VIS) // Thermal: CMOS-Kamera (NIR) // Spatter: CMOS-Kamera (NIR)	3
räumliche Auflösung/Abtastrate	Recoat: 12 Megapixel (VIS) // Thermal: 12 Megapixel bei 4 Hz (NIR) // Spatter: 2 Megapixel bei 150 Hz (NIR)	3
Upgradefähigkeit Prozessüberwachungssystem, Rechenleistung, Sensorik	einfach durch modularen Aufbau	5
Nachträgliche Integrierbarkeit in PBF-LB/M-Maschine/Retrofit	für verschiedene Anlagen unterschiedlicher Hersteller	5
verschiedene Werkstoffe	SS 316L, AlSi10Mg, In718, Ti-6Al4V	4
Adaptierbarkeit auf weitere PBF-LB/M verschiedener OEMs	offen für verschiedene OEMs	5
Systemrobustheit und -stabilität	neues System, Stabilität aufgrund externem Anbau mäßig	2
Metriken der Analysesoftware	Bild vor und nach Beschichtung // aggregiertes Falschfarbenbild aus Wärmeemission // Schmelzbademission, Spritzer	4
Flexibilität und Offenheit des Systems zur Parametrierung, Programmierung und Datenausgabe/Konfigurierbarkeit	teiloffenes System, Konfigurierbarkeit eingeschränkt	2
Ausgabe und Auswertung der erfassten und analyisierten Daten	E-Mail // PDF-Bericht und verzögerte Live-Meldung der Prozessstabilität // Live-Diagramme	3
Schnittstelle Datenexport	ja; voller Zugriff für kundeneigene Weiterverarbeitung oder externe Software	5
Zugriff und Nutzungsmöglichkeit und Export der erfassten Rohdaten	möglich, da lokale Speicherun	5
Korrelierung der erfassten Daten mit Baujobdaten und Stellgrößen der Maschine in Auswertung	keine automatische Auswetung	1
Weiterverarbeitungsmöglichkeit der erfassten und analysierten Daten	Datenexport möglich	5
Sicherheit der Datenspeicherung	hoch, da lokal	5
Automatisierbarkeit der Datenerfassung und Datenauswertung	rudimentär automatisiert, manuelle Auswertung notwendig	2
Benutzerfreundlichkeit	verschiedene Auswerteoptionen	4
Einfluss auf Gewährleistung und Arbeitssicherheit bei Einbau	für getestete Anlagen kein großer Aufwand; // für angefragte Anlage Zusatzaufwand	3
	Teilpunktwert Funktionalität TPW-F	**24,16 Pkt.**

Leistung

nutzendeterminierender Faktor (Leistung)	Ausprägung	Wert
Erwartete Auswirkungen auf die Zeit (Produktivität, Flexibilität)	zeitaufwendige manuelle Auswertung verhindert Produktivitätssteigerung	2
Erwartete Auswirkungen auf die Kosten (Kostenreduktion)	manuelle Auswertung notwendig; thermal mit PDF-Bericht zur Dokumentation des Prozesses	2
Erwartete Auswirkungen auf die Qualität (Qualitätsverbesserung)	auf Verbesserung des Prozessverständnis beschränkt; dafür unterschiedlichste Detektionsergebnisse	3
Erfassbare und auswertbare Prozesssignaturen und Bauteileigenschaften	Pulverbettebenheit, Beschichtungsfehler // Schichtrauheit, Thermische Eigenspannungen // Spritzer, Schmelzbadgröße // Interpretation durch Anwender erforderlich	3
Regelungsmöglichkeit bzw. -fähigkeit	nein, keine Kommunikation mit Maschinendaten	1
	Teilpunktwert Leistung TPW-L	**34,65 Pkt.**

Aufwand-Nutzen-Index	799 €/Pkt.

Sigma Labs PrintRite3D

Sigma Labs bietet sein PüS PrintRite3D in den drei Abstufungen Lite, Pro und Enterprise an, wobei die folgenden Ausführungen die Pro Variante fokussieren. PrintRite3D Pro setzt drei on-axis angeordnete Photodioden (VIS- und NIR-Bereich) mit einer Messfrequenz von 200 kHz und einer Auflösung von 100 µm ein. Der optische Messbereich liegt zwischen 300 und 1000 µm, sodass sowohl Licht- als auch Infrarotstrahlungsemission detektiert werden. Aus den so detektierten Signalen werden zwei Qualitätsmetriken Therma Energy Planck (TEP) und Thermal Energy Density (TED) errechnet und als Indikator verwendet. Dabei benötigt TEP prinzipbedingt zwei Photodioden mit unterschiedlichen Wellenlängenbereichen, während für TED eine Photodiode genügt. Anhand der TEP Metrik lassen sich Schmelzbadtemperaturen und das Abkühlverhalten untersuchen. Die TED Metrik ist ein Maß der Schmelzbademission, woraus sich Informationen über Beschichtungsqualität, Schmelzbadstabilität und Spritzer ableiten sowie Auswirkungen von Einflussparameteränderungen sichtbar machen lassen.

Trotz der sehr hohen Messfrequenz liegt der Datenstrom bei rund zehn Megabyte pro Schicht, was aus einer Vorfilterung resultiert; eine weitere Komprimierung findet nicht. Auf Kundenwunsch lässt sich eine Rohdatenschnittstelle implementieren, wofür ausreichende Datenspeicherkapazitäten wegen der fehlenden Vorfilterung erforderlich sind.

Da es sich bei PrintRite3D um ein on-axis Drittanbietersystem handelt, erfolgt der Einbau der Sensorik im Strahlengang der Laserstrahlschmelzanlage. Auf Empfehlung von Sigma Labs sollte vorab die Freigabe vom Anlagenhersteller eingeholt und die Auswirkungen auf die Gewährleistung geklärt werden. Nach dem Einbau und Installation durch Sigma Labs wird zudem eine Neu-Kalibrierung der Anlage durch den jeweiligen Hersteller empfohlen. Dafür lassen sich verschiedenste Anlagen mit PrintRite3D nach- bzw. aufrüsten, sodass ein divergenter Anlagenpark hinsichtlich Prozessüberwachung vereinheitlicht werden kann. Außerdem lässt sich PrintRite3D auch von einer auf die andere Anlage umziehen. Zudem müssen systembedingt die Positionslogdaten, die Laserleistung und der Laserstatus der Anlage von PrintRite3D einbezogen werden. Diese Datenstromintegration übernimmt der Servicetechniker von Sigma Labs im Zuge der Implementierung. Für jeden neuen Werkstoff ist eine einmalige Kalibrierung durch einen Sigma Labs Servicetechniker erforderlich. Die Verarbeitung und Speicherung der Daten erfolgen lokal neben der Anlage im inkludierten Schaltschrank.

Für PrintRite3D Pro fallen für die Messsystemhardware, bestehend aus Sensorik, Schaltschrank, Kabel, Zubehör und Transport einmalige Kosten in Höhe von 58.898 EUR an. Für die Softwarekomponente PrintRite3D v7.x werden einmalig 50.508 EUR als Dauerlizenz fällig. Inbetriebnahmekosten, die um anfallende Reisekosten zu ergänzen sind, betragen ebenfalls einmalig 8.135 EUR. Als jährliche Kosten sind externe Schulungskosten und Wartungskosten jeweils mit 6.314 EUR zu berücksichtigen. Im ersten Jahr sind diese beiden Positionen obligatorisch, danach als Paket jährlich kündbar.

Quellen: [SIG20, SIG21a, SIG21b]

Tab. 0.15: Bewertung des Prozessüberwachungssysteme Sigma Labs PrintRite3D (Aufwand)

Sigma Labs PrintRite3D

AUFWAND

Kosten

aufwandsdeterminierender Faktor (Kosten)	Häufigkeit der Zahlung	Kosten
Anschaffungskosten Messsystem	einmalig	58.898 €
Anschaffungskosten oder Lizenzgebühren Software	einmalig	50.508 €
Anschaffungskosten IT-Infrastruktur	inkludiert in Systempreis	-
Inbetriebnahmekosten System und Nebenkosten	einmalig (zzgl. Reisekosten)	8.135 €
Schulungskosten extern	jährlich	37.884 €
Wartungskosten extern	jährlich (ab Jahr 2)	31.570 €
	wirtschaftliche Bewertung Gesamtkosten GK	**186.995 €**

Ressourcen

aufwandsdeterminierender Faktor (Ressourcen)	Ausprägung	Wert
Arbeitssicherheit	Beachtung der Regeln, Dokumente werden auf deutsch nachgereicht	3
Import	aus Ausland	3
Installationsaufwand an PBF-LB/M-Maschine	technische Machbarkeitsklärung // Einbau über externen Techniker	3
Kalibrierung	einmalig für jedes Material	4
Veränderung an PBF/LB-M-Maschine	hoher Eingriff in Laserstrahlengang, Freigabe von Maschinenhersteller nötig	2
Integration IT-Infrastruktur	keiner bei Nutzung der Analysesoftware // externer Techniker für Implementierung Rohdatenstrom (Reisekosten)	4
Arbeitssicherheit	Umbau durch externen Techniker bei freiem Strahlengang, zusätzliche integrierte Messtechnik	2
Schulung für Bedienung und Auswertung	hoch	2
Personalbedarf Installation und Inbetriebnahme	gering, da über externen Techniker	4
Lebensdauer, Risiko für veraltete Technologie	höheres Risiko, da kostenpflichtige Softwareupdates	2
Speicherung Rohdaten	hoch, direkt in Rechner neben Anlage	3
Datenstrom während Baujob	10 Megabyte je Schicht (Rohdaten) // Analyseergebnisse je nach Umfang komprimiert	3
Cloudspeicherung oder lokale Server	lokale Speicherung und Verarbeitung direkt neben LBM-Anlage	5
Medienverbrauch	mittlerer Stromverbrauch	3
Flächenbedarf	Serverbox & Sensorik im Strahlengang (großer Baukammer nötig)	3
notwendige IT-Infrastruktur	keine Verlängerung, da parallel zur Maschine	4
Verlängerung Prozesszeit	wird mitgliefert, Breitbandanschluss	4
zusätzliche Auswertesysteme und -software	Schulung und Support gegen Gebühr // Softwareupdate kostenpflichtig	2
Speicherung ausgewertete Daten	Rohdaten sehr hoch (Terabyte); Analyseergebnisse mittel	3
Qualifikationsanforderung Maschinenbediener oder Datenspezialist	hohe Anforderung an Definition und Entwicklung eigener chwellenwerte & Fehlerbilder; automatische Warnsignale; manuelle Auswertung erforderlich	3
manuelle Auswertung	manuelle Festlegung von Schwellenwerten und Fehlerbilder // Konfiguration, weitere Auswertung teilautomatisiert	4
	Teilpunktwert Ressourcen TPW-R	**70,71 Pkt.**

Tab. 0.16: Bewertung des Prozessüberwachungssysteme Sigma Labs PrintRite3D (Nutzen)

NUTZEN

Funktionalität

nutzendeterminierender Faktor (Funktionalität)	Ausprägung	Wert
Diversität der Systemkategorien/ Multifunktionalität	on-axis optisch	3
Diversität der Sensortechnologien/ Multifunktionalität	drei Photodioden (NIR, VIS)	4
räumliche Auflösung/Abtastrate	100 µm bei 200 kHz	3
Upgradefähigkeit Prozessüberwachungssystem, Rechenleistung, Sensorik	denkbar, aber nicht umsetzbar wegen Verbauung von Sensorik	2
Nachträgliche Integrierbarkeit in PBF-LB/M-Maschine/Retrofit	anlagenabhängig // auch Wechsel der LBM-Anlage nach Kauf möglich (Implementierungskosten für ext. Techniker)	5
verschiedene Werkstoffe	Angefragte Werkstoffe inklusive zusätzliche gegen Aufpreis	4
Adaptierbarkeit auf weitere PBF-LB/M verschiedener OEMs	herstellerunabhängige Integration	5
Systemrobustheit und -stabilität	fest verbaute Sensorik, lokale Serverbox bieten höhere Robustheit	4
Metriken der Analysesoftware	Schmelzbademission (TED) & absolute Temperaturmessung (TEP)	3
Flexibilität und Offenheit des Systems zur Parametrierung, Programmierung und Datenausgabe/Konfigurierbarkeit	herstelleroffen, Teilparametrierung möglich, Festlegung eigener Schwellwerte	5
Ausgabe und Auswertung der erfassten und analyisierten Daten	statistische Charts, 2D-Visualisierung und 3D-Tomografie	4
Schnittstelle Datenexport	ja (Rohdaten)	4
Zugriff und Nutzungsmöglichkeit und Export der erfassten Rohdaten	möglich, da lokale Speicherung	5
Korrelierung der erfassten Daten mit Baujobdaten und Stellgrößen der Maschine in Auswertung	keine Rückführung auf Anlagendaten	1
Weiterverarbeitungsmöglichkeit der erfassten und analysierten Daten	Export möglich	4
Sicherheit der Datenspeicherung	hoch, da lokal in Serverbox	5
Automatisierbarkeit der Datenerfassung und Datenauswertung	automatisierte Auswertung, aber keine Warnsignale und Prozesseingriff	4
Benutzerfreundlichkeit	intuitive Benutzeroberfläche	4
Einfluss auf Gewährleistung und Arbeitssicherheit bei Einbau	Eingriff in Strahlengang; Freigabe vom Hersteller erforderlich; Gewährleistung unklar; Neu-Kalibrierung empfohlen	1
	Teilpunktwert Funktionalität TPW-F	**24,87 Pkt.**

Leistung

nutzendeterminierender Faktor (Leistung)	Ausprägung	Wert
Erwartete Auswirkungen auf die Zeit (Produktivität, Flexibilität)	gering, da lediglich Warnsignale und kein Prozessabbruch	2
Erwartete Auswirkungen auf die Kosten (Kostenreduktion)	geringe Integrationskosten bei Ausrüstung und Vernetzung verschiedener Anlagen; Berichterstellung zur Reduktion nachgelagerter Qualitätssicherungsmaßnahmen	4
Erwartete Auswirkungen auf die Qualität (Qualitätsverbesserung)	Prozessverständnis durch flexible Auswertemöglichkeiten (Ausgabesignale)	3
Erfassbare und auswertbare Prozesssignaturen und Bauteileigenschaften	Abkühlverhalten; Porengröße; Schmelzbadstabilität; Schmelzbadtemperatur; Beschichtungsfehler; Spritzer	4
Regelungsmöglichkeit bzw. -fähigkeit	nein, aber geplant mit Kooperationen (DMG)	2
	Teilpunktwert Leistung TPW-L	**47,25 Pkt.**

Aufwand-Nutzen-Index	**1.309 €/Pkt.**

A2 QM-Dokumentationsprofile der Fallstudien

Allgemeines Anforderungsprofil

Tab. 0.17: Allgemeine Anforderungen

A#	Anforderung	Kr	Ma	Dr	Ebe	Dim	Anforderungs-steller
1	Personalqualifizierung für Technologieeinsatz und -anwendung sowie Datenauswertung	3	3	2	1	4	interner Kunde, Technologie
2	Bauteilanforderungen sind teilweise unklar und müssen vom Kunden definiert werden	3	3	2	3	1	externer Kunde
3	Übergeordnete Relevanz des QM muss unternehmensintern klar sein und kommuniziert werden	3	3	2	3	4	Management
4	Prozessstabilität der PüS insbesondere für Schmelzbadüberwachung nicht für Serieneinsatz in Industrie ausreichend	3	1	2	1	2	Technologie
5	Prozessüberwachung und -regelung notwendig zur Übergabe qualitätsgesicherter Bauteile	2	2	1	1	2	interner Kunde
6	Standardisierte Datenspeicherverfahren zur Langzeitarchivierung von erfassten Daten mittels PüS	2	1	1	2	4	indirektes Marktumfeld
7	Prozessüberwachung Temperatur, Feuchtigkeit, Sauerstoff während Werkstofflagerung	1	2	2	1	4	dir. Markt
8	Auftragskontinuierliche Werkstoffidentifizierung und -prüfung	3	2	1	1	3	dir. Markt
9	Lieferantenzulassung für Werkstoff	2	2	2	3	4	dir. Markt
10	Regelmäßige Wartung Maschinen und Komponenten	2	3	3	2	3	dir. Markt
11	Dokumentation Pre-Prozess des Bauteil (Konstruktion, Stützstrukturen, Nesting, Slicing)	2	3	1	1	3	dir. Markt
12	Dokumentation Log-Daten In-Prozess (Maschinenstellgrößen, Zustandsgrößen in Fertigungsmaschine)	3	3	2	1	2	dir. Markt
13	Kontrolle und Dokumentation der Klimabedingungen der Produktionsumgebung	3	2	3	1	4	dir. Markt
14	Auftragsspezifische Dokumentation der Pulverchargen	3	2	2	1	3	dir. Markt
15	Erst-Qualifizierung der Maschine und des Prozesses mittels Probekörper	2	1	2	1	2	dir. Markt
16	regelmäßige Überprüfung der Qualifizierung der Maschine und des Prozesses	2	1	2	1	2	dir. Markt
17	Werkstoffreinheit (Kreuzkontamination) bei Materialwechsel ist zu gewährleisten	3	3	2	1	3	dir. Markt
18	Nichtkonformität der Bauteile muss identifiziert und umgesetzt werden	3	2	3	2	1	dir. Markt, interner/externer Kunde
19	Qualitätsmanagement und daraus abegleitete Maßnahmen müssen regelmäßig überprüft werden	2	3	1	1	4	dir. Markt, Management
20	Beschreibung und Dokumentation aller relevanten Prozesse zur Qualitätsdokumentation	3	3	2	2	3	dir. Markt
21	Sicherstellung der Einhaltung der Aufstellbedingungen und des bestimmungsgemäßen Gebrauchs der Maschinen und Anlagen	2	3	3	2	3	dir. Markt, Management
22	Dokumentation und Aushändigung von Fertigungsdaten	1	2	1	2	4	externer Kunde
23	Sicherstellung der Ableitung von Maßnahmen auf Basis erfasster und ausgewerteter Prozessdaten	2	1	3	3	3	interner Kunde
24	automatisierte Datenauswertung der Prozessdaten	3	1	1	1	2	interner Kunde
25	Standardisierte Grenzwerte und Toleranzwerte für Nichtkonformität	2	1	1	1	2	Technologie
26	ISO 9001 zu allgemein, sodass dies unternehmensspezifisch aufwändig konkretisiert und heruntergebrochen werden muss	2	2	3	3	4	dir. Markt

Fallstudie 1

Qualitätsaufwandsprofil der Fallstudie 1

Tab. 0.18: Qualitätsaufwände der qualitätssichernden Maßnahmen der Fallstudie 1

#	Prozess	Qualitätsprozessschritt	Erfassungsmethode	A_Z	A_K	A_W
1	Pulvereingangskontrolle	Messung der Partikelgröße, der Partikelgrößenverteilung und der Partikelmorphologie	Dynamische Bildanalyse	9	12	11
2	Pulvereingangskontrolle	Messung des Fließverhaltens	Powder Analyzer	11	13	6
3	Pulverlagerung	Zustandsüberwachung Temperatur	Temperaturfühler	0	4	4
4	Pulverlagerung	Zustandsüberwachung Feuchtigkeit	Klimafühler	0	4	4
5	Fertigungsprozess	Zustandsüberwachung Temperatur, Sauerstoffgehalt, Druck	in Fertigungsmaschine integrierte Klimasensor, Sauerstoffsensor und Barometer	0	0	0
6	Qualitätskontrolle der Bauteile (SPF = 0,2)	Messung der Zugfestigkeit	Zugprobenversuch	17	13	12
7	Qualitätskontrolle der Bauteile (SPF = 0,2)	Messung der Oberflächengüte	3D-Profilometer	12	10	9
8	Maschinenwartung	Messung der Laserleistung und Laserkaustik	Ophir BeamWatch AM	9	9	12

QM-Maßnahmen der Fallstudie 1

Tab. 0.19: QM-Maßnahmen der Fallstudie 1

M#	Beschreibung	Kr	Ma	Dr	Umsetz. durch	Umsetz. bis	Verbleib
1	Standardisierung von Prozessarbeitsschritten durch Arbeitsanweisungen und Fertigungsbeschreibungen	2	3	1	MA1	10.05.2022	MA1 erstellt Konzept
2	regelmäßige Wartung der Maschinen und Anlagen (Kontrolle mittels digitalem Wartungsplan und Erinnerungsmails)	2	3	2	MA1	fortlaufend	MA1 erstellt Konzept
3	Standardisierte Qualitätskontrolle zur Identifikation der Nichtkonformität	3	2	2	MA2	13.02.2022	MA2 Checkliste
4	regelmäßige Personalqualifizierung für Prozesssteuerung, Materialhandling und QM	2	3	1		offen	
5	Sensibilisierung des Personals bzgl. Relevanz des QM, Reproduzierbarkeit und menschl. Einfluss	1	2	1		fortlaufend	
6	Aufbau und Etablierung von Werkzeugen zum unternehmensinternen Wissensmanagement und Wissenstransfer	2	2	2	MA2	offen	MA2 erstellt Konzept
7	Überwachung der Klimabedingungen in der Fertigungsumgebung	3	3	3	MA1	01.03.2022	Kauf T- und rF-Sensoren
8	Teilautomatisierte und digital unterstützte Auswertung der erfassten Prozessdaten durch Schmelzbadüberwachung	2	1	1	MA2	10.07.2022	Anfrage Anbieter
9	Wahl der Stichprobengröße der Qualitätskontrolle auf Nichtkonformität für Anwendungsfall	3	3	2		fortlaufend	Kundenformular
10	Identifikation von wirklich bestehenden Bauteilanforderungen durch Kundengespräche und standardisierte Formulare und Methoden	3	3	3	MA2	01.07.2022	MA2 erstellt Konzept für Form

M#	Beschreibung	Kr	Ma	Dr	Umsetz. durch	Umsetz. bis	Verbleib
11	Lieferantenqualifikation und regelmäßige Überprüfung	2	2	1	AL		
12	Etablierung Qualitätssicherungsvereinbarung mit Kunde	2	3	1		01.07.2022	Kundenformular
13	Dokumentation der Spezifikation des Bauteils sowie der Datenvorbereitung durch Speicherung des Slicing-Datensatzes	1	3	1	AL	01.09.2022	Dokumentationskonzept
14	Dokumentation der Pulverchargen und Werkstoffrückverfolgbarkeit	2	1	2	AL	01.09.2022	Dokumentationskonzept
15	Dokumentation der Log-Daten der Fertigungsmaschine (Maschinenstellgrößen, Zustandsgrößen in Maschine)	2	3	2	AL	01.09.2022	Dokumentationskonzept
16	keine Anwendung PüS, aber Zustandsüberwachung O2, T, rF	3	2	3		fortlaufend	
17	Anbieterunabhängigkeit der Systeme (Hard- und Software)	2	3	1		fortlaufend	
18	offene Systeme der Prozess- und Zustandsüberwachung für neue Maschinengenerationen	2	3	1		fortlaufend	
19	regelmäßige Aus- und Weiterbildung zur Stärkung der technischen Hard-Skills und organisatorischen und strategischen Soft-Skills	3	2	2	AL	fortlaufend	
20	Stärkung des eigenverantwortlichen Handelns im Qualitätsmanagement	2	2	1	AL	fortlaufend	
21	Stichprobenartige Überprüfung der manuellen Tätigkeiten auf Einhaltung der Arbeitsanweisungen	2	3	1			
22	regelmäßige Kontrolle der Prozesse und Systeme durch Wartungsplan	2	3	1	MA1	fortlaufend	MA1 erstellt Wartungsplan
23	Erhöhung der Resilienz der Prozesse und Systeme durch Lieferanten- und Kundenunabhängigkeit	2	3	1	CEO	fortlaufend	
24	Etablierung von USP zu Prozessknowhow, Nischenprodukten und nachhaltigen Produkten zur Steigerung der Wettbewerbsfähigkeit	2	2	1	PM	fortlaufend	
25	Integration des Kunden in Prozessgestaltung	3	2	2	MA2		Kundenformular
26	Aufklärung des Kunden über Prozesse und Zusammenhänge	2	3	2	MA2		Kundenformular
27	Prozessmonitoring nicht nur auf Qualitätskontrolle beschränken sondern Schaffen von Vertrauen (Qualitätssicherung)	3	1	2	AL	strategisch	
28	Einhaltung externer und interner allgemeiner Zertifizierungen	3	2	3	AL		
29	Stärkere Fokussierung auf Spezialisierung auf branchenspezifische Normen	2	2	2	AL		
30	Einbringung in Normungs- und Gremienarbeit zur Nutzbarmachung von Normen	1	2	2	AL	strategisch	
31	Qualitätskontrolle Dichte	3	2	3		nach Fertigung	
32	Qualitätskontrolle Zugfestigkeit	3	2	3		nach Fertigung	
33	Stichprobenartige Qualitätskontrolle aufgrund Anwendungsfall Prototyping ausreichend (n=5)	3	3	3		fortlaufend	
34	komplettes Los auf einer Bauplatte verteilt mit hohem Randabstand	3	3	3	MA2	bei Fertigung	
35	Maschinenüberwachung von Pulverbett	3	3	2	MA1	24.08.2022	Angebote Anbieter
36	keine Anwendung PüS, da Aufwand-Nutzen-Index wirtschaftlich nicht abbildbar; Dokumentation nicht gefordert und Technologie wenig robust	1	3	2	Techn. QS		
37	Messung der Partikelgröße, der Partikelgrößenverteilung und der Partikelmorphologie	3	3	2	Pulverprüfung	MA1	bei Lieferung
38	Messung des Fließverhaltens	3	3	2	Pulverprüfung	MA1	bei Lieferung

QM-Dokumentationsprofil

ca.i /// CAMPUS ADDITIVE INNOVATIONEN

Abteilung/Gruppe Unternehmen 2
Datum 20.10.2021

Seite 1
Ersteller CB
Vision 1.2

Dokumentationsprofil

für das Qualitätsmanagement beim pulverbettbasierten Schmelzen
Fallstudie 1

ANFORDERUNGSPROFIL

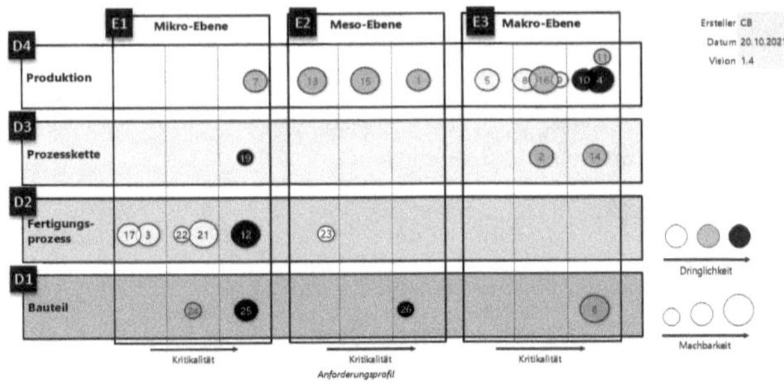

A#	Anforderung	Machbarkeit	Kritikalität	Dringlichkeit	Ebene	Dimension (D)	A-steller 1	A-steller 2	Datum
1	Kosteneffiziente, wirtschaftliche Umsetzung des QM (Mindestmaß und verhältnismäßiger Einsatz)	◑	●	◑	2	4	Management		20.10.2021
2	Konfigurierbare Systeme und Prozesse zur Prozessadaptierung	◑	◑	◑	3	3	Management		20.10.2021
3	Robuste und qualitätsfähige Prozesse	◑	○	○	1	2	Management		20.10.2021
4	Zertifizierung nach ISO 9001, allgemeine QM-Normen	●	●	●	1	4	externe Kunde	direkter Markt	20.10.2021
5	Zertifizierung nach spezifischen Branchennormen wird angestrebt	◑	○	○	3	4	externe Kunde		20.10.2021
6	Bauteilanforderungen mindern sich in der Kundenkommunikation	●	●	◑	3	1	externe Kunde		20.10.2021
7	Eigenverantwortliche Umsetzung des QM und Ableitung von QM-Maßnahmen auf Personalebene	◑	●	◑	1	4	Management		20.10.2021
8	Unabhängigkeit von Maschinen-OEM und Systemanbietern wird angestrebt	◑	●	●	1	1	Management		20.10.2021
9	Adaptierung auf neue Technologien und Maschinengenerationen muss möglich sein	○	◑	◑	1	1	Management		20.10.2021
10	Spezifisches QM- und Prozessknowhow der Mitarbeitenden wird gepflegt und fokussiert	◑	●	●	3	4	Management		20.10.2021
11	Regelmäßige und eigenverantwortliche Fort- und Weiterbildung werden gefordert	○	●	◑	3	4	Management	interner Kunde	20.10.2021
12	Robuste Prozessgestaltung auf Basis des unternehmerischen Knowhows	●	●	●	1	2	direkter Markt		20.10.2021
13	Spezialisierung auf Nischen (Kunden und Anwendungen) und spezifische Normen	●	○	◑	2	4	direkter Markt		20.10.2021
14	Nachhaltiger Ressourcenverbrauch, Nachweis der Nachhaltigkeit über Audits und Lieferantenqualifizierungen	◑	●	◑	3	3	direkter Markt		20.10.2021
15	Zertifiziertes Umweltmanagement nach ISO 14000	●	◑	◑	2	4	direkter Markt		20.10.2021
16	Resiliente Kunden- und Lieferantenbeziehung	●	◑	◑	3	4	Management		20.10.2021
17	Bereitstellung von Monitoring-Daten zur Q-Dokumentation	◑	○	○	1	2	externe Kunde		20.10.2021
18	In-Situ-Messung von Fehlern und Prozessanomalien wünschenswert zur Substitution von kostenintensiver Q-Kontrolle	◑	○	◑	1	2	externe Kunde		20.10.2021
19	Einhaltung Unternehmensnormen (Laborprüfung, Lieferantenqualifizierung)	○	●	●	1	3	interner Kunde		20.10.2021
20	Bauteilanforderungen für jeden Teilprozess (AF, Nachbearbeitung) selbst kontrollieren	◑	○	○	1	3	interner Kunde		20.10.2021
21	Weitergabe von erfassten Qualitätsdaten während Prozess	●	○	○	1	2	interner Kunde		20.10.2021
22	PÜS sind fehleranfällig in der Dateninterpretation sowie Steuerung und Regelung der Prozesse	○	◑	○	1	2	Technologie		20.10.2021
23	Kosten-Nutzen von Schmelzbadüberwachung nicht wirtschaftlich umsetzbar	○	○	○	2	2	Technologie		20.10.2021
24	Exakte Einhaltung der vorgegebenen Bauteilanforderungen und Prozessvorgaben	○	◑	◑	1	1	externe Kunde		20.10.2021
25	100 %-Qualitätskontrolle der Bauteile am Ende nicht nötig	◑	●	●	1	1	externe Kunde	interner Kunde	20.10.2021
26	Sicherstellung der Reproduzierbarkeit und Bauteilqualität	○	●	●	2	1	Technologie		20.10.2021

PRODUKTIONSPROFIL

Bauteilspezifikation

#	Spezifikationsart	Beschreibung	Spezifikation	Anforderung	Anforderung-#	Maßnahme-#
1	**Werkstoff**		316 L			
2	**Zielgrößen**	relative Dichte	99,0	Q-Kontrolle Dichte	4	17; 18; 19
3		Zugfestigkeit	640±50 MPa (x, y) 540±55 MPa (z)	Q-Kontrolle Zugfestigkeit	4	14
4		Anwendung Bauteil	Prototyping	Stichprobenartige Q-Kontrolle		
5	**Gestalt und Komplexität**	Formkomplexität	hoch	Zugänglichkeit Q-Kontrolle limitiei	12	15; 16
6		funktionale Komplexität	mittel			
7	**Größe und geometrische Abmessungen**		$(20 \times 30 \times 40)$ mm^3			
8	**Stückzahl und Losgröße**		5 Stück/Los: 1 Los			
9	**Varianz der primären Spezifikationen innerhalb Los**		keine Varianz			
10	**Wirtschaftliche Zielkriterien**		50 Euro/Bauteil		1	1
11	**Wiederholhäufigkeit des Loses**		einmalig bis zu zweimalig	Stichprobenartige Kontrolle		

Abb. 0.1: Teil 1 des QM-Dokumentationsprofils für die Fallstudie 1

Fallstudie 2

Qualitätsaufwandsprofil der Fallstudie 2

Tab. 0.20: Qualitätsaufwände der qualitätssichernden Maßnahmen der Fallstudie 2

#	Prozess	Qualitätsprozessschritt	Erfassungsmethode	A_Z	A_K	A_W
1	Pulvereingangskontrolle	Messung der Partikelgröße, der Partikelgrößenverteilung und der Partikelmorphologie	Dynamische Bildanalyse	9	12	11
2	Pulvereingangskontrolle	Messung des Fließverhaltens	Powder Analyzer	11	13	6
3	Pulvereingangskontrolle	Messung der chemischen Zusammensetzung	Röntgenfluorenszenzspektroskopie	11	12	11
4	Pulverlagerung	Zustandsüberwachung Temperatur	Temperaturfühler	0	4	4
5	Pulverlagerung	Zustandsüberwachung Feuchtigkeit	Klimafühler	0	4	4
6	Fertigungsprozess	Zustandsüberwachung Temperatur, Sauerstoffgehalt, Druck	in Fertigungsmaschine integrierte Klimasensor, Sauerstoffsensor und Barometer	0	0	0
7	Qualitätskontrolle der Bauteile (SPF = 0,2)	Messung der Zugfestigkeit	Zugprobenversuch	17	13	12
8	Qualitätskontrolle der Bauteile (SPF = 0,2)	Messung der Oberflächengüte	3D-Profilometer	13	10	9
9	Qualitätskontrolle der Bauteile (SPF = 0,2)	Messung der relativen Dichte	archimedische Waage	9	7	7
10	Qualitätskontrolle der Fertigungsbegleitproben (SPF = 1)	Messung der Zugfestigkeit	Zugprobenversuch	17	13	12
11	Qualitätskontrolle der Fertigungsbegleitproben (SPF = 1)	Messung der Oberflächengüte	3D-Profilometer	13	10	9
12	Qualitätskontrolle der Fertigungsbegleitproben (SPF = 1)	Messung der relativen Dichte	archimedische Waage	9	7	7
13	Maschinenwartung	Messung der Laserleistung, Laserkaustik, Laserfokuslage und Laserfokusdurchmesser	Ophir BeamWatch AM	12	9	12

QM-Maßnahmen der Fallstudie 2

Tab. 0.21: QM-Maßnahmen der Fallstudie 2

M#	Beschreibung	Kr	Ma	Dr	Umsetz. durch	Umsetz. bis	Verbleib
1	Standardisierung von Prozessarbeitsschritten durch Arbeitsanweisungen und Fertigungsbeschreibungen	2	3	1	MA1	10.05.2022	Konzept
2	regelmäßige Wartung der Maschinen und Anlagen (Kontrolle mittels digitalem Wartungsplan und Erinnerungsmails)	2	3	2	MA1	fortlaufend	Konzept
3	Standardisierte Qualitätskontrolle zur Identifikation der Nichtkonformität	3	2	2	MA2	13.02.2022	Checkliste
4	regelmäßige Personalqualifizierung für Prozesssteuerung, Materialhandling und Qualitätsmanagement	2	3	1		offen	
5	Sensibilisierung des Personals bzgl. übergeordneter Relevanz des QM, Reproduzierbarkeit und menschlicher Einflussfaktoren auf die Bauteilqualität	1	2	1	QM-Manager	fortlaufend	
6	Aufbau und Etablierung von Werkzeugen zum unternehmensinternen Wissensmanagement und Wissenstransfer	2	2	2	MA2	offen	MA2 erstellt Konzept
7	Überwachung der Klimabedingungen in der Fertigungsumgebung	3	3	3	MA1	01.03.2022	Kauf T- und rF-Sensoren
8	Teilautomatisierte und digital unterstützte Auswertung der erfassten Prozessdaten durch Schmelzbadüberwachung und Zustandsüberwachung	2	1	1	MA2	10.07.2022	Anfrage Anbieter
9	Wahl der Stichprobengröße der Qualitätskontrolle auf Nichtkonformität entsprechend Anwendungsfall	3	3	2		fortlaufend	Übernahme Kundenformular
10	Identifikation von wirklich bestehenden Bauteilanforderungen durch Kundengespräche und standardisierte Formulare und Methoden	3	3	3	MA2	01.07.2022	MA2 erstellt Konzept für Form
11	Lieferantenqualifikation und regelmäßige Überprüfung	2	2	1	QM-Manager		
12	Etablierung Qualitätssicherungsvereinbarung mit Kunde	2	3	1		01.07.2022	Übernahme Kundenformular
13	Dokumentation der Spezifikation des Bauteils sowie der Datenvorbereitung durch Speicherung des Slicing-Datensatzes	1	3	1	QM-Manager	01.09.2022	Dokumentationskonzept
14	Dokumentation der Pulverchargen und Werkstoffrückverfolgbarkeit	2	1	2	QM-Manager	01.09.2022	Dokumentationskonzept
15	Dokumentation der Log-Daten der Fertigungsmaschine (Maschinenstellgrößen, Zustandsgrößen in Maschine)	2	3	2	QM-Manager	01.09.2022	Dokumentationskonzept
16	Sensorik, Erfassung und automatisierte Dokumentation von T, rF bei Lagerung für jede Charge	3	2	3	MA1	22.05.2022	Konzept Sensorik
17	Standardprozess zur Datenvorbereitung und Qualitätskontrolle für Prüfkörper/Begleitproben (bauteilnah auf Bauplatte)	2	3	2	MA2	22.05.2022	Konzept Prozess
18	bedingt offene Systeme und herstellerunabhängige Maschinen, da bisher nur ein Maschinenhersteller	1	3	1			
19	interner Befähigungsprozess, Schulungen, Personalqualifizierung für Generalisten	2	3	2	QM-Manager	forlaufend	Auswahl Schlungen
20	Management und Verkauf von internem, personenbezogenem Prozessknowhow (Einflussgrößen, Robustheit, QM) als Akquiseinstrument	1	3	2	Projektmanager		Akquisepräsentation

M#	Beschreibung	Kr	Ma	Dr	Umsetz. durch	Umsetz. bis	Verbleib
21	Aufbau interne Datenbank über qualitative Eigenschaften, die mit verschiedenen Maschinen und Werkstoffen erreicht werden können (Whitepaper)	3	2	2	QM-Manager	Ende Q3/2022	Konzept
22	Standard-Prozess für Bemusterung und automatisierte, digital unterstützte Dokumentation (Q-Nachweis/Q-Report)	2	2	2	MA2	22.05.2022	Konzept Prozess
23	automatisierte digital unterstützte Q-Dokumentation aller spezifisch relevanten Spezifikationen (digitales QM-Tool)	2	2	2			
24	Chargierung über Barcode für Reinheit der Pulvercharge und Zuordnung Pulver zu Auftrag	3	2	3	MA2	22.05.2022	Konzept Prozess
25	Verhandlung und gemeinsame Definition der wirklich realen Anforderungen und Dokumentationen	3	3	2	Projekt-manager	fortlaufend	
26	Energiemanagement und -tracking für jeden Fertigungsprozess und beispielhaften Referenzprozess mit Ressourcenaufwand QM	1	2	2	QM-Manager		Diskussion CEO
27	Prüfung der Aufwände zur Aufrechterhaltung, Umsetzung und Auditierung (Aufwand-Nutzen-Abwägung) weiterer Standards (DIN, ISO, ASTM, NADCAP, TÜV)	3	3	2	QM-Manager	10.10.2022	
28	Stärkeres Wissensmangement und interne Fortbildung zu technischen Prozesswissen für Konkretisierung ISO 9001	3	2	2	QM-Manager	fortlaufend	Auswahl Schlungen
29	Anwendung, regelmäßige Verbesserung und Kundenpräsentation der Maßnahmen zu QM-Standards (ISO, TÜV)	2	3	1	QM-Manager		Diskussion CEO
30	Q-Kontrolle Dichte	3	2	3	MA1, MA2	nach Fertigung	
31	Q-Kontrolle Zugfestigkeit	3	2	3	MA1, MA2	nach Fertigung	
32	Q-Kontrolle Oberflächengüte	3	2	3	MA1, MA2	nach Fertigung	
33	100%-Q-Kontrolle für Begleitproben pro Los	3	2	3	MA1, MA2	nach Fertigung	
34	100% Wareneingangskontrolle des Pulvers	3	2	2	MA1, MA2	nach Lieferung	
35	Lieferantenverpflichtung für ganzheitliches und nachhaltiges Ressourcenmanagement als Kaufargument	1	2	1	QM-Manager		Diskussion CEO
36	keine Anwendung Pulverbettüberwachung und Schmelzbadüberwachung, da nicht gefordert und Prozesszeit verlängert wird	1	3	3			
37	fortlaufende und regelmäßige Marktsondierung über Maschinenerweiterung und Systemintegration	1	3	1	QM-Manager	fortlaufend	Angebote Anbieter
38	Online-Datenbank für Fehler und Prozessparameter zu Minimierung des QM-Aufwandes	3	2	2	QM-Manager	Ende Q4/2022	Konzept/Idee
39	Fortlaufende technologische Forschung und Entwicklung an eigenen Prozessen und Maschinen	3	1	2	QM-Manager; FuE-Abteilung	fortlaufend	
40	Qualitätsprüfung der Partikelgrößenverteilung/Pulvermorphologie	3	3	2	MA1, MA2	nach Lieferung	
41	Qualitätsprüfung der chemischen Zusammensetzung	2	2	2	MA1, MA2	nach Lieferung	
42	Qualitätsprüfung des Fließverhaltens	3	3	2	MA1, MA2	nach Lieferung	
43	regelmäßige Wartung der Maschine (Laserleistung, Laserfokus, Laserkaustik, Laserfokuslage)	3	3	1	QM-Manager;	forlaufend	Wartungsplan erstellen

QM-Dokumentationsprofil

ca.i /// CAMPUS ADDITIVE INNOVATIONEN

Abteilung/Gruppe Unternehmen 1
Datum 05.11.2021

Seite 1
Ersteller CB
Vision 1.3

Dokumentationsprofil

für das Qualitätsmanagement beim pulverbettbasierten Schmelzen
Fallstudie 2

ANFORDERUNGSPROFIL

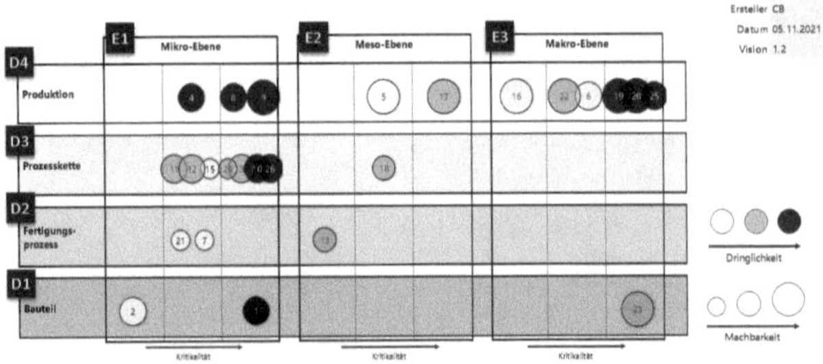

Anforderungsprofil

A#	Anforderung	Machbarkeit	Kritikalität	Dringlichkeit	Ebene (E)	Dimension (D)	A-steller 1	A-steller 2	Datum
1	Prüfkörper/Begleitproben zur Q-Kontrolle sind notwendig	◐	●	●	1	1	ext. Kunde		05.11.2021
2	Schmelzbadüberwachung nur eingeschränkt gut, da Prozesszeit verlängert und Mehrnutzen fraglich	◐	○	○	1	1	Technologie		05.11.2021
3	Pulverqualifizierung für Wareneingang und wiederkehrend bei Chargierung	◐	●	◐	1	3	int. Kunde		05.11.2021
4	Geometriebeständigkeit muss sichergestellt sein für Nachbearbeitung	◐	◐	●	1	4	int. Kunde	dir. Markt	05.11.2021
5	Prozessparameter auf Basis von Erfahrung (Prozessknowhow der Mitarbeitenden)	◐	◐	○	2	4	Technologie		05.11.2021
6	Nachweis Umweltzertifikate und Ressourceneffizienz als Zuschlagkriterium für Aufträge	◐	◐	○	3	4	ind. Markt	ext. Kunde	05.11.2021
7	Prozessstabilität der Maschinen in letzten Jahren besser aber immer noch nicht für die Serienfertigung zufriedenstellend	○	◐	○	1	2	Technologie		05.11.2021
8	Kunde verlangt Prüfprotokolle für Bemusterung bei Serienteilen Automobil	◐	●	●	1	4	ext. Kunde		05.11.2021
9	Kunde verlangt qualitative Q-Kontrolle bei Protoypen	●	●	●	1	4	ext. Kunde		05.11.2021
10	Kunde verlangt Prüfprotokolle für jedes Los bei Kleinstserien Luftfahrt	◐	●	●	1	3	ext. Kunde		05.11.2021
11	Dokumentation Pulvereigenschaften	◐	◐	◐	1	3	ext. Kunde	int. Kunde	05.11.2021
12	Dokumentation Lagerbedingungen	◐	◐	◐	1	3	ext. Kunde		05.11.2021
13	Aufwand-Nutzen für PüS wirtschaftlich unklar	○	○	◐	2	2	Technologie		05.11.2021
14	Eigenverantwortlichkeit und sinnvolle Verhandlung mit Kunde für verhältnismäßigen Einsatz von QM-Maßnahmen	◐	◐	◐	4	3	Management		05.11.2021
15	Maschinen- und Prozessfähigkeit sicherstellen, Reproduzierbarkeit der Bauteilergebnisse	○	◐	○	1	3	Management		05.11.2021
16	früher ein Maschinenhersteller, jetzt maschinen- und anlagenoffen	●	○	○	3	4	Management		05.11.2021
17	hohe Anforderung an Personalqualifzierung zur Kundenberatung und Umsetzung QM	◐	●	◐	2	4	Management		05.11.2021
18	limitierte Produktivität der Systeme und Maschinen	○	◐	◐	2	3	Technologie		05.11.2021
19	Zertifizierung nach ISO 9001 und allgemeine Normen	●	●	●	3	4	dir. Markt	ext. Kunde	05.11.2021
20	Zertifizierung in Branchennormen, Luftfahrt, Medizin, Automobil	●	●	●	3	4	dir. Markt	ext. Kunde	05.11.2021
21	besseres Aufwand-Nutzen-Verhältnis PüS in Zukunft notwendig zum Einsatz in der Prozessüberwachung	○	◐	○	1	2	Management		05.11.2021
22	QM ist Verkaufsargument bei Kundenakquisen (Bewerbungsprozess bei Kunde)	●	◐	◐	3	4	Management		05.11.2021
23	Kundengespräche wichtigster Teil des QM für gemeinsame Spezifikation der Anforderungen	●	●	◐	3	1	Management		05.11.2021
24	Sicherstellung Pulverchargenreinheit	○	●	◐	1	3	ext. Kunde		05.11.2021
25	ISO 9001 muss unternehmensspezifisch konkretisiert werden (mit viel Aufwand und Expertise)	◐	●	●	3	4	dir. Markt	Management	05.11.2021
26	für additive Prozessketten muss viel Prozesswissen intern aufgebaut werden zur Umsetzung und Konkretisierung ISO 9001	◐	●	●	1	3	dir. Markt	Management	05.11.2021

PRODUKTIONSPROFIL

Bauteilspezifikation

#	Spezifikationsart	Beschreibung	Spezifikation	Anforderung	Anforderung-#	Maßnahme-#
1	**Werkstoff**		TiAl6V4			
2	**Zielgrößen**	relative Dichte	99,7 %	Q-Kontrolle Dichte	27	
3		Zugfestigkeit	1290±50 MPa (x, 1240±55 MPa (z)	Q-Kontrolle Zugfestigkeit	28	
4		Anwendung Bauteil	Serienbauteil Luftfahrt	Stichprobenartige Q-Kontrolle: Fertigungsbegleitproben pro Los	29; 30	
5	**Gestalt und Komplexität**	Formkomplexität	hoch	Zugänglichkeit Q-Kontrolle beschr		
6		funktionale Komplexität	hoch			
7	**Größe und geometrische Abmessungen**		(170×210+H87×54) mm^3			
8	**Stückzahl und Losgröße**		2 Stück/Los; 2 Lose			
9	**Varianz der primären Spezifikationen innerhalb Los**		keine Varianz			
10	**Wirtschaftliche Zielkriterien**		500 Euro/Bauteil			
11	**Wiederholhäufigkeit des Loses**		5 Lose/Monat			

Abb. 0.2: Teil 1 des QM-Dokumentationsprofils für die Fallstudie 2

FSC
www.fsc.org
MIX
Papier | Fördert gute Waldnutzung
FSC® C083411

Zeitfracht Medien GmbH
Ferdinand-Jühlke-Straße 7
99095 Erfurt, Deutschland
produktsicherheit@kolibri360.de